Heinrich Zankl

Phänomen Sexualität

.

Heinrich Zankl

Phänomen Sexualität

Vom „kleinen" Unterschied
der Geschlechter

Wissenschaftliche Buchgesellschaft
Darmstadt

Einbandgestaltung: Neil McBeath, Stuttgart

Einbandbild: Lucas Cranach d. Ä.:
„Der Sündenfall"
(Archiv für Kunst und Geschichte)

Die Deutsche Bibliothek – CIP-Einheitsaufnahme

Zankl, Heinrich:
Phänomen Sexualität : vom „kleinen Unterschied" der
Geschlechter / Heinrich Zankl. – Darmstadt :
Wiss. Buchges., 1999
ISBN 3-534-13313-7

Bestellnummer   13313-7

© 1999 by Wissenschaftliche Buchgesellschaft, Darmstadt
Gedruckt auf säurefreiem und alterungsbeständigem Papier
Satz: Satz- und Reprotechnik, Hemsbach
Druck und Einband: Druckhaus Beltz, Hemsbach
Printed in Germany
Schrift: Thesis

ISBN 3-534-13313-7

Inhalt

1

2

3

4

5

6

7

8

Einleitung

Sexualität – was ist das?

Auf den ersten Blick erscheint die Frage: „Was ist Sexualität?" überflüssig, denn eigentlich glaubt jeder zu wissen, was unter Sexualität zu verstehen ist. Wenn man allerdings nach einer Definition für diesen Begriff sucht, so bekommt man sehr verschiedene Antworten.

In einem renommierten Lehrbuch für Biologie [1] wird Sexualität als „die Gesamtheit aller Phänomene" definiert, „die in den Dienst der genetischen Rekombination gestellt sind".

Im Roche Lexikon Medizin [2] steht unter dem Begriff „Sexualität": „genetische, morphologische und funktionelle Differenzierung einer Art in zwei – bei niederen Tieren gelegentlich auch in mehrere – Geschlechtstypen und deren gegenseitigen funktionellen Beziehungen in bezug auf die Fortpflanzung."

Ein anderes medizinisches Nachschlagewerk [3] schreibt: „Sexualität ist ein allgemeiner Begriff für Fähigkeiten, Verhaltensmuster, Impulse, Gefühle und Empfindungen, die im Zusammenhang mit der Fortpflanzung und dem Gebrauch der Geschlechtsorgane stehen."

Interessant ist auch, wie sich der Begriff „Sexualität" im Laufe der Zeit entwickelt hat: In der Brockhaus Enzyklopädie von 1903 kommt das Wort noch gar nicht vor. In der Ausgabe von 1934 sind ihm zwei Zeilen gewidmet und als Definition wird angegeben: „Sexualität ist die zusammenfassende Bezeichnung für alle sich auf das Geschlechtsleben beziehenden Erscheinungen." Die Ausgabe von 1973 befaßt sich über 22 Zeilen mit der Sexualität und definiert sie als „Gesamtheit aller Verhaltensweisen, Triebe und Bedürfnisse bei Mensch und Tier, die sich auf den Geschlechtsakt oder im weiteren Sinne auf die Befriedigung des Sexualtriebs beziehen". Im Brockhaus von 1993 ist der Text zur Sexualität auf 350 Zeilen angewachsen und die Definition lautet: „Sexualität ist die Unterscheidung männlicher und weiblicher Individuen aufgrund ihrer Geschlechtsmerkmale sowie bei Eukaryonten die Gesamtheit aller Phänomene, die der genetischen Rekombination dienen."

Aus den verschiedenen Zitaten wird deutlich, daß Sexualität ein sehr vielschichtiger Begriff ist. Man kann z. B. eine genetische, körperliche, psychische und soziale Ebene der Sexualität unterscheiden.

Dieser Komplexität trägt die englische Sprache besser als die deutsche dadurch Rechnung, daß sie für „Geschlecht" zwei Wörter mit verschiedenen Bedeutungen hat. Die Vokabel „sex" bezieht sich überwiegend auf den biologischen Bereich, während „gender" vor allem für das geistig-psychische Geschlecht verwendet wird. Überschneidungen in der Bedeutung kommen allerdings durchaus vor.

Der Begriff „Sexualität" taucht in einer wissenschaftlichen Publikation vermutlich erstmals 1820 auf. Der deutsche Botaniker August Henschel (1790–1856) benutzte ihn in seiner Veröffentlichung mit dem Titel „Von der Sexualität der Pflanzen" als rein fortpflanzungsbiologischen Terminus [4].

Die gegen Ende des 19. Jahrhunderts sich entwickelnde eigenständige Sexualwissenschaft war dagegen weitgehend psychologisch-philosophisch orientiert. Zunächst beschäftigte sich dieser neue Wissenschaftszweig vor allem mit den Störungen des menschlichen Sexualverhaltens. Vorreiter in dieser Hinsicht war der Wiener Psychiater Krafft-Ebing (1840–1902), der mit seinem berühmten Buch „Psychopathia sexualis" eine erste medizinisch orientierte Gesamtdarstellung der menschlichen Sexualität vorlegte [5].

Die psychoanalytischen Theorien zur Sexualität wurden zu Beginn des 20. Jahrhunderts vor allem durch Sigmund Freud (1856–1939) begründet. Er stellte sie 1905 in seinen „Drei Abhandlungen zur Sexualtheorie" vor [6].

Die Erforschung der Geschlechter war damals noch stark geprägt von männlichen Dominanzvorstellungen, die zum Teil recht seltsame Blüten trieben. Den Gipfel dieser auf Vorurteilen beruhenden Pseudowissenschaftlichkeit stellt zweifellos das 1907 erschienene berühmt-berüchtigte Buch des Leipziger Neurologen P. J. Möbius (1853–1907) dar, das den Titel: „Über den physiologischen Schwachsinn des Weibes" trägt. Darin wird behauptet, der Frau würden einige Gehirnwindungen fehlen. Sie dürfe auch kein männliches Gehirn haben, weil sonst ihre weiblichen Organe Schaden nähmen und sie ein abstoßender und nutzloser Zwitter würde [7].

Die naturwissenschaftlich orientierte Sexualforschung konnte sich erst zu Beginn der 30er Jahre entwickeln, nachdem die männlichen und weiblichen Geschlechtshormone isoliert und in ihrer chemischen Struktur aufgeklärt worden waren [8, 9]. Sie wurden damit genauen Analysen und gezielten Experimenten zugänglich. In den folgenden Jahren konnte nicht nur ihre Bedeutung für die Entwicklung der Geschlechtsorgane, sondern auch für die geschlechtliche Gehirndifferenzierung und das Sexualverhalten nachgewiesen werden [10]. Dabei wurde immer deutlicher, daß die weibliche Entwicklung weitgehend genetisch vorprogrammiert ist. Die Differenzierung in männlicher Richtung stellt dagegen nur eine hormonell induzierte Variante des weiblichen Grundprinzips dar. Dieser biologische Sachverhalt steht in diametralem Gegensatz zur biblischen Schöpfungsgeschichte und der immer noch weit verbreiteten Vorstellung von männlicher Dominanz.

Neben der Verdeutlichung dieser Diskrepanz wollte der Autor vor allem aufzeigen, daß die Sexualität in ihrer Vielschichtigkeit praktisch alle Lebensbereiche beeinflußt und uns sozusagen von der Wiege bis zur Bahre begleitet. Es sollte auch deutlich werden, daß die entwicklungsbiologisch mehr oder minder stark festgelegten Unterschiede zwischen Mann und Frau weit über die reinen Geschlechtsfunktionen hinausgehen. Geisteswissenschaftlich orientierte Autoren machen für die breite Fächerung oft ausschließlich die verschiedene Sozialisation von Mädchen und Jungen verantwortlich. Diese Einflüsse sind zweifellos wichtig und wurden in der Vergangenheit vermutlich auch häufig unterschätzt. Es ist aber wenig hilfreich, in das andere Extrem zu verfallen und die zum Teil eindeutig nachgewiesenen biologischen Grundlagen zu leugnen. Nach meiner Überzeugung kann eine tragfähige Basis für die Gleichberechtigung der Geschlechter nur dadurch geschaffen werden, daß man ihre Verschiedenheit auf allen Ebenen möglichst gut erforscht, sie aber nicht mit positiven oder negativen Wertungen belegt. Gerade die großen Unterschiede in der anatomischen, physiologischen und psychischen Ausstattung von Mann und Frau führen in einer gleichberechtigten Partnerschaft zu einer optimalen Ergänzung der gemeinsam nutzbaren Fähigkeiten. Die partnerschaftliche Kooperation der verschieden ausgestatteten Geschlechter war vermutlich ein maßgeblicher Faktor für die schnelle und erfolgreiche Entwicklung der menschlichen Spezies.

In diesem Sinne hoffe ich, daß das vorliegende Buch zu einem besseren Verständnis der Geschlechter beiträgt.

Für die kritische Durchsicht des Manuskriptes danke ich insbesondere meiner Frau Dr. med. Merve Zankl, die mir als Fachärztin für Humangenetik vor allem aus dem genetischen Bereich wertvolle Hinweise gegeben hat. Meinem Sohn stud. med. Oliver Zankl danke ich für seine tatkräftige Mithilfe bei der Erstellung der Abbildungen. Frau Gabriele Seidel danke ich für die Sorgfalt und Geduld beim Schreiben des Manuskripts. Nicht zuletzt gilt mein Dank auch Herrn Christian Geinitz von der Wissenschaftlichen Buchgesellschaft, der dieses Buch auf seinem Entstehungsweg stets hilfreich begleitet hat.

1

Es geht auch ohne Sex

Die ungeschlechtliche (asexuelle) Fortpflanzung

Die Fortpflanzung als grundlegendes Phänomen des Lebens ist vermutlich entstanden, weil es in der belebten Natur kein unbegrenztes individuelles Wachstum gibt. Jeder Art von Lebewesen scheint eine Maximalgröße vorgegeben zu sein, die nicht überschritten werden kann. Sobald ein Individuum sich dieser Grenze nähert, kommt es entweder zur Teilung des Organismus oder zur Ausbildung von Keimzellen. Die mehr oder minder komplizierte Aufteilung des elterlichen Organismus ist für die ungeschlechtliche Fortpflanzung typisch. Dagegen wird die geschlechtliche Reproduktion in der Regel durch die Ausbildung von verschiedenen Keimzelltypen sichergestellt.

Wie funktioniert die asexuelle Fortpflanzung?

Die asexuelle Fortpflanzung ist ohne Zweifel die ursprüngliche Reproduktionsform. Das heißt aber keinesfalls, daß diese Form der Fortpflanzung primitiv und wenig effektiv wäre. Im Gegenteil, sie ermöglicht in kürzester Zeit (z. T. im Minutenbereich) eine Verdopplung der Individuenzahl und erlaubt durchaus auch die Anpassung an veränderte Umweltbedingungen. Den Beweis dafür liefern unter anderen viele krankmachende Bakterienarten, die durch hohe Reproduktionsraten in Verbindung mit häufigen Mutationen ihres Erbgutes oft sehr schnell gegen Bekämpfungsmaßnahmen unempfindlich werden. Beispielsweise haben sich in den letzten Jahren sog. Krankenhauskeime entwickelt, die gegen fast alle derzeit bekannten Antibiotika-Typen resistent sind [11].

Man unterscheidet grundsätzlich zwei Arten von ungeschlechtlicher Fortpflanzung: die einzellige Fortpflanzung, die auch *Agamogonie* genannt wird, und die vielzellige Fortpflanzung, die man auch als *vegetative* Fortpflanzung bezeichnen kann.

einzellige Fortpflanzung (Agamogonie)

– Die *einzellige Fortpflanzung (Agamogonie)* ist dadurch charakterisiert, daß aus einem elterlichen Organismus geschlechtlich nicht differenzierte Fortpflanzungszellen hervorgehen. Aus jeder einzelnen Zelle kann ein neues Individuum entstehen. Diese Reproduktionsart findet sich sowohl bei einzelligen als auch bei vielzelligen Lebewesen. In der einfachsten Form erfolgt eine Zweiteilung. Die daraus hervorgehenden identischen Tochterzellen entwickeln sich erneut zu fortpflanzungsfähigen Individuen, indem sie zu der arttypischen Größe heranwachsen und dann wieder teilungsfähig werden (Abb. 1 A und B).

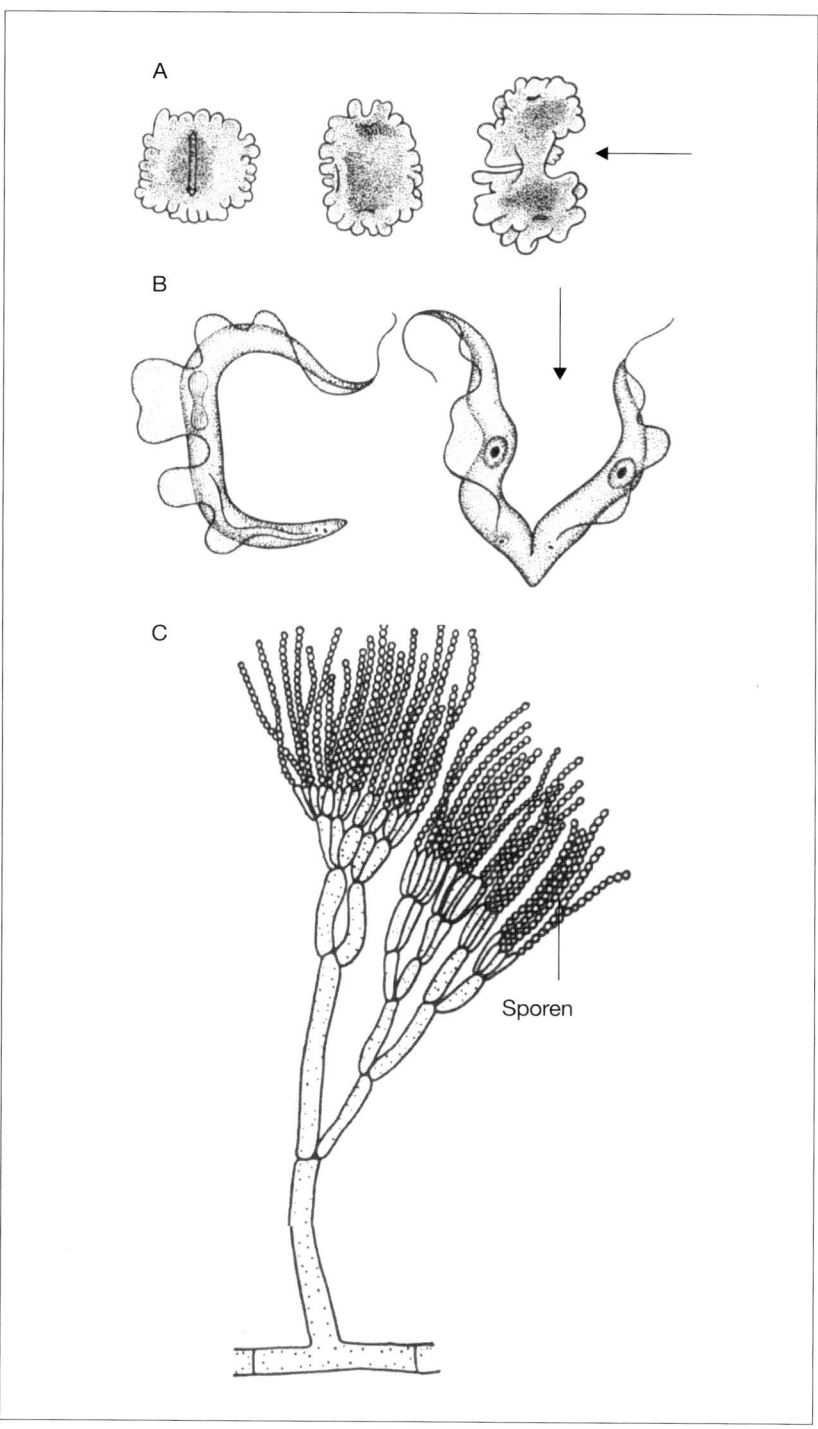

A

B

C

Sporen

Abb. 1: Formen der asexuellen Fortpflanzung (Agamogonie)

A Querteilung bei dem einzelligen Wurzelfüßer *Amoeba proteus* (Pfeil)

B Längsteilung bei dem einzelligen Geißeltierchen *Trypanosoma brucei* (Pfeil)

C Bildung asexueller Keimzellen (Sporen) beim Pinselschimmel (*Penicillium*) (nach Czihak et al. 1997) [1]

Bei einigen Arten wurde die ursprüngliche Zweiteilung durch eine Zellvervielfachung ersetzt, die entweder als gleichzeitige oder nacheinander erfolgende Zellvermehrung ablaufen kann.

Im Rahmen dieser Vermehrung des Zellbestandes kann es zur Entwicklung verschiedener Zelltypen kommen. Es finden sich dann somatische Zellen, die ihre Fortpflanzungsfähigkeit verloren haben und nur noch dem Aufbau des Organismus dienen. Daneben existieren generative Zellen, aus denen Nachkommen hervorgehen können. Sie repräsentieren die sog. *Keimbahn* und sind sozusagen unsterblich, während die somatischen Zellen nur so lange leben wie das Individuum, zu dessen Aufbau sie beigetragen haben (Abb. 1 C).

vielzellige (vegetative) Fortpflanzung

– Die *vielzellige (vegetative) Fortpflanzung* ist auf vielzellige Organismen beschränkt. Die dabei entstehenden Fortpflanzungsprodukte sind, wie schon der Name andeutet, keine Einzelzellen, sondern vielzellige Gebilde (z. B. Knospen, Ausläufer, Brutkörper oder Körperfragmente).

Diese Fortpflanzungsform, die oft als Ergänzung zur sexuellen Fortpflanzung auftritt, ist bei Pflanzen weit verbreitet. Beispielsweise entstehen bei Moosen Brutkörper, die sich nach Ablösung zu neuen Pflanzen entwickeln. Auf Farnblättern wachsen kleine Pflänzchen heran, die abfallen und schnell anwurzeln. Kartoffeln und viele andere Pflanzen bilden unterirdische Ausläufer, aus denen neue Pflanzen hervorgehen (Abb. 2).

Abb. 2: Vegetative Fortpflanzung durch Bildung von Ausläufern beim Kriechenden Hahnenfuß (*Ranunculus repens*) (nach Czihak et al. 1997) [1]

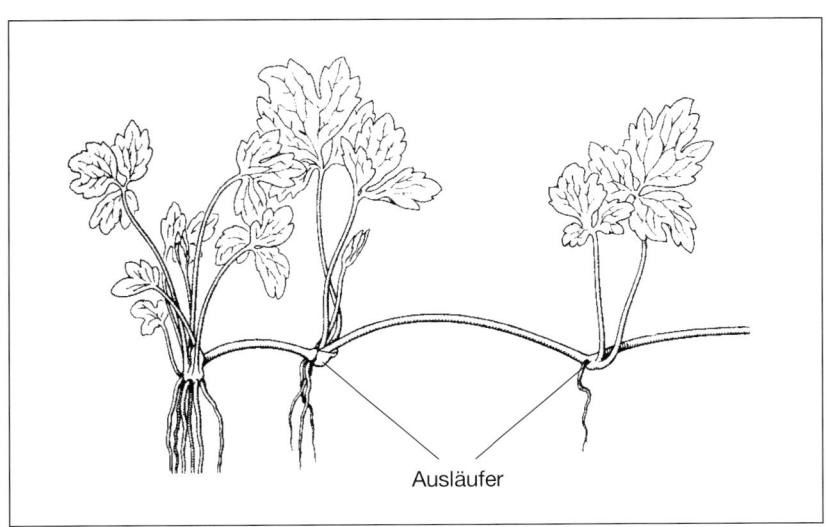

Ausläufer

Die Möglichkeit der vegetativen Vermehrung von Pflanzen wird in der Landwirtschaft und im Gartenbau intensiv genutzt. Bei vielen Nutzpflanzen ist beispielsweise die Vermehrung durch Stecklinge möglich. Dafür werden bestimmte Teile von Mutterpflanzen abgelöst und in feuchter Erde oder in Wasser zur Bildung von Wurzeln veranlaßt. Eine besondere Form der künstlichen vegetativen Vermehrung ist die *Pfropfung*. Dabei wird ein knospen-

tragender Stengel in eine andere Pflanze eingesetzt. Es entstehen sog. Pfropfbastarde, in denen die Gewebe beider Partner verschmelzen
(Abb. 3). Eine natürliche Vereinigung von art-
verschiedenen Zellen tritt bei höheren Pflanzen
nur selten auf, bei Pilzen ist sie jedoch häufig zu
beobachten.

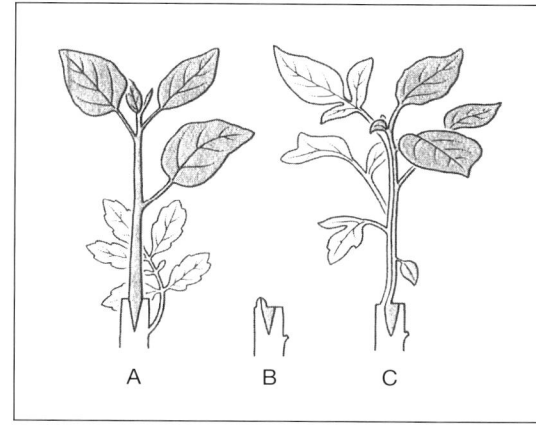

Auch bei Tieren kommt die ungeschlechtliche Reproduktion durch Bildung vielzelliger
Fortpflanzungsprodukte vor. Meist ergänzt sie
die Bildung geschlechtlicher Keimzellen und
ermöglicht Phasen einer besonders schnellen
Vermehrung. Voraussetzung für die vegetative
Fortpflanzung ist ein gutes Regenerationsver-
mögen. Manche Tiere (z. B. der Strudelwurm)
pflanzen sich unter normalen Umständen nur geschlechtlich fort. Aber bei
Zerstückelung können sich abgetrennte Fragmente wieder zu vollständi-
gen Individuen entwickeln [1].

Häufig werden die Fortpflanzungsprodukte nicht aus dem Körper der Eltern herausgetrennt, sondern entstehen zusätzlich als Knospen, die sich
entweder später ablösen oder zeitlebens mit ihren Eltern verbunden bleiben. Im letzteren Fall kann man strenggenommen gar nicht von Fortpflanzung sprechen, es entsteht vielmehr überindividuelles Wachstum, das zum
Aufbau eines Tierstocks bzw. einer Kolonie führt (Abb. 4, 5). Dieses Phänomen findet man vor allem bei Schwämmen und Hohltieren, wobei allerdings auch Phasen sexueller Fortpflanzung auftreten [12].

Die vegetative Vermehrung durch Teilung oder Knospung ist bei den
meisten dazu befähigten Tierarten auf das Erwachsenenstadium beschränkt. Es gibt aber auch Ausnahmen. Beispielsweise kann sich beim

Abb. 3: Pfropfung
eines Nachtschatten-
reises (dunkel) auf
eine Tomatenpflanze
(hell)
A Einsetzen des Reises
B Durchschneiden der
  Pfropfstelle
C Bildung eines
  Pfropfbastardes
  aus einem Adven-
  tivsproß des Wund-
  gewebes der
  Schnittfläche
(nach Czihak et al.
1997) [1]

Abb. 4: Asexuelle
Fortpflanzung beim
Süßwasserpolypen
Hydra durch Knospung
(häufig; linker Pfeil)
und durch Längs-
teilung (selten; rechter
Pfeil) (nach Czihak
et al. 1997) [1]

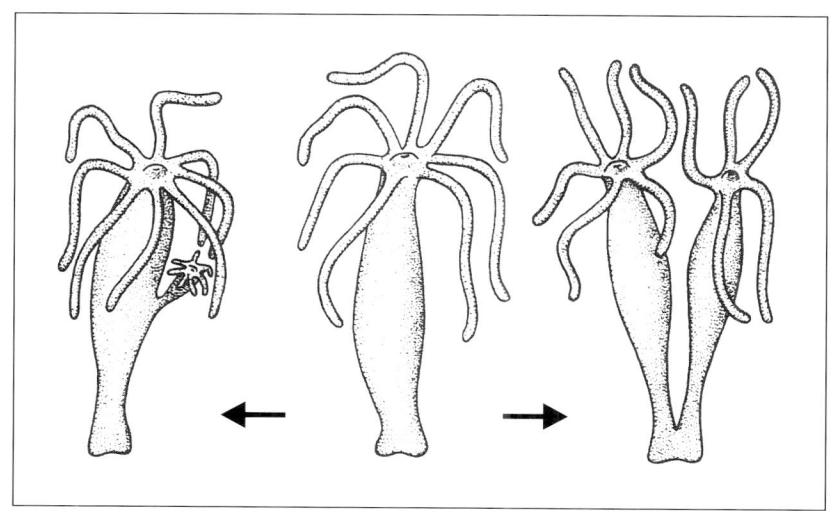

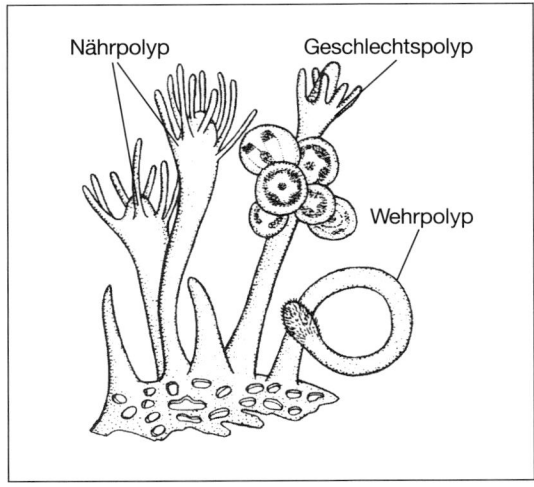

Abb. 5: Ausbildung verschieden geformter Polypen durch Knospung eines Nesseltierstockes (*Podocoryne carnea*) (nach Czihak et al. 1997) [1]

Hundebandwurm das Larvenstadium durch Knospung vermehren. Vermutlich dient diese ungewöhnliche Fähigkeit dazu, die relativ geringe Eierproduktion der erwachsenen Tiere auszugleichen [1].

Andere Tierarten (z. B. Schlupfwespen) verfügen über die Möglichkeit der *Polyembryonie*. Darunter versteht man die Aufteilung eines frühen Embryonalstadiums in mehrere Teilembryonen, die zu selbständigen Individuen heranwachsen (Abb. 6). Polyembryonie findet sich auch regelmäßig bei Gürteltieren und gelegentlich bei anderen Säugetieren in Form von eineiigen Mehrlingsgeburten. Auch beim Menschen tritt Polyembryonie in Form von eineiigen *Zwillingen* bzw. Mehrlingen auf. Weltweit entstehen etwa $^1/_3$ aller Zwillinge aus einer befruchteten Eizelle und werden deshalb als eineiig bezeichnet. Sie stimmen in ihren Erbanlagen vollständig überein. In Deutschland liegt die Häufigkeit eineiiger Zwillinge bei ca. 1 auf 250 Geburten. Eineiige Mehrlinge sind dagegen außerordentlich selten. Die Entwicklung eineiiger Zwillinge verläuft recht unterschiedlich, je nachdem, wann es zur Trennung der Embryonalanlagen kommt (Abb. 7). Besonders auffällig sind eineiige Zwillinge, die sich nicht vollständig voneinander getrennt haben. Man spricht von sog. siamesischen Zwillingen (Abb. 8). Der Mensch ist also auch zur ungeschlechtlichen Fortpflanzung befähigt, sie spielt aber bei ihm nur eine untergeordnete Rolle.

Abb. 6: Polyembryonie bei der Schlupfwespe *Ageniaspis spec.*
A Furchung des befruchteten Eies
B Entwicklung mehrerer identischer Embryonen (Klon) (nach Czihak et al. 1997) [1]

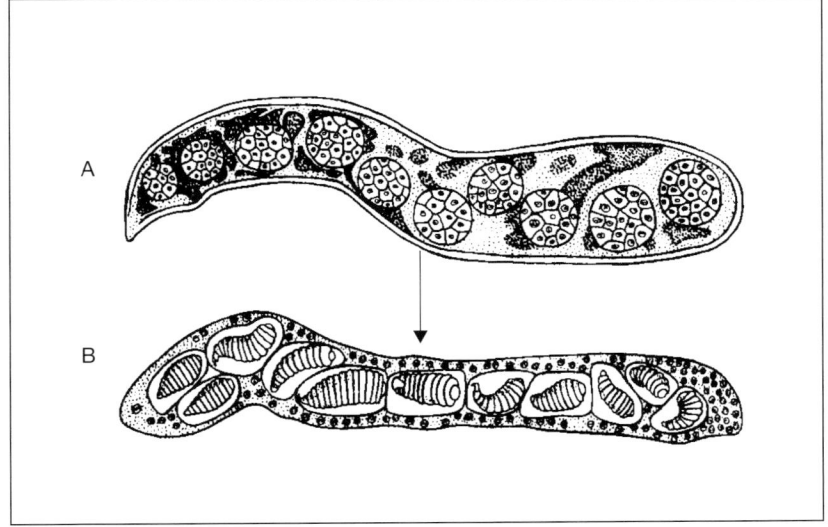

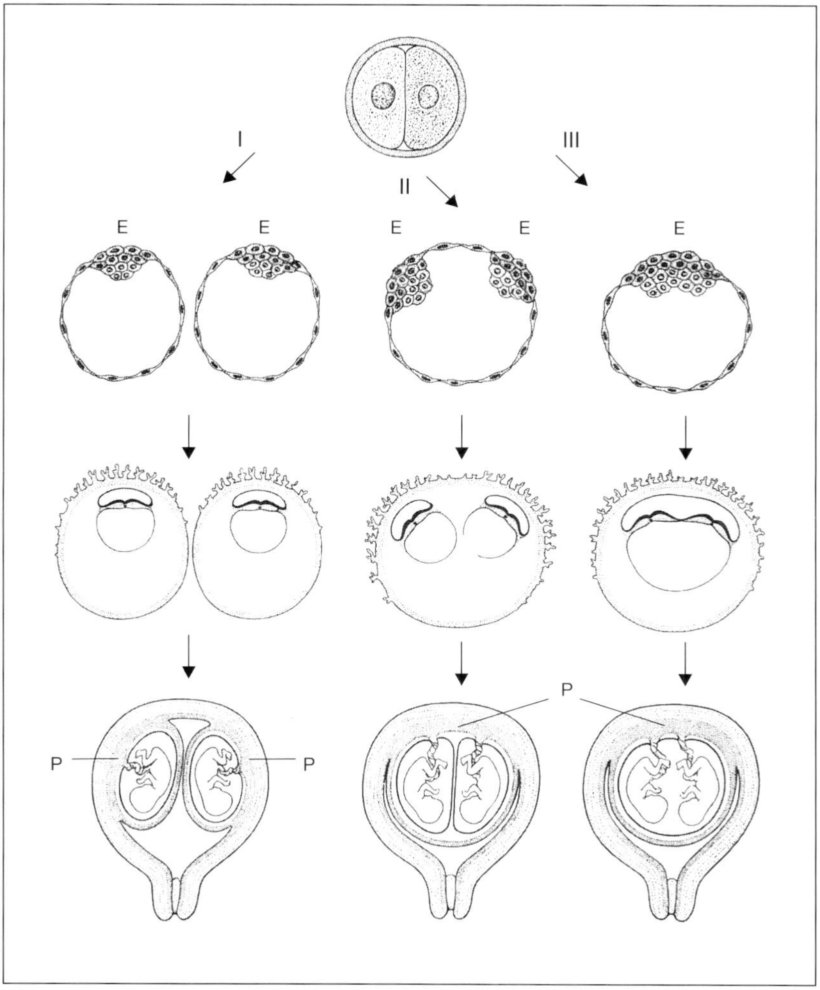

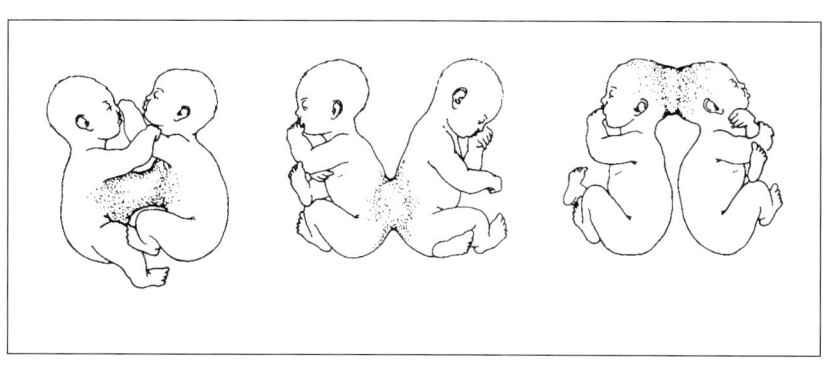

Abb. 7: Die Entwicklung eineiiger Zwillinge beim Menschen
I. Sehr frühe Aufspaltung des Embryoblasten (E) führt zu getrennter Entwicklung der Fruchthöhlen und der Plazenta (P)
II. Frühe Aufspaltung des Embryoblasten führt zur Entwicklung einer gemeinsamen Plazenta, aber noch teilweise getrennten Fruchthöhlen
III. Späte Aufspaltung des Embryoblasten führt zur gemeinsamen Entwicklung von Plazenta und Fruchthöhlen
(nach Langman 1989) [13]

Abb. 8: Verschiedene Formen von Doppelmißbildungen (siamesische Zwillinge) durch unvollständige Trennung des Embryoblasten
(nach Langman 1989) [13]

Was versteht man unter Jungfernzeugung (Parthenogenese)?

Diese besondere Form der Fortpflanzung kann strenggenommen nicht der ungeschlechtlichen Reproduktion zugeordnet werden. Bei der Jungfernzeugung kommt es nämlich zur Fortpflanzung durch unbefruchtete Eier und diese sind zweifellos als weibliche Keimzellen anzusprechen. Man spricht daher auch von eingeschlechtlicher oder *monosexueller Fortpflanzung* [14].

Die Parthenogenese ist bei Pflanzen weit verbreitet. Auch im Tierreich findet man sie relativ häufig, z. B. bei Rädertierchen, Kleinkrebsen, Blattläusen und einigen Käfern. Sogar bei einer Eidechsenart ist sie beobachtet worden und manchmal kommt sie auch bei Truthühnern vor. Bei anderen Tierarten wie beispielsweise verschiedenen Fröschen kann die Jungfernzeugung durch mechanische Reizung einer unbefruchteten Eizelle in Gang gesetzt werden. Sogar bei Eizellen von Säugetieren ist es möglich, durch äußere Reize Teilungen zu induzieren. Eine Entwicklung bis zur Geburtsreife ist allerdings nur unter besonderen Umständen möglich.

Die zur Parthenogenese befähigte Eizelle kann genetisch unterschiedlich ausgestattet sein: Bei Rebläusen enthält sie beispielsweise das ganze (diploide) Erbgut des Muttertieres. Man spricht dann von *diploider Parthenogenese* (Abb. 9). Bei anderen Tierarten macht die Eizelle aber vor der parthenogenetischen Entwicklung noch eine Reifeteilung durch und besitzt dann nur noch den halben (haploiden) Chromosomensatz (Einzelheiten siehe S. 64). Diese haploiden Eier können befruchtet werden. Wenn die Befruchtung ausbleibt, entwickeln sich die Eizellen trotzdem weiter. Es entstehen dann entweder haploide Individuen oder es bleiben nur die Keimzellen haploid, während die übrigen Körperzellen ihren Chromosomensatz verdoppeln, bevor sie sich weiterentwickeln. Bei dieser Konstellation stimmt das durch Jungfernzeugung entstandene Individuum genetisch nicht unbedingt vollständig mit dem Muttertier überein: Wenn z. B. die bei der Mutter vorliegende Kombination der Erbfaktoren mit C^1C^2 bezeichnet wird, so findet sich bei ihren parthenogenetischen Nachkommen entweder die Kombination C^1C^1 oder C^2C^2. Bei dieser Art der Jungfernzeugung unterscheiden sich demnach die Nachkommen zwar genetisch von ihrer Mutter, aber im Gegensatz zur sexuellen Fortpflanzung kommt es eher zu einer Entmischung als zu einer Durchmischung der Erbanlagen.

Die *haploide Parthenogenese* ist bei manchen Tierarten (z. B. Bienen) auch mit dem Vorgang der Geschlechtsbestimmung verknüpft. Aus befruchteten Eizellen entstehen meist weibliche Individuen, während unbefruchtete Eier sich männlich entwickeln.

Zweifellos hat die Parthenogenese erhebliche Vorteile gegenüber der zweigeschlechtlichen Fortpflanzung, da die aufwendige und unsichere Suche nach Sexualpartnern entfällt. Dieser positive Effekt wird aber dadurch aufgehoben, daß keine Neukombination der Erbanlagen erfolgt.

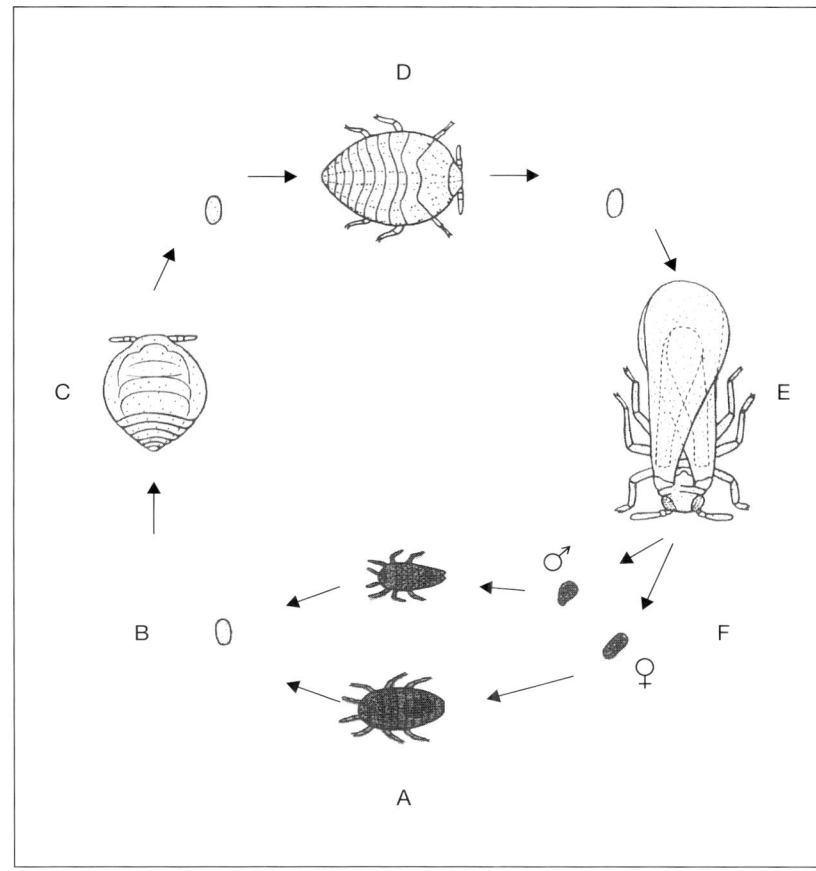

Abb. 9: Fortpflan-
zungszyklus der Reb-
laus (*Viteus vitifolii*).
Die bisexuelle Genera-
tion (A) erzeugt be-
fruchtete Dauereier
(B). Daraus entwickelt
sich die Gallenlaus-
Generation (D) und
daraus die geflügelte
Reblaus-Generation
(E). Sie legt männliche
und weibliche Eier (F),
aus denen wieder
Männchen und Weib-
chen der bisexuellen
Generation entstehen
(nach Czihak et al.
1997) [1]

Daß die Parthenogenese im Vergleich zur Sexualität einen evolutiven
Nachteil hat, kann man auch an ihrer stammesgeschichtlichen Entwicklung
ablesen:
Die Jungfernzeugung findet sich zwar bei vielen heute noch lebenden
Arten, die weit über das Tierreich verstreut sind. Es handelt sich aber meist
um entwicklungsgeschichtlich junge Tiergruppen, während die Parthenogenese bei alten Tiergruppen eher selten ist. Das spricht dafür, daß die
Jungfernzeugung auf lange Sicht der Zweigeschlechtlichkeit unterlegen ist
und deshalb diese parthenogenetischen Linien immer wieder aussterben.
Es ist auch auffällig, daß neben Arten mit Jungfernzeugung fast immer
ganz ähnliche nahverwandte Arten mit sexueller Fortpflanzung vorkommen. Das zeigt an, daß die Parthenogenese sich wahrscheinlich immer wieder einmal bei Lebewesen entwickelt, die ursprünglich zweigeschlechtlich
waren. Die Jungfernzeugung scheint also zeitweilig und unter bestimmten
Umständen einen Vorteil darzustellen. Sobald sich die Gegebenheiten aber
ändern, setzt sich die sexuelle Fortpflanzung wieder durch. Diese Beobachtungen sind ein sehr eindrucksvoller Hinweis darauf, daß die bei der sexuel-

len Fortpflanzung auftretende intensive genetische Rekombination eine besonders gut geeignete Überlebensstrategie ist, um sich laufend an Umweltveränderungen anzupassen [14].

Es gibt auch Zwischenstufen zwischen Parthenogenese und bisexueller Fortpflanzung: Bei einigen Wurm- und Fischarten müssen die Eier zwar mit einem Spermium zusammentreffen, bevor sie sich weiterentwickeln können; der Kern der Samenzelle löst sich jedoch auf, so daß die Entwicklung nur vom mütterlichen Erbgut gesteuert wird. Von dem Spermium wird nur das Zentriol übernommen, das für den Ablauf der Teilungsvorgänge wichtig ist. Man nennt den Vorgang *Merospermie*. Es wird angenommen, daß sich über diese Zwischenstufe die bisexuelle Fortpflanzung zur Parthenogenese zurückentwickeln kann [1].

Was bedeutet Parasexualität?

Als Parasexualität bezeichnet man einen Austausch von Erbanlagen, der aber ohne die für Sexualität typischen Vorgänge abläuft und nicht an den Fortpflanzungsprozeß gekoppelt ist [15].

Bei Bakterien heißt dieser Vorgang *Konjugation*. Dabei lagert sich ein Bakterium an ein anderes an und bildet einen dünnen Verbindungs-

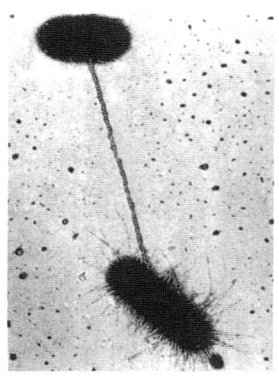

Abb. 10: Konjugation bei dem Bakterium *Escherichia coli*. Der Sexualpilus verbindet F⁺-Bakterium (länglich stachelig) mit F⁻-Bakterium (oval glatt). Ca. 3500fache Vergrößerung (nach Bauer 1981) [17]

schlauch, den sog. Sexualpilus aus. Über diese Verbindung kann der sog. *F-Faktor* übertragen werden. Der F-Faktor (F steht für Fertility = Fruchtbarkeit) befähigt das Bakterium zur Ausbildung eines Sexualpilus [16, 17]. Der F-Faktor kann auch in das ringförmige Bakterienchromosom eingebaut und wieder herausgelöst werden, wobei mehr oder minder viel genetisches Material des Bakterienchromosoms mitgenommen wird. Auf diese Weise können mit dem F-Faktor die verschiedensten Gene von einem Bakterium auf ein anderes übertragen werden. Beispielsweise können die Bakterien so Resistenzfaktoren austauschen, die sie gegen die Wirkung von Antibiotika unempfindlich machen (Abb. 10 und 11).

Auch bei manchen Pilzen gibt es einen parasexuellen Zyklus, der zur Rekombination des Erbmaterials in vegetativen Zellen führt: Nach der Vereinigung von zwei verschiedenen Pilzzellen tritt manchmal auch eine Verschmelzung der beiden Zellkerne ein. Dabei kann es zum Austausch von genetischem Material kommen [1].

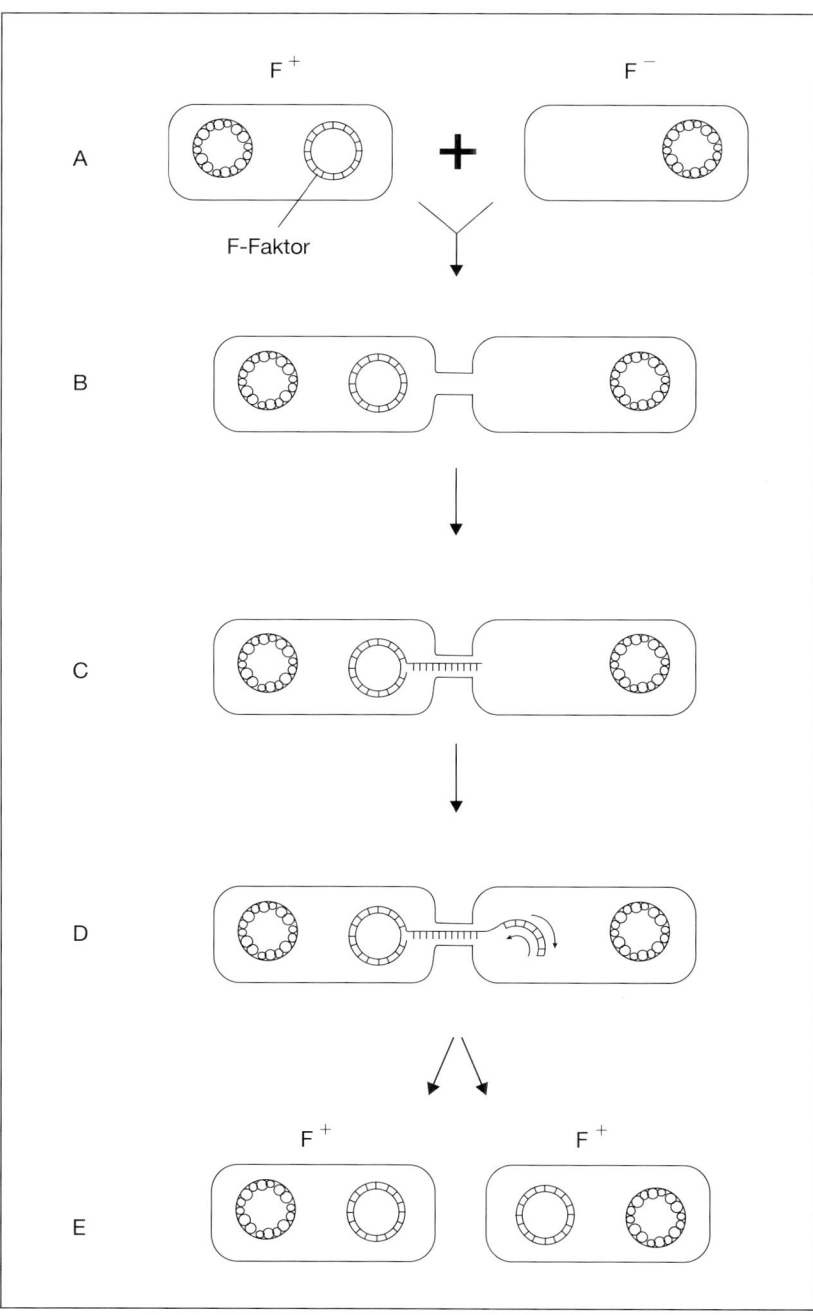

Abb. 11: Übertragung des F-Faktors von einem F⁻- auf ein F⁺-Bakterium
A Annäherung der zwei Bakterien
B Ausbildung des Sexualpilus
C Transfer eines F⁺-DNA-Stranges in das F⁻-Bakterium
D DNA-Synthese
E Zellteilung
(nach Passarge 1994)
[16]

2

Es muß sich lohnen

Vor- und Nachteile der sexuellen Fortpflanzung

Warum ist Sexualität entstanden?

Die Frage, wie die sexuelle Fortpflanzung entstanden ist und warum sie sich in der Evolution gegenüber der asexuellen Vermehrung so weitgehend durchgesetzt hat, ist zweifellos eine der großen, noch nicht endgültig gelösten Fragen der Biologie.

Schon der große englische Naturforscher Charles Darwin (1809–1882) hat sich mit diesem Problem sehr eingehend beschäftigt und letztlich geht auf ihn die bis heute gängigste Erklärung der Sexualität zurück. Sie beruht auf der Erkenntnis, daß bei der geschlechtlichen Reproduktion eine Mischung der väterlichen und mütterlichen Erbanlagen erfolgt, wodurch sich die Nachkommen in ihrer genetischen Ausstattung von den Eltern unterscheiden. Diese genetische Variabilität gibt den neuen Individuen eine größere Breite von Anpassungsmöglichkeiten an ihre Umwelt. Etwas überspitzt und vereinfacht könnte man sagen: Der Vorteil der Sexualität wird darin gesehen, daß mit ihrer Hilfe nicht nur einmal ein Los, sondern laufend neue Lose in die Mischtrommel der Evolution geworfen werden. Damit wird die Chance für ein Überleben in einer sich laufend ändernden Umwelt vervielfacht.

Die Vorteile der genetischen Variabilität für die Evolution können sich auf verschiedenen Ebenen manifestieren:

„Rasenstück-Theorie"

– Die *„Rasenstück-Theorie"* hebt vor allem auf die Möglichkeit ab, daß genetisch unterschiedlich ausgestattete Individuen die räumliche Verschiedenheit ihrer Umwelt besser nutzen können. Darwin war ein Anhänger dieser Hypothese und auf ihn geht auch die etwas ungewöhnliche Theorie-Bezeichnung zurück [18]. Er beschrieb bereits 1859 in seinem Buch „Über die Entstehung der Arten", daß auch auf engstem Raum (z.B. in einem Rasenstück) viele verschiedene Tier- und Pflanzenarten zusammenleben und miteinander konkurrieren. Unter diesen Umständen werden viele Arten in ökologische Nischen abgedrängt, an die sie genetisch besonders gut angepaßt sind. Dort können sie zunächst gut überleben, ohne einem allzu großen Konkurrenzdruck anderer Arten ausgesetzt zu sein. Bei asexueller Vermehrung entsteht allerdings sehr schnell eine starke Konkurrenz unter den Individuen der gleichen Art: weil sie genetisch völlig identisch sind, können sie den begrenzten Lebensraum auch alle gleich gut nutzen. Im Gegensatz dazu sorgt die sexuelle Reproduktion für eine genetische Vielfalt, die den neu entstehenden Individuen einer Art zu einer größeren Anpassungsfähigkeit verhilft. Beispielsweise können sie ihren Lebensraum dadurch erweitern, daß sie einen breiteren pH-Bereich des Bodens oder größere Feuchtigkeitsunterschiede tolerieren.

– Die *„Atemlosigkeits-Theorie"* stellt die Vorteile der zeitlichen Heteroge-
nität in den Vordergrund. Der Name dieser Theorie klingt zwar nicht sehr
wissenschaftlich, aber er macht deutlich, daß in der Evolution ein atembe-
raubendes Wettrennen zwischen Wirtsorganismen und ihren Parasiten
stattfindet. Um überleben zu können, müssen die Wirtstiere und -pflanzen
laufend neue genetisch programmierte Abwehrsysteme entwickeln. Die
parasitären Schädlinge, die oft zu den Kleinstlebewesen (z. B. Viren und
Bakterien) gehören, vermehren sich jedoch asexuell sehr stark und haben
hohe Mutationsraten, so daß sie mehr oder minder schnell die neuen
Schutzmechanismen überwinden können. Bei diesem Wettlauf ums Überleben kommt der Sexualität eine wichtige Rolle zu. Sie ermöglicht den
Wirten, ihre Abwehrsysteme durch Austausch von Erbfaktoren in jeder Generation zu verändern. Dadurch wird es sehr viel wahrscheinlicher, daß
immer einige Individuen den Angriff von Schädlingen überleben und den
Bestand der Art sicherstellen können. Oft ist es für eine verbesserte Ab-
wehr gar nicht nötig, das ganze Verteidigungssystem zu ändern, sondern
es genügt beispielsweise schon eine kleine Modifizierung der Zelloberfläche, damit der Schädling sich gar nicht erst festsetzen kann. Die genetischen Veränderungen müssen also nicht unbedingt eine Verbesserung
oder Höherentwicklung darstellen, sondern die Verschiedenheit ist schon
ein Wert an sich [19].

Welche gravierenden Folgen es haben kann, wenn die genetische Variabilität verlorengeht, haben die Landwirte in aller Welt schon oft schmerz-
haft erfahren müssen: Bei der Züchtung neuer Getreidesorten wurde beispielsweise lange Zeit sehr einseitig auf schnelle Ertragssteigerung gesetzt.
Deshalb wurden genetisch völlig gleichartige Massenkulturen angelegt, die
anfangs auch enorme Erträge brachten. Aber schon bald entwickelten sich
Schädlinge, die gut an diese Kulturen angepaßt waren und dort ideale
Lebensbedingungen fanden. Dementsprechend schnell konnten sich die
Schadorganismen vermehren, und weil alle Pflanzen gleich empfänglich
waren, wurden solche Massenkulturen in kurzer Zeit total vernichtet. Um
1970 vernichtete beispielsweise ein Schimmelpilz in den USA einen großen
Teil der Getreideernte und verursachte einen Schaden in Milliardenhöhe.
Etwa zehn Jahre später verloren die Tabakbauern auf Kuba fast 90% ihrer
Ernte ebenfalls durch den Befall mit einem Schimmelpilz [14].

Heute hat man aus diesen Katastrophen gelernt und betreibt bei der
Sortenzüchtung ein sog. genetisches Management. Darunter versteht man,
daß nach einem festen Plan die Genotypen der Getreidesorten geändert
werden, um der Entwicklung spezifischer Schädlinge vorzubeugen.

Im Gegensatz zu den beiden bereits besprochenen Theorien, die den evolutiven Hauptnutzen der Sexualität in der erhöhten genetischen Variabilität sehen, wird neuerdings in den sog. *„Reparatur-Hypothesen"* die Meinung vertreten, daß der wesentliche Vorteil der sexuellen Reproduktion in
der Verminderung genetischer Defekte liegt, die von den Eltern auf die
Nachkommen vererbt werden können. Ausgangspunkt für diese Überle-
gungen ist die unbestreitbare Tatsache, daß das genetische Material der

*„Atemlosigkeits-
Theorie"*

Zellen während des gesamten Lebens mutagenen, das heißt erbgutschädigenden Einflüssen ausgesetzt ist. Dadurch werden laufend Gene verändert, so daß im Laufe der Zeit immer mehr defekte Erbanlagen entstehen. Die sexuelle Reproduktion ermöglicht es, solche Fehler wieder zu reparieren und damit die Anhäufung von Mutationen im Erbgut späterer Generationen zu verhindern. Diese Reparatur kann man sich auf verschiedene Weise vorstellen [19]:

„Chromosomen-Hypothese"
– Die *„Chromosomen-Hypothese"* geht davon aus, daß in den Keimzellen während der Paarung der homologen Chromosomen in der Meiose die einander entsprechenden Genorte auf den väterlichen und mütterlichen Chromosomen miteinander verglichen werden (Näheres zur Meiose siehe S. 63). Wenn dabei ein Unterschied festgestellt wird, so kann nach dieser Hypothese der defekte Chromosomenabschnitt durch Austausch repariert werden. Bisher ist allerdings über die postulierten Reparaturmechanismen wenig bekannt.

„Spermien-Hypothese"
– Die *„Spermien-Hypothese"* nimmt an, daß die männlichen Keimzellen als eine Art genetische Sicherheitskopie für die Eizellen dienen. Das Erbmaterial der Eizellen ist vermutlich durch mutagene Einflüsse besonders gefährdet. Diese Zellen entstehen beispielsweise beim Menschen bereits in einem frühen Embryonalstadium und bleiben dann bis zu 40 Jahren in einer Ruhephase liegen, bevor sie sich zu befruchtungsfähigen Eizellen weiterentwickeln (Näheres zur Eizellentwicklung siehe S. 67). Ein genetischer Abgleich zwischen Spermien und Eizellen könnte sicherstellen, daß die Erbinformationen in den Keimzellen sich wieder entsprechen. Bis heute gibt es jedoch keine Beweise für die Existenz eines solchen Vorgangs.

Wie schon eingangs erwähnt, kann derzeit noch nicht entschieden werden, welche der verschiedenen Theorien über den evolutiven Nutzen der Sexualität tatsächlich zutrifft. Möglicherweise läßt sich diese Frage auch gar nicht eindeutig beantworten, denn es ist durchaus denkbar, daß mehrere verschiedene Mechanismen zum Siegeszug der Sexualität beigetragen haben.

In welcher Beziehung stehen Fortpflanzung, Sexualität und Vermehrung zueinander?

Fortpflanzung und Sexualität sind meist eng miteinander verwobene Phänomene, die als gemeinsames Ziel die Erhaltung der Art haben. Trotz ihrer engen Beziehungen sind diese beiden arterhaltenden Funktionen aber grundsätzlich verschieden: Die Fortpflanzung sorgt für die Entstehung von neuen gleichartigen Organismen aus bereits vorhandenen Lebewesen als Ersatz abgestorbener Individuen. Die Sexualität ermöglicht dagegen nur die Durchmischung (Rekombination) der elterlichen Erbanlagen bei den Nachkommen. Sie ist für die Erhaltung der Art nicht unbedingt notwendig, verbessert aber ihre Anpassungsfähigkeit. Die Sexualität kann daher als ein sekundärer Optimierungsschritt aufgefaßt werden, durch den die primär entstandene asexuelle Fortpflanzung ergänzt wurde. Dafür spricht auch, daß es zwischen der asexuellen und sexuellen Fortpflanzung die verschiedensten Übergänge und Kombinationen gibt, so daß eine klare Trennung der beiden Reproduktionsstrategien nicht möglich ist [14].

Sowohl bei Pflanzen als auch bei Tieren kommt es auch nicht selten zum Wechsel zwischen den beiden Fortpflanzungsarten. Wenn unterschiedliche Fortpflanzungsarten gleichzeitig oder nacheinander beim gleichen Individuum vorkommen, spricht man von einem *Fortpflanzungswechsel*. Als *Generationswechsel* bezeichnet man dagegen, wenn aufeinanderfolgende Generationen einer Spezies sich unterschiedlich fortpflanzen. Dabei kann man eine primäre und sekundäre Form unterscheiden.

Der *primäre Generationswechsel* ist für Pflanzen und Einzeller typisch: Hier wechselt die Fortpflanzung durch männliche und weibliche Keimzellen nur mit der Bildung ungeschlechtlicher Fortpflanzungszellen ab. Ein typisches Beispiel dafür ist der Entwicklungsgang des Malariaerregers *Plasmodium spec.* [1]. Der primäre Generationswechsel geht einher mit einem Wirtswechsel von der Anophelesmücke zum Menschen. Durch den Mückenstich gelangen sog. Sporozoiten in die Blutbahn des Menschen. Sie wandern in die Leber und vermehren sich dort ungeschlechtlich und dringen als Merozoiten in rote Blutkörperchen ein. Nach mehreren Zyklen ungeschlechtlicher Vermehrung entwickeln sie sich schließlich zu Vorstufen männlicher und weiblicher Keimzellen (Gamonten). Bei einem erneuten Stich einer Anophelesmücke werden die Gamonten mit dem Blut aufgesaugt und gelangen in den Mückendarm. Dort entstehen die voll ausgereiften Keimzellen (Gameten), und es kommt zur Befruchtung. Die befruchteten Eizellen (Zygoten) durchdringen die Darmwand und wachsen in der Leibeshöhle der Mücke zu einem sog. Sporonten heran. Durch ungeschlechtliche Teilung entstehen daraus wieder zahlreiche Sporozoiten, die in die Speicheldrüse der Mücke einwandern und auf den Menschen übertragen werden können. Obwohl die beschriebene Fortpflanzungsstrategie des Malariaerregers zweifellos sehr kompliziert ist, vermehrt er sich derart erfolgreich, daß die Malaria zu einer der am weitesten verbreiteten Infektionskrankheiten des Menschen geworden ist. Jedes Jahr treten Millionen von Neuinfektionen auf und sehr viele der Infizierten sterben daran. Die Resistenz gegen die Arzneimittel, die die Vermehrung der Erreger verhindern können, hat in den letzten Jahren dramatisch zugenommen.

Der *sekundäre Generationswechsel* findet sich vorrangig bei tierischen Vielzellern: Dabei kann die sexuelle Fortpflanzung sich mit verschiedenen anderen Fortpflanzungsarten abwechseln, die während der Evolution entwickelt wurden. Beispielsweise kann die sexuelle Reproduktion auf die vegetative Vermehrung folgen, wie das bei den Nesseltieren der Fall ist. Bei ihnen bilden die freischwimmenden Quallen bzw. Medusen die Geschlechtsgeneration. Aus ihren befruchteten Eiern entsteht die ungeschlechtliche Generation seßhafter Polypen, die sich vegetativ fortpflan-

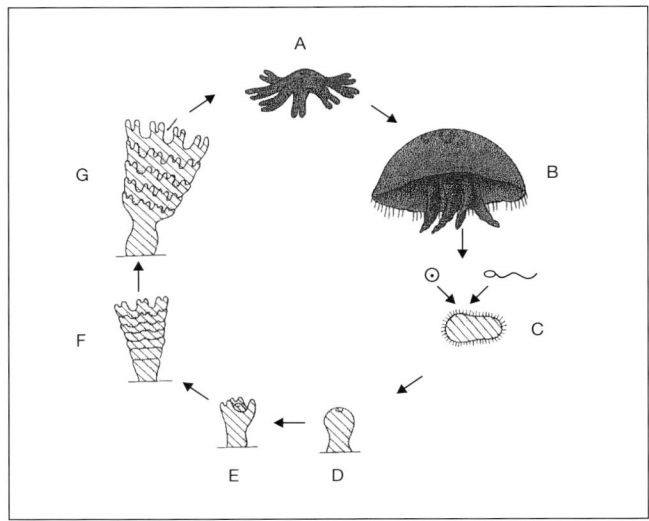

Abb. 12: Generations-
wechsel (Metagenese)
bei der Qualle *Aurelia
aurita*
A   Jungqualle
B   geschlechtsreife
       Qualle (Meduse)
       bildet männliche
       und weibliche
       Keimzellen
C   geschlechtlich er-
       zeugte Wimpern-
       larve
D, E seßhaft geworde-
       ne Jungpolypen
F, G differenzierte Poly-
       pen, die durch un-
       geschlechtliche
       Querteilung
       Jungquallen
       erzeugen;
       dunkel: sexuelle
       Generation,
       schraffiert:
       asexuelle
       Generation
(nach Czihak et al.
1997) [1]

zen und dabei vielzellige Fortpflanzungsprodukte erzeugen, die wieder
zu bisexuellen Quallen heranreifen
(Abb. 12).

Auch beim Hundebandwurm
(*Echinococcus*) findet sich ein ähnlicher sekundärer Generationswechsel: Aus den Eiern des erwachsenen
Bandwurms entstehen in einem Zwi-
schenwirt (z. B. dem Menschen) Fin-
nen, die sich durch Knospung ungeschlechtlich vermehren. Aus ihnen
gehen Bandwurmanlagen hervor,
die zu geschlechtsreifen Bandwür-
mern heranwachsen, wenn sie wieder in den Hund gelangen.

Bei einigen Hohlwürmern und bei
Blattläusen wechselt eine Generati-
on mit bisexueller Fortpflanzung mit mehreren Generationen ab, in denen
sich nur die Weibchen monosexuell vermehren.

Es ist sicher kein Zufall, daß sich ein solcher Generationswechsel besonders häufig bei Parasiten findet. Während sie in ihrem Wirt leben und dort
konstant gute Lebensbedingungen vorfinden, besteht meist kein Bedarf,
das optimal angepaßte Erbprogramm zu ändern. Vielmehr ist diese Le-
bensphase für eine starke Vermehrung günstig, die durch ungeschlechtliche Fortpflanzung besser zu bewerkstelligen ist als durch ein kompliziertes
sexuelles Geschehen. Sobald es aber im Leben eines Parasiten zum Wirtswechsel kommt, tritt häufig sexuelle Reproduktion auf, um durch Modifizierung des Erbmaterials eine bessere Anpassung an neue Umweltgege-
benheiten zu ermöglichen [14].

In den meisten Fällen geht mit der Fortpflanzung auch eine mehr oder
minder starke Vermehrung der Individuen einher. Der Zusammenhang ist
aber nicht zwingend, es gibt durchaus Beispiele, wo der Fortpflanzungsvor-
gang nur dazu führt, daß aus einem Individuum ein neues hervorgeht. Im
Extremfall können bei der Fortpflanzung zwei Individuen miteinander verschmelzen, so daß sogar eine Verminderung der Individuenzahl resultiert.

Wie entstanden männliche und weibliche Keimzellen?

Die Verknüpfung zwischen sexueller Fortpflanzung und Vermehrung hat
sich vermutlich auf der Evolutionsstufe der einfachen Mehrzeller entwik-
kelt. Durch die sexuelle Neukombination des Erbguts entstanden so ver-
schiedenartige Zellen, daß ein Zusammenleben in einem gemeinsamen
Zellverband wahrscheinlich nicht länger möglich war. Deshalb wurden die
neukombinierten Zellen ausgestoßen und entwickelten sich zu neuen Indi-

viduen, wodurch sie gleichzeitig auch zur Vermehrung beitrugen. Im weiteren Verlauf der Entwicklung haben sich daraus vermutlich die Keimzellen entwickelt. Sie ermöglichen einerseits eine sexuelle Vereinigung genetisch verschiedener Zellen und andererseits sind sie auch für die Vermehrung von Bedeutung, weil aus den verschmolzenen Keimzellen neue Individuen entstehen [14].

Die ursprünglichsten Formen der Keimzellen (*Gameten*) kommen bei Einzellern und niederen Pflanzen vor. Sie zeigen noch keinerlei morphologische Differenzen, sondern unterscheiden sich nur funktionell. Dabei spielt vor allem der chemische Aufbau der Zelloberfläche eine wichtige Rolle, weil dadurch verschiedene Wechselwirkungen zwischen den Zellen möglich werden. Diese Form der Keimzellbildung wird als *Isogametie* bezeichnet. Da eine sichere Unterscheidung männlicher und weiblicher Gameten nicht möglich ist, werden sie willkürlich mit „+" und „−" bezeichnet (Abb. 13 A).

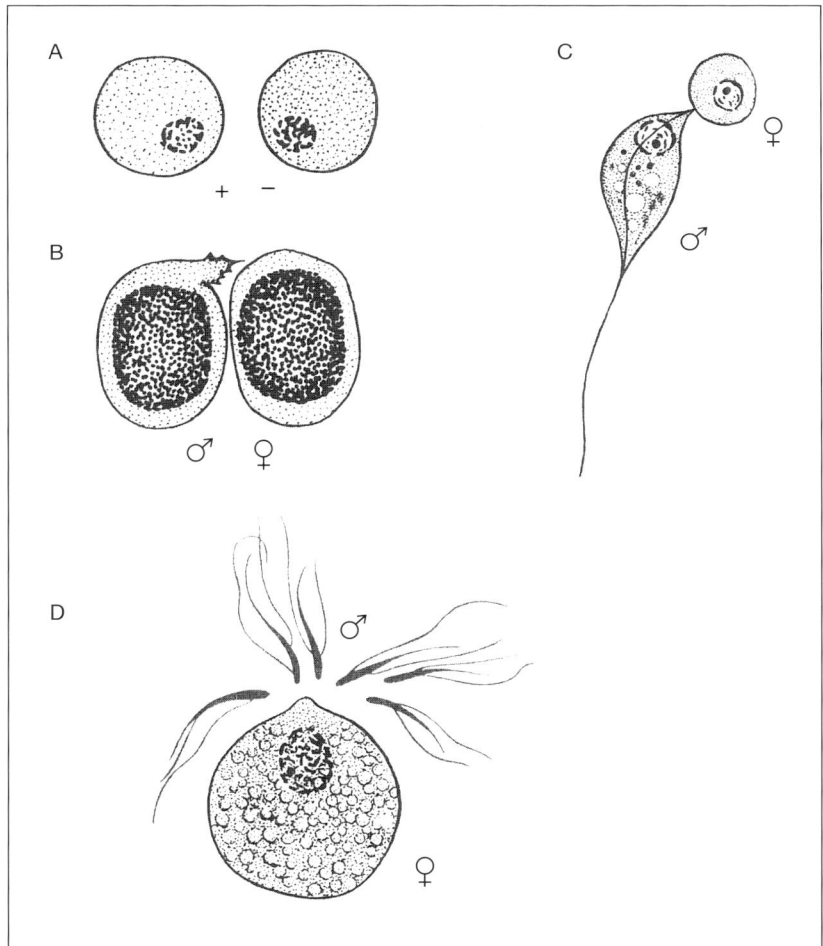

Abb. 13: Die verschiedenen Keimzellformen
A Isogameten (gleich groß, unbegeißelt) des einzelligen Sporentierchens *Monocystis magna*
B Funktionelle Anisogameten (nur zeitweilig morphologisch unterscheidbar) des einzelligen Wurzelfüßers *Actinophrys sol*
C Dauerhafte Anisogameten (männlich begeißelt, weiblich unbegeißelt) des einzelligen Sporentierchens *Stylocephalus longicollis*
D Oogameten (männlich: klein und begeißelt, weiblich: groß und unbegeißelt) des einzelligen Sporentierchens *Eimeria schubergi*
(nach Czihak et al. 1997) [1]

Wenn die Gameten morphologisch unterscheidbar sind, spricht man von *Anisogametie*. Im einfachsten Fall unterscheiden sich die Keimzellen nur dadurch, daß bei der Gametenverschmelzung ein Keimzelltyp durch eine Plasmaausstülpung eine aktive Leistung zeigt, während der andere passiv bleibt. Die aktive Gamete wird dann als männlich (♂), die passive als weiblich (♀) bezeichnet (Abb. 13 B). Sind beide Keimzellen begeißelt, wird die kleinere als männliche Mikrogamete und die größere als weibliche Makrogamete definiert. Falls jedoch nur ein Keimzelltyp beweglich ist, so wird er unabhängig von seiner Größe als männlich angesehen, während der unbewegliche Typ als weiblich eingestuft wird (Abb. 13 C).

Oft sind beide Kriterien kombiniert: die männlichen Gameten sind klein und begeißelt, die weiblichen groß und unbegeißelt. In diesem Fall, der bei den meisten höheren Tieren vorliegt, spricht man von *Oogametie* und bezeichnet die männlichen Gameten als Spermien und die weiblichen als Eier (Abb. 13 D).

Sowohl bei tierischen Einzellern als auch bei Algen und Pilzen haben sich bereits verschiedene Formen der sexuellen Fortpflanzung ausgebildet: Es kommen sowohl *Isogametie* als auch *Anisogametie* in recht verschiedenen Formen vor (siehe S. 27).

Durch die Ausbildung von zwei getrennten Geschlechtszellen entstand das Problem, daß die beiden Zelltypen oft in flüssigem Substrat für die Befruchtung zueinanderfinden müssen. Um diesen Prozeß zu erleichtern, bilden die Gameten häufig hormonähnliche Substanzen, die sog. *Gamone*, und geben sie an ihre meist flüssige Umgebung ab. Oft reichen wenige Moleküle dieser hochwirksamen Stoffe aus, um das Zueinanderfinden der Keimzellen sicherzustellen. Einige dieser Gamone sind bereits in ihrer chemischen Struktur aufgeklärt, über ihren Wirkungsmechanismus ist allerdings noch relativ wenig bekannt [15].

Bei einigen Pilzarten trat ein neues Sexualitätsprinzip auf, das vermutlich die Voraussetzung dafür war, daß Pflanzen sich vom Leben im Wasser auf die Besiedlung des Landes umstellen konnten. Die Neuerung beruhte darauf, daß die freie Beweglichkeit der Gameten aufgegeben wurde, weil sie nur in flüssigem Medium eine ausreichende Befruchtungswahrscheinlichkeit sicherstellen kann. Statt dessen erfolgt die Überbrückung der räumlichen Distanz zwischen den Geschlechtern durch gerichtete Wachstumsprozesse, die zu einer Fusion der ganzen Geschlechtsorgane führen. Diese Wachstumsvorgänge werden ebenfalls durch hormonähnliche Sexuallockstoffe (*Pheromone*) gesteuert (Abb. 14).

Abb. 14: Sexuelle Fortpflanzung bei dem Schlauchpilz *Pyronema confluens* durch Fusion männlicher (rechts) und weiblicher (links) Geschlechtsorgane.
Sobald die Verbindung durch den fingerförmigen Fortsatz hergestellt ist, wandern männliche Kerne in den weiblichen Teil. Nach der Paarkernbildung entstehen aus dem weiblichen Organ Pilzfäden, die wieder Zellen freisetzen (nach Czihak et al. 1997) [1]

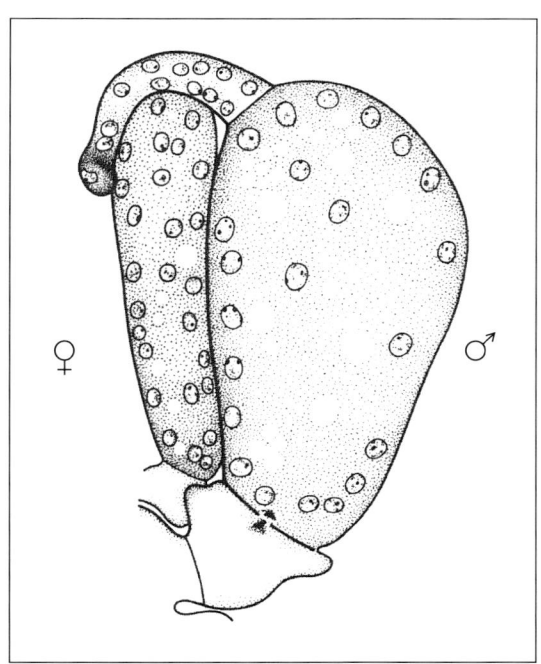

♀   ♂

Die höheren Pflanzen, insbesondere die Blüten- und Samenpflanzen, haben mit der endgültigen Anpassung an das Landleben vielgestaltige und sehr komplexe Formen der sexuellen Fortpflanzung entwickelt. Im Rahmen dieses Buches, das sich hauptsächlich mit der Sexualität bei Tier und Mensch beschäftigt, würde es jedoch zu weit führen, diese pflanzlichen Mechanismen im einzelnen zu erläutern. Eine ausführliche Darstellung findet sich bei Czihak [1].

Wieso gibt es nur zwei verschiedene Keimzelltypen?

Der grundlegende Vorgang der Sexualität besteht wie bereits erwähnt darin, daß zwei Keimzellen miteinander verschmelzen und genetisches Material austauschen. Es wäre aber durchaus auch denkbar, daß an diesem Vorgang mehr als zwei Zellen beteiligt sein können. Die genetische Durchmischung würde dadurch zweifellos noch gesteigert. Die Tatsache, daß die Zweisamkeit zur Regel wurde, deutet darauf hin, daß es dafür gewichtige Gründe geben muß. Einige sind relativ leicht zu erkennen: Zweifellos wäre das Zueinanderfinden von drei oder mehr Keimzellen wesentlich schwieriger zu organisieren als bei zwei Partnern. Schon das zeitgerechte Zusammenführen von je einer weiblichen und männlichen Gamete stellt eine erhebliche Erschwernis dar und benachteiligt die sexuelle gegenüber der asexuellen Fortpflanzung. Nur weil die mit der Sexualität verbundene genetische Anpassungsfähigkeit langfristig einen großen Vorteil darstellt, konnte diese Form der Fortpflanzung sich trotzdem in der Evolution durchsetzen. Bei mehr als zwei Partnern würde der Aufwand vermutlich so groß, daß die Sexualität keinen evolutiven Gewinn mehr bieten würde.

Auch die gleichmäßige Wiederaufteilung der Chromosomen nach der Verschmelzung von mehr als zwei Keimzellen wäre ein schwer lösbares Problem, das vermutlich dazu beigetragen hat, daß es bei der Vereinigung von zwei Keimzellen geblieben ist.

Wie bereits beschrieben, waren sich die beiden Keimzelltypen ursprünglich sehr ähnlich. Auch heute gibt es bei einigen Lebewesen noch männliche und weibliche Keimzellen, die man äußerlich nicht unterscheiden kann.

Warum aber haben sich im Lauf der Evolution vor allem die Arten durchgesetzt, die zwei sehr verschiedene Keimzelltypen bilden?

Diese Entwicklung wurde vermutlich aus „ökonomischen" Gründen eingeleitet: Die Herstellung von Keimzellen ist nämlich sehr aufwendig. Gleichzeitig muß aber eine möglichst große Anzahl vorhanden sein, um einen optimalen Fortpflanzungserfolg zu erzielen.

Mit Hilfe mathematischer Modelle kann man zeigen, daß es bei dieser Problemstellung am günstigsten ist, wenn ein Geschlecht nur einige große Keimzellen bildet, die mit viel Zellplasma ausgestattet sind, während das andere Geschlecht viele kleine Keimzellen produziert, die außer dem Zellkern wenig Plasma mitbekommen. Dieses duale System wurde noch dadurch optimiert, daß die kleinen Zellen beweglich wurden, um das Zusammenfinden zu erleichtern. Natürlich kann auch die aktive Beweglichkeit der großen Keimzellen sinnvoll sein, aber sie erfordert einen so großen Energieaufwand, daß dieses System in der Natur nur selten verwirklicht worden ist [14].

Warum gibt es Zwitter?

Im vorangegangenen Kapitel wurde erläutert, daß die Ausbildung von zwei verschiedenen Keimzelltypen vorteilhaft war. Damit ist aber noch nicht erklärt, warum dafür männliche und weibliche Individuen notwendig sind. Daß auch ein Individuum zwei verschiedene Keimzellen produzieren kann, zeigen die Zwitter, die im Tier- und insbesondere im Pflanzenreich keineswegs selten vorkommen.

Als Zwitter bezeichnet man Individuen, die sowohl Eier als auch Spermien erzeugen können. Eine vornehmere Bezeichnung für ein zweigeschlechtliches Individuum ist *Hermaphrodit*. Dieser Name geht zurück auf die griechische Mythologie, wonach der Sohn von Hermes und Aphrodite mit einer Quellnymphe zu einem Zwitterwesen vereinigt wurde [15].

Hermaphroditismus ist wie schon erwähnt in der Natur weit verbreitet. Man findet ihn bei vielen Tiergruppen: insbesondere bei den verschiedensten Wurmarten (z.B. Bandwürmer, Regenwürmer), aber auch bei Schnekken, Muscheln und einigen Fischen. Zwittrig sind auch fast alle Blütenpflanzen, auf die hier aber nicht näher eingegangen werden kann.

Getrennte Geschlechter finden sich bei allen Landwirbeltieren. In Einzelfällen kommen aber auch bei ihnen Hermaphroditen vor, die allerdings meistens nicht fortpflanzungsfähig sind. Der beim Menschen vorkommende Hermaphroditismus wird auf S. 153 beschrieben.

In einigen Tiergruppen (z.B. Schnecken und Fische) treten sowohl getrenntgeschlechtliche als auch zwittrige Arten auf. Es spricht einiges dafür, daß Zwittrigkeit die ältere Form der geschlechtlichen Fortpflanzung darstellt. Aber es gibt auch Beispiele, wo das Zwittertum erst sekundär entstanden ist.

Simultanzwitter

Die zwittrige Fortpflanzung kann auf verschiedene Weise geschehen: Die *Simultanzwitter* produzieren gleichzeitig männliche und weibliche Gameten, während die *Sukzessivzwitter* erst die eine Sorte und später die andere Sorte von Keimzellen herstellen, also einen Geschlechtswechsel vollziehen [15].

Ein recht interessantes Beispiel für Simultanzwitter stellen die Weinbergschnecken dar. Ihr Paarungsverhalten ist sehr ungewöhnlich: Sie richten sich dabei aneinander auf und stülpen neben den Fühlern eine

Blase aus, auf der die Ausführungsgänge der Geschlechtsdrüsen münden (Abb. 15). Im Vorfeld der eigentlichen Paarung schießen die beiden Schnecken aus einem sog. Liebespfeilsack kleine Kalkpfeile aufeinander ab. Danach kann es noch Stunden dauern, bis jede Schnecke ihr Begattungsorgan in die Geschlechtsöffnung der anderen einführt und ein Spermienpaket überträgt. Anschließend trennen sich die Tiere. Etwa einen Monat später legen sie dann die befruchteten Eier in der Erde ab und überlassen sie sich selbst [14].

Während dieses Monats paaren sich die Schnecken aber durchaus noch mehrfach, so daß Spermien von verschiedenen Tieren für die Befruchtung zur Verfügung stehen. Es besteht

also eine sog. „*Spermienkonkurrenz*". Das führt dazu, daß Schnecken sehr viel Spermien produzieren. Jedes Individuum versucht nämlich durch die Abgabe einer besonders hohen Zahl von Spermien sicherzustellen, daß seine Spermien zur Befruchtung kommen. Dementsprechend groß sind die spermienbildenden Teile der Keimdrüsen. Möglicherweise spielt bei der Spermienauswahl auch noch der Liebespfeil eine Rolle. Näheres weiß man zwar noch nicht, aber allein dieser höchst komplizierte und ungewöhnliche Austausch von Kalkpfeilen spricht dafür, daß er für die Fortpflanzung eine wichtige Bedeutung hat. Neueste Untersuchungen [20] haben ergeben, daß der Liebespfeil aus einem Speichersack abgeschossen wird, der mit einem Drüsenpaar in Verbindung steht. Diese Drüsen produzieren einen Schleim, der den Liebespfeil überzieht. Durch den Abschuß des Pfeiles wird der Drüsenschleim auf den Partner übertragen und löst bei ihm Kontraktionen in den weiblichen Geschlechtsorganen aus. Dadurch wird vermutlich erreicht, daß mehr Spermien den Beutel erreichen, in dem die Befruchtung stattfindet.

Da die Schnecken aus Konkurrenzgründen sehr große Mengen Spermien übertragen, hat sich ein Verdauungsmechanismus herausgebildet, der verhindert, daß dieses wertvolle Material ungenutzt verlorengeht.

Die Verwertung von überfüssigem Sperma ist übrigens auch bei getrenntgeschlechtlichen Tieren zu finden. Bei Insekten (insbesondere Grillen und Heuschrecken) wurde beobachtet, daß Weibchen Spermienpakete zum Zweck der Ernährung sammeln, indem sie sich reihenweise mit Männchen paaren. Deshalb sind die Spermienpakete oft so aufgebaut, daß die Spermien schnell auswandern können und in die weiblichen Geschlechtswege gelangen, bevor das Weibchen die Verpackung verzehrt hat [21]. Auch bei Säugetieren wird ein großer Teil der Spermien im weiblichen Genitaltrakt aufgelöst und resorbiert.

Eine andere Fortpflanzungsstrategie betreiben die ebenfalls zwittrigen Schriftbarsche: Nachdem sich zwei laichbereite Tiere gefunden haben, schwimmen sie eine Zeitlang nebeneinander her. Dann schwimmt der eine Fisch plötzlich sehr dicht über den anderen und gibt Spermien ab, während der unten schwimmende Partner Eier absondert. Dieser Laichvorgang wiederholt sich viele Male, aber die Partner wechseln dabei jedesmal die Rollen. Die Eier und Spermien vermischen sich und treiben davon. Da der Schriftbarsch ein Simultanzwitter ist, muß verhindert werden, daß es zur Selbstbefruchtung kommt. Deshalb gibt jedes Individuum auf einmal entweder nur Eier oder nur Spermien ab. Für einen optimalen Fortpflanzungserfolg muß außerdem sichergestellt werden, daß der Partner die gegenteiligen Keimzellen ausstößt. Dieses Problem wird durch das gegenseitige Überschwimmen gelöst. Der oben Schwimmende gibt immer Spermien ab, der unten Schwimmende nur Eier. Mit diesem mehrfachen Rollenwechsel beim Laichvorgang wird gleichzeitig verhindert, daß ein Partner weniger Eier abgibt. Er würde sich damit einen Vorteil verschaffen, weil die Herstellung von Eizellen einen wesentlich größeren Aufwand erfordert als die Spermienproduktion [22].

An den erwähnten Beispielen läßt sich gut erkennen, welche Vor- und Nachteile das Zwittertum mit sich bringt. Zweifellos ist die Fähigkeit zur Selbstbefruchtung ein Vorteil, wenn andere Fortpflanzungspartner nicht oder nur schwer erreichbar sind. Dafür geht aber die genetische Variabilität verloren. Deshalb wird Selbstbefruchtung bei Zwittern meist verhindert.

Das Zwittertum hat auch den Vorteil, daß bei geringer Partnerzahl mit jedem erwachsenen Artgenossen Fortpflanzung möglich ist. Der Nachteil liegt aber darin, daß ein Zwitter erheblichen Aufwand treiben muß, um männliche und weibliche Keimzellen herzustellen und abzugeben. Außerdem bedarf es komplizierter Mechanismen, um sicherzustellen, daß von einer Sorte Keimzellen nicht zuviel oder zu wenig gebildet werden. Nur solange dieser Aufwand nicht zu groß wird, lohnt sich das Zwittertum. Deshalb findet es sich vorrangig bei einfacher gebauten Tieren, die noch keine komplizierten Fortpflanzungsorgane entwickelt haben. Auch bei den eigentlich schon hoch entwickelten Fischen ist Zwittertum noch lohnend, weil sie keine speziellen Begattungsorgane brauchen, sondern die Keimzellen einfach ins Wasser abgeben.

Sukzessivzwitter

Neben den schon beschriebenen Simultanzwittern gibt es noch eine zweite Zwitterform, die sich schon einen Schritt weiter zur getrenntgeschlechtlichen Fortpflanzung hin entwickelt hat. Es sind die sog. *Sukzessivzwitter,* die während ihres Lebens einen Geschlechtswechsel vollziehen. In den meisten Fällen wird in der Jugend eine männliche Phase durchlaufen und in späteren Lebensabschnitten folgt eine Periode, in der weibliche Keimzellen entstehen. Normalerweise findet ein solcher Geschlechtswechsel nur einmal im Leben statt. Nur in Ausnahmefällen kann dieser Wechsel rückgängig gemacht werden. So kann z.B. eine Art der vielborstigen Meeresringelwürmer (*Ophryotrocha puerilis*) nach Verlust des Hinterendes oder nach Kontakt mit anderen ebenfalls in der weiblichen Phase befindlichen Artgenossen zeitweilig wieder in das männliche Entwicklungsstadium zurückkehren und Spermien produzieren [23].

Der *Geschlechtswechsel* kommt im Tierreich, insbesondere bei Schwämmen, Schnecken, Muscheln, Ringelwürmern, Krebsen, Seesternen und vielen Fischen vor. Bei einigen seßhaften Krebsarten gibt es sogar einen Wechsel vom Sukzessivzwitter zum Simultanzwitter.

Möglicherweise kommt der Geschlechtswechsel sogar wesentlich häufiger vor, als bisher bekannt ist. Die sichere Feststellung macht es nämlich notwendig, individuelle Tiere lebenslang zu beobachten. Eine nur zeitweilige Beobachtung kann zu peinlichen Fehlinterpretationen führen: Es ist beispielsweise schon mehrfach vorgekommen, daß neue Fischarten beschrieben wurden, bei denen sich später herausstellte, daß sie gar nicht neu waren, sondern die Tiere nur einen Geschlechtswechsel durchgemacht hatten, wobei sich auch ihr äußeres Aussehen erheblich verändert hatte.

Das am häufigsten zitierte Beispiel für zwittrigen Geschlechtswechsel ist die Mützenschnecke *Crepidula*. Die Jungtiere sind zunächst alle männlich. Sie setzen sich auf Artgenossen fest, so daß eine Art Tierpyramide entsteht. Die unten in der Pyramide sitzenden älteren Tiere wachsen heran und wandeln sich zu Weibchen um.

Ein wesentlich komplizierteres Beispiel für einen Geschlechtswechsel findet sich beim *Anemonenfisch*, der so benannt wurde, weil er in großen Seeanemonen an Korallenriffen vorkommt. Dort leben mehrere geschlechtsreife Tiere und Jungfische zusammen. Das größte Tier ist immer ein Weibchen und legt Eier, die von dem zweitgrößten Tier, einem Männchen, befruchtet werden. Dieses Männchen hindert die kleineren Tiere, die ebenfalls männlich sind, an der Fortpflanzung. Wenn das größte Männchen ausfällt, rückt sofort das nächstgrößere Männchen nach. Stirbt jedoch das Weibchen, wandelt sich das ranghöchste Männchen um und beginnt Eier zu legen.

Bei den *Lippfischen* findet der Geschlechtswechsel in umgekehrter Reihenfolge statt: Weibchen, die eine bestimmte Größe erreicht haben, werden zu Männchen. Allerdings ist die Gesamtsituation noch komplizierter. Zunächst entwickeln sich nämlich aus den befruchteten Eizellen etwa in gleicher Zahl kleine Männchen und Weibchen. Diese Jungtiere betreiben Fortpflanzung im Schwarm, bis aus den heranwachsenden Weibchen sog. „Sekundärmännchen" werden. Diese großen Männchen isolieren einzelne Weibchen aus dem Schwarm und laichen mit ihnen alleine ab [14].

Die Beispiele zeigen, daß nicht nur einzelne Umweltfaktoren darüber entscheiden, ob und wann ein Geschlechtswechsel eintritt, sondern daß vor allem die Sozialstruktur eine große Rolle spielt. Die Haupttriebfedern scheinen die Konkurrenz zwischen gleichgeschlechtlichen Tieren und der Mangel an Partnern des anderen Geschlechts zu sein. Vermutlich erklärt sich auch daraus, daß es viele nah verwandte Tierarten gibt, von denen einige Geschlechtswechsel betreiben, andere aber nicht. Möglich wird der Wechsel zwischen männlich und weiblich dadurch, daß das Geschlecht bei diesen Tierarten nicht von Anfang an unwiderruflich festgelegt wird (z.B. durch Erbfaktoren), sondern die beiden Entwicklungsmöglichkeiten mehr oder minder lang offengehalten werden.

Wieso haben sich getrennte Geschlechter entwickelt?

Soweit man heute weiß, ist das Zwittertum wahrscheinlich früher als die getrenntgeschlechtliche Fortpflanzung entstanden. Deshalb ist zu fragen, warum dieser neue Weg beschritten wurde, obwohl doch mit dem beschriebenen Geschlechtswechsel auch bei Zwittern eine sehr effektive Methode vorhanden war, um Fremdbefruchtung und damit die Möglichkeit des Genaustausches sicherzustellen.

Neben den offensichtlichen Vorteilen, die Zwittertum und Geschlechtswechsel mit sich bringen, gibt es aber bei dieser Fortpflanzungsmethode auch einen recht gravierenden Nachteil: Der Geschlechtswechsel eines Individuums erlaubt keine größeren Investitionen in spezialisierte Geschlechtsorgane, mit denen der Fortpflanzungserfolg optimiert werden könnte. Die damit verbundenen komplizierten Entwicklungsvorgänge sind zu aufwendig und zu zeitraubend, um sie mehr als einmal zu durchlaufen. Welche Fortpflanzungsstrategie letztlich bessere Ergebnisse bringt, entscheidet sich vor allem dadurch, wie die Umwelt für die befruchteten Eizellen gestaltet ist: Werden die Nachkommen weit verstreut und erfolgt keine Brutpflege, so ist es günstiger, wenn das Geschlecht nicht von vornherein festgelegt ist. Die Jungtiere können sich dann besser den Gegebenheiten anpassen. Je intensiver sich aber die Elterntiere um ihre Jungen kümmern und damit ein zunehmend konstanteres Umfeld für sie schaffen, um so stärker verliert die Fähigkeit zur Geschlechtsumwandlung an Bedeutung. Der Fortpflanzungserfolg kann unter diesen Umständen eher dadurch verbessert werden, daß die entsprechenden Organe für ihre Aufgaben immer stärker optimiert werden. Dafür ist es aber notwendig, daß die Entwicklung frühzeitig in einer Richtung festgelegt wird.

Die Vorprogrammierung eines Geschlechts erfolgt bei den höheren Tieren sehr häufig bereits im Erbgut. Das ist eine naheliegende Methode, denn die genetische Festlegung garantiert eine weitgehende Stabilität der Informationsübertragung, die ja die Hauptaufgabe des Erbmaterials ist.

Es ist aber keinesfalls die einzige Möglichkeit, das individuelle Geschlecht mit ausreichender Sicherheit vorzuprogrammieren. So entwickeln sich beispielsweise beim Igelwurm *Bonellia viridis* nur solche Individuen zu Männchen, die Gelegenheit haben, sich am „Rüssel" eines erwachsenen Weibchens für mindestens vier Tage festzusaugen. In dieser Zeit werden die sehr kleinen larvenähnlichen Jungtiere durch hormonähnliche Wirkstoffe, die von dem Weibchen produziert werden, männlich determiniert. Die Männchen wandern anschließend durch die Geschlechtsöffnung in das Innere des sehr viel größeren Weibchens, leben dort wie Parasiten und

befruchten die Eier. Jungtiere, die keinen Kontakt zum Rüssel eines erwachsenen weiblichen Artgenossen finden, werden weiblich programmiert [22].

Beim Igelwurm treffen wir erstmals auf ein Steuerungsprinzip der Geschlechtsentwicklung, das uns noch mehrfach begegnen wird: Die weibliche Entwicklung ist sozusagen vorprogrammiert, während die männliche
Entwicklung erst einsetzt, wenn zusätzliche Faktoren wirksam werden. Daß
die männliche Geschlechtsfestlegung über einen Wirkstoff des Weibchens
gesteuert wird, läßt sich experimentell recht einfach nachweisen: Wenn
man dem Wasser einer Igelwurmzucht für mehrere Tage einen Extrakt aus
dem Rüssel erwachsener Weibchen zusetzt, so werden fast alle freileben-
den Jungtiere zu Männchen. Unterbricht man den Zusatz von Rüsselextrakt
vorzeitig, so entstehen intersexuelle Tiere. Interessanterweise gibt es aber
in solchen Kulturen auch einige wenige Tiere, die trotz Zusatz von Rüssel-
stoffen zu Weibchen werden bzw. auch ohne Rüsselstoffe sich männlich
entwickeln. Bei diesem kleinen Teil der Tiere ist das Geschlecht wohl schon
früher festgelegt worden. Der zugrundeliegende Mechanismus ist aber bis
heute noch nicht geklärt.

Bei *Dinophilus gyrocilatus*, der auch zur Ordnung der vielborstigen Ringel-
würmer gehört, erfolgt die geschlechtliche Festlegung schon während der
Entwicklung der Eizellen: Es entstehen zwei verschiedene Arten von Eiern.
Die einen sind groß und dotterreich und entwickeln sich zu Weibchen, aus
den kleinen dotterarmen Eiern entstehen Männchen. Bei einer Schildlaus-
art werden für die Geschlechtsbestimmung sogar Parasiten herangezogen:
Eier, die von diesen Parasiten befallen werden, entwickeln sich zu Weibchen, die parasitenfreien zu Männchen [1].

Im Tierreich muß man aber nicht bis zu den Würmern und Läusen hinun-
tersteigen, um auf Formen externer Geschlechtsfestlegung zu stoßen: Bei
Krokodilen und Schildkröten wird das Geschlecht der Nachkommen beispielsweise durch die Temperatur bestimmt, bei der die Eier sich entwik-
keln. Allerdings haben sich bei diesen beiden Tiergruppen zwei gegensätzli-
che Mechanismen entwickelt: Während bei den Schildkröten die warm
liegenden Eier zu Weibchen werden, entstehen bei den Krokodilen unter
warmen Bedingungen Männchen. Kühl gelagerte Eier entwickeln sich dementsprechend bei Schildkröten zu Männchen, während sie bei Krokodilen zu
Weibchen werden [24, 25].

Was versteht man unter Sexualparasitismus?

Als Sexualparasitismus oder wissenschaftlicher ausgedrückt als *Hybridogenese* bezeichnet man eine Fortpflanzungsart, bei der die Erbinformation
eines Elternteils ausgeschaltet wird. Man findet diese seltene Art der Fortpflanzung vor allem bei Fröschen, aber auch beim Zahnkarpfen.

Sie tritt auch bei dem in Europa recht häufigen Teichfrosch (*Rana esculen-
ta*) auf. Dieser Froschtyp ist keine eigene zoologische Art, sondern eine

Hybride aus dem Seefrosch (*Rana ridibunda*) und dem Tümpelfrosch (*Rana lessonae*).

Wenn sich Teichfrösche mit See- oder Tümpelfröschen kreuzen, entstehen immer wieder nur Teichfrösche.

Dieses unerwartete Ergebnis erklärt sich dadurch, daß das gesamte Erbgut einer Elternart eliminiert wird [26].

Eine noch ungewöhnlichere Art der Fortpflanzung findet sich bei einer lokalen Froschart, die in der Nähe von Paris vorkommt. Diese Tiere sind alle männlich und haben einen dreifachen (triploiden) Chromosomensatz. Ein Satz stammt vom Seefrosch und zwei Sätze vom Tümpelfrosch. Bei der Kreuzung dieser Männchen mit Teichfroschweibchen entstehen immer wieder triploide Männchen. Dieses seltsame Phänomen beruht darauf, daß nur Spermien gebildet werden, die zwei Sätze des Tümpelfrosch-Erbguts tragen. Das Seefrosch-Erbgut wird offensichtlich immer eliminiert.

Auf welche Weise die Hybridogenese verwirklicht wird, ist noch weitgehend unklar. Offensichtlich verschafft sich aber dabei die eine Spezies auf Kosten der anderen einen Vorteil, so daß tatsächlich eine gewisse Ähnlichkeit zum Parasitismus besteht [27].

Eine völlig andere Form des Sexualparasitismus findet sich bei einigen Tiefseefischen. Die Weibchen sind wesentlich größer als die Männchen, die sich in der Haut der weiblichen Tiere festbeißen und durch deren Blut ernährt werden [1].

Auf Nummer Sicher

Die genetische Geschlechtsfestlegung

3

Welche Vorteile bietet die genetische Geschlechtsfestlegung?

Bisher wurden verschiedene Möglichkeiten besprochen, wie die Determinierung des Geschlechtes erfolgen kann, ohne daß spezifische Erbfaktoren dafür verantwortlich sind. Das bedeutet aber keinesfalls, daß in diesen Fällen bei der Entwicklung der Geschlechtsorgane die genetische Ausstattung des Individuums bedeutungslos ist. Die Vorgänge werden sogar überwiegend durch die Aktivierung zahlreicher Gene gesteuert. Bei der nichtgenetischen Geschlechtsbestimmung haben zwar alle Individuen die gleiche genetische Ausstattung, aber durch äußere Faktoren werden verschiedene Bereiche des Genoms aktiviert. Bei der genetischen Geschlechtsdetermination ist dagegen bereits das Erbgut verschieden. Oft zeigt sich dieser genetische Unterschied im Auftreten morphologisch verschiedener Geschlechtschromosomen, es gibt aber auch zahlreiche Arten, bei denen man keine Geschlechtschromosomen unterscheiden kann und trotzdem eine genetische Festlegung erfolgt ist.

Die genetische Geschlechtsdetermination ist vermutlich nicht nur einmal „erfunden" worden. Sie ist bei vielen Tier- und Pflanzenarten in so unterschiedlicher Weise realisiert, daß man annehmen muß, daß die Mechanismen getrennt voneinander entstanden sind. In den meisten Fällen erfolgt die genetische Geschlechtsbestimmung durch die schon erwähnte Ausprägung von zwei Geschlechtschromosomen. Bei den Säugetieren werden in der Regel die Männchen dadurch determiniert, daß sie ein großes X- und ein kleines Y-Chromosom aufweisen. Weil bei ihnen zwei verschiedene Geschlechtschromosomen vorliegen, die bei der Keimzellenbildung auf X- und Y-tragende Spermien verteilt werden, spricht man beim männlichen Geschlecht von *Heterogametie*. Die Säugetier-Weibchen weisen statt dessen zwei gleichaussehende X-Chromosomen auf. Sie können demnach auch nur eine Sorte von Keimzellen mit jeweils einem X-Chromosom bilden. Diesen Zustand nennt man *Homogametie*. Die beschriebene Verteilung der Geschlechtschromosomen führt dazu, daß bei den Säugetieren das Männchen über das Geschlecht der Nachkommen entscheidet. Wenn ein Spermium, das mit einem Y-Chromosom ausgestattet ist, zur Befruchtung kommt, entsteht die XY-Konstellation und damit ein Männchen. Trifft dagegen eine Eizelle mit einem Spermium zusammen, das ein X-Chromosom trägt, ist durch die XX-Konstellation eine weibliche Entwicklung programmiert [28].

Die Bezeichnung „X-Chromosom" soll übrigens dadurch entstanden sein, daß die Entdecker es zunächst auf Abbildungen mit einem X-ähnlichen Kreuz markiert hatten. Für das männliche Geschlechtschromosom ergab sich dann relativ zwanglos das im Alphabet folgende „Y". Angeblich soll bei dieser Wahl auch noch eine Rolle gespielt haben, daß dieser Buchstabe aus einem Strich weniger besteht und damit auch noch ein Hinweis auf die meist deutlich reduzierte Größe des männlichen Geschlechtschromosoms gegeben war.

Bei Vögeln ist das umgekehrte Prinzip verwirklicht: Bei ihnen sind die Weibchen heterogametisch und entscheiden damit über das Geschlecht der Nachkommen, während die Männchen homogametisch sind. Um Verwechslungen zu vermeiden, einigte man sich darauf, daß bei Vögeln die Buchstaben „Z" für das männliche und „W" für das weibliche Geschlechtschromosom verwendet werden [29].

Es gibt aber noch wesentlich kompliziertere Formen der genetischen Geschlechtsbestimmung: Bei der Fruchtfliege *Drosophila*, die in der Genetik eine ganz besondere Rolle spielt, hat das Y-Chromosom für die Geschlechtsbestimmung überhaupt keine Bedeutung. Es trägt lediglich Gene, die für die Fruchtbarkeit der Männchen wichtig sind. Die männlich determinierenden Erbfaktoren sind über mehrere Chromosomen verstreut, während die das weibliche Geschlecht realisierenden Gene auf dem X-Chromosom lokalisiert sind. Die Geschlechtsfestlegung ergibt sich aus der Relation zwischen der Anzahl von X-Chromosomen und der Gesamtzahl der in einer Zelle vorhandenen Chromosomensätze. Beispielsweise entwickelt sich ein Männchen, wenn in einer Zelle ein doppelter oder dreifacher Chromosomensatz, aber nur ein X-Chromosom vorhanden ist. Bei dieser Konstellation sind die weiblichen Geschlechtsrealisatoren in der Minderheit und werden von den männlichen Genen unterdrückt. So ausgestattete Männchen sind allerdings steril; um fruchtbar zu werden, muß ein Männchen noch zusätzlich ein oder zwei Y-Chromosomen haben.

Bei Weibchen ist die Sache noch komplizierter: Es gibt insgesamt 7 verschiedene genetische Konstellationen, die eine weiblichen Entwicklung einleiten. Grundsätzlich führen aber alle Kombinationen, bei denen die Anzahl der X-Chromosomen im Verhältnis zu den in der Zelle vorhandenen Chromosomensätzen mindestens 1 beträgt, in die weibliche Richtung. Es ist kein Wunder, daß bei dieser Art der Geschlechtsdeterminierung auch Konstellationen auftreten, die dazu führen, daß keine eindeutige Geschlechtsentwicklung in Gang kommt. Man nennt solche Fälle „*Intersexe*".

Ein ähnlich verwirrender Mechanismus findet sich auch bei einigen Spinnenarten, wo die Kombination von mehreren verschiedenen X-Chromosomen zusammen mit einem Y-Chromosom darüber entscheidet, welches Geschlecht entsteht. Die Aufzählung aller Möglichkeiten der genetischen Geschlechtsdeterminierung würde hier zu weit führen, so daß im folgenden nur die auch für den Menschen gültige Geschlechtsfestlegung durch die XX- bzw. XY-Konstellation näher erörtert werden soll [30].

Wie hat sich die genetische Geschlechtsfestlegung bei den Säugetieren entwickelt?

Wie bereits kurz angesprochen, finden sich bei den Säugetieren zwei verschiedene Geschlechtschromosomen, die X- und Y-Chromosomen genannt werden. Diese beiden Chromosomen sind für die Ausbildung weiblicher bzw. männlicher Keimdrüsen wichtig. Da die Keimdrüsen in der Wissenschaft als *Gonaden* bezeichnet werden, heißen die für ihre Entwicklung verantwortlichen Chromosomen *Gonosomen*. Alle übrigen Chromosomen werden *Autosomen* genannt [16].

Geschlechtsfestlegung bei Reptilien

Das System der genetischen Geschlechtsbestimmung durch zwei verschiedene Gonosomen ist in der tierischen Evolution vermutlich erstmals bei den Reptilien realisiert worden, die als Vorfahren sowohl der Vögel als auch der Säugetiere anzusehen sind.

Einige Reptiliengruppen wie die schon erwähnten Krokodile und Schildkröten weisen noch eine nichtgenetische Geschlechtsbestimmung auf (siehe S. 35). Die Schlangen haben dagegen durchgehend das Prinzip der genetischen Geschlechtsbestimmung realisiert. Allerdings kann man bei den noch vergleichsweise ursprünglichen Schlangenarten wie z.B. den Riesenschlangen noch keine morphologischen Unterschiede zwischen den Geschlechtschromosomen erkennen. Man nimmt daher an, daß sich bei ihnen auf einem Autosomenpaar geschlechtsbestimmende Gene gebildet haben und so die Vorläufer echter Gonosomen entstanden sind. Bei den höher entwickelten Schlangen unterscheiden sich die Gonosomen bereits deutlich in ihrer Größe [28].

Die Echsen, die als jüngste Gruppe der Reptilien gelten, haben sehr unterschiedliche Formen der Geschlechtsbestimmung entwickelt: Bei einigen Spezies ist noch die Bruttemperatur der entscheidende Faktor, andere Arten weisen bereits Geschlechtschromosomen auf, die sich morphologisch deutlich unterscheiden. Aber auch die Echsenarten mit genetischer Geschlechtsbestimmung haben zwei verschiedene Systeme entwickelt: Bei einigen (z.B. den Geckos) weisen die weiblichen Tiere ein großes und ein kleines Geschlechtschromosom auf, bei anderen (z.B. den Leguanen) finden sich die zwei unterschiedlichen Geschlechtschromosomen bei den männlichen Tieren. Die bei den Leguanen realisierte Form der Geschlechtsbestimmung liegt auch bei den Säugetieren vor, während das bei Geckos bestehende Prinzip bei den Vögeln wirksam ist (siehe auch S. 38).

Entstehung des Y-Chromosoms

Es ist nicht besonders wesentlich, welches der beiden Systeme verwirklicht wird. Wichtig ist nur, daß eines der beiden Gonosomen deutlich verkleinert wird, wodurch sich die Ähnlichkeit zwischen den beiden Geschlechtschromosomen verringert. Das ist notwendig, damit die beiden Gonosomen während der meiotischen Teilungen sich nicht wie die Autosomen in ganzer Länge paarweise aneinanderlagern und genetisches Material austauschen. Dabei könnten sonst leicht auch die geschlechtsdeterminierenden Gene ausgetauscht werden, so daß die genetische Geschlechtsbestimmung nicht mehr einwandfrei funktionieren würde. In einzelnen Bereichen, die keine geschlechtsdeterminierenden Gene enthalten, findet die Paarung allerdings auch zwischen den X- und Y-Chromosomen statt [31]. Weitere Einzelheiten siehe auch S. 44.

Bei den meisten Säugetieren ist das männlich determinierende Y-Chromosom ziemlich klein, während das bei beiden Geschlechtern vorkommende X-Chromosom recht einheitlich groß geblieben ist. Die Verkleinerung des Y-Chromosoms führte dazu, daß auf ihm bis auf wenige Ausnahmen nur noch Gene für die Geschlechtsentwicklung verblieben. Diese Gene sind allerdings von ausschlaggebender Bedeutung: Wenn nämlich ein Y-Chromosom auftritt, so wird das Individuum auf jeden Fall männliche Gonaden ausbilden. Sogar das Auftreten mehrerer zusätzlicher X-Chromosomen kann diese Entwicklung nicht verhindern (siehe auch S. 163). Beim Fehlen eines Y-Chromosoms läuft die Gonadenentwicklung in weiblicher Richtung. Daraus kann man schließen, daß die weibliche Differenzierung sozusagen vorprogrammiert ist und nur durch Auftreten eines Y-Chromosoms modifiziert wird. Welche Gene dabei eine Rolle spielen, wird auf S. 43f. näher besprochen [32a].

Auf dem X-Chromosom finden sich viele Gene, die mit der Geschlechtsentwicklung nichts zu tun haben. Man nennt sie autosomale Gene, weil sie ähnliche Aufgaben haben wie die Gene, die auf den Autosomen lokalisiert sind. Es ist anzunehmen, daß die früher auch auf dem Y-Chromosom vorhandenen autosomalen Gene größtenteils auf das X-Chromosom verlagert wurden. Zum Teil sind sie wahrscheinlich auch nur inaktiviert worden. Beim Menschen kann man eine solche inaktive Region im Y-Chromosom durch eine Spezialfärbung mit einem Fluoreszenzfarbstoff nachweisen. Diese Region kann in ihrer Größe stark variieren und manchmal auch ganz fehlen. Die betroffenen Männer weisen dann ein extrem kleines Y-Chromosom auf, haben aber ansonsten keinerlei Störungen und sind voll zeugungsfähig. Daraus geht hervor, daß dieser Teil des Y-Chromosoms keine wichtige Funktion hat. Wegen seiner starken Fluoreszenz kann der inaktive Abschnitt auch in Zellkernen gut sichtbar gemacht werden, wodurch das Geschlecht der Zelle feststellbar ist [32]. Man nennt dieses kleine fluoreszierende Gebilde *F-Körperchen* oder auch *männliches Geschlechtschromatin* (siehe auch Abb. 16).

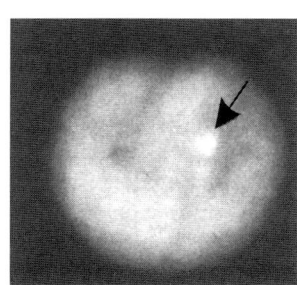

Abb. 16: Zellkern mit männlichem Geschlechtschromatin (Pfeil). Fluoreszenzfärbung (Quinakrin), Vergrößerung ca. 2000fach. (aus Zankl 1980) [32]

X-Inaktivierung

Die Reduktion des Genbestandes auf dem Y-Chromosom verringerte zwar die Gefahr des Genaustausches mit dem X-Chromosom, sie führte aber auch zu einem genetischen Ungleichgewicht zwischen männlichen und weiblichen Individuen: Da bei Männern ein X- und ein Y-Chromosom, bei Frauen aber zwei X-Chromosomen vorliegen, hat die Frau die doppelte Dosis der auf dem X-Chromosom lokalisierten Gene. Um diesen gravierenden Unterschied auszugleichen, entwickelte sich ein Inaktivierungsmechanismus, der dafür sorgt, daß bei Frauen weitgehend nur die Gene eines X-Chromosoms wirksam werden [33].

Dieser recht komplizierte Vorgang läuft schon früh in der Embryonalentwicklung ab (beim Menschen in der zweiten Entwicklungswoche). Er wird von einem genetischen Inaktivierungszentrum gesteuert, das auf dem X-Chromosom lokalisiert ist. Es bewirkt, daß die meisten Gene auf diesem Chromosom nicht abgelesen werden können. Die Inaktivierung betrifft weitgehend zufällig entweder das vom Vater oder das von der Mutter geerbte X-Chromosom. Wenn die Inaktivierung in einer Zelle stattgefunden hat, so erfolgt sie auch in allen davon abstammenden Tochterzellen. Das führt dazu, daß bei Frauen in den Körperzellen teils das väterliche, teils das mütterliche X-Chromosom stillgelegt wird. Dieses Phänomen hat für die Entstehung einiger Erbkrankheiten große Bedeutung (siehe S. 50f.).

Allerdings betrifft die Inaktivierung nicht alle Gene des X-Chromosoms und sie wird in den Keimzellen später auch wiederaufgehoben. Die weiblichen Keimzellen können sich nämlich nur dann normal entwickeln, wenn beide X-Chromosomen aktiv sind.

Da noch nicht alle Vorgänge bei dieser X-Inaktivierung aufgeklärt sind, spricht man bisher nur von einer Hypothese. Sie wird nach der englischen Humangenetikerin Mary Lyon, die sie als erste formuliert hat, „Lyon-Hypothese" genannt [34].

„Lyon-Hypothese"

Die Stillegung des einen X-Chromosoms bei der Frau führt auch zu morphologischen Veränderungen im Zellkern, die man im Mikroskop sichtbar machen kann. In einem eng umschriebenen Bereich des Zellkerns tritt eine Verdichtung des Chromatins auf. Sie liegt meist der Kernmembran an und wird *weibliches Geschlechtschromatin* genannt. Der kanadische Anatom Murray Barr hat das weibliche Sexchromatin 1949 entdeckt und deshalb wird es ihm zu Ehren auch „Barr-Körperchen" oder „Barr-body" genannt. Am Auftreten eines „Barr-Körperchens" kann man also alle kernhaltigen weiblichen Säugetierzellen mit Ausnahme der Keimzellen erkennen (siehe Abb. 17). Die Keimzellen weisen kein solches Geschlechtschromatin auf, weil in ihnen, wie bereits erwähnt, die Inaktivierung des X-Chromosoms sehr früh wieder rückgängig gemacht wird [35].

„Barr-Körperchen"

Der Nachweis des weiblichen und männlichen Geschlechtschromatins wird unter anderem bei sportlichen Wettkämpfen eingesetzt. Damit wird sichergestellt, daß sich bei bestimmten Sportarten keine Männer in Frauendisziplinen einschmuggeln, um sich durch ihre größeren Körperkräfte einen

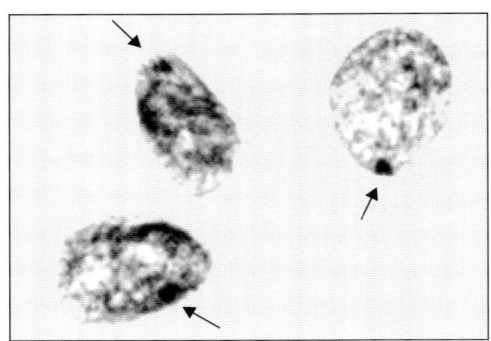

Abb. 17: Zellkerne mit weiblichem Geschlechtschromatin (Pfeile). Karbolfuchsin-Färbung, Vergrößerung ca. 2000fach (aus Zankl 1980) [33]

ungerechtfertigten Vorteil zu verschaffen. Seit Einführung dieser Kontrollen haben beispielsweise im Kugelstoßen einige „Athletinnen" sehr plötzlich ihre Laufbahn beendet. Allerdings kann man mit diesem Test, der meist an Haarwurzelzellen oder Schleimhautzellen durchgeführt wird, nur die genetische Geschlechtsbestimmung durchführen. Eine Kontrolle, ob männliche Hormone eingenommen wurden, um die Körperkraft zu steigern, muß mit anderen Methoden erfolgen [32a].

Die Untersuchung der Barr-Körperchen kann man aber auch einsetzen, um Störungen in der Zahl der X-Chromosomen nachzuweisen. Es hat sich nämlich herausgestellt, daß nicht nur das zweite X-Chromosom der Frau, sondern grundsätzlich alle überzähligen X-Chromosomen inaktiviert werden und dann als Barr-Körperchen in Erscheinung treten. Bei Frauen können bis zu 5 X-Chromosomen vorkommen, so daß in diesen Fällen 4 Barr-Körperchen gefunden werden: Es kann aber auch nur ein X-Chromosom vorliegen. Bei dieser Störung, die *Turner-Syndrom* genannt wird, ist dann kein Barr-Körperchen nachweisbar (Näheres siehe S. 163).

Auch bei Männern kann die Barr-Körperchen-Bestimmung hilfreich sein. Beispielsweise kommt es nicht allzu selten vor, daß statt der normalen XY-Konstellation ein XXY-Karyotyp vorliegt. Man nennt diese Störung, die etwa bei jedem 1000. Mann gefunden wird, *Klinefelter-Syndrom* (Einzelheiten siehe S. 166). Bei solchen Patienten ist auch in männlichen Zellen ein Barr-Körperchen nachweisbar. Insgesamt gibt es eine Vielzahl von verschiedenen Konstellationen, die in Abb. 18 zusammengefaßt sind. Die meisten von

Abb. 18: Schematische Darstellung des Zusammenhangs zwischen Anzahl der Barr-Körperchen und der Konstellation der Geschlechtschromosomen (nach Therman 1993) [31]

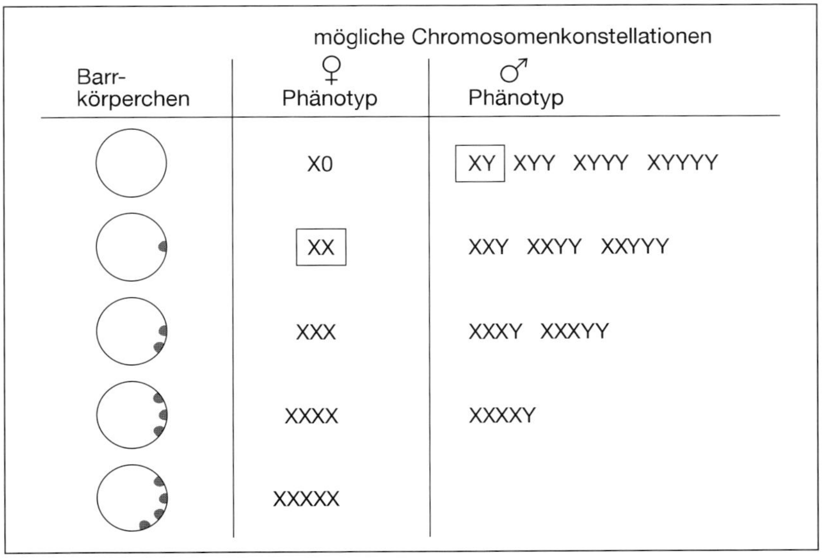

Barr-körperchen	mögliche Chromosomenkonstellationen	
	♀ Phänotyp	♂ Phänotyp
◯	X0	XY XYYY XYYY XYYYY
◗	XX	XXY XXYY XXYYY
◗	XXX	XXXY XXXYY
◗	XXXX	XXXXY
◗	XXXXX	

ihnen sind allerdings sehr selten. Mit Zunahme der Anzahl von X-Chromosomen verstärken sich die körperlichen und geistigen Störungen bei den betreffenden Personen (siehe auch S. 168).

Inzwischen gibt es auch molekularbiologische Methoden, um die Geschlechtschromosomen in Zellkernen nachzuweisen. Da diese Techniken, bei denen X- bzw. Y-spezifische DNA-Sonden eingesetzt werden, sehr viel sensitiver sind, verdrängen sie zunehmend die Geschlechtschromatin-Bestimmung [36].

Welche Gene befinden sich auf dem Y-Chromosom?

Wie schon auf S. 40 erwähnt wurde, ist das Y-Chromosom, das für die Ausprägung des männlichen Geschlechts entscheidend ist, bei den meisten Säugetieren wesentlich kleiner als das X-Chromosom.

Beim Menschen trägt es z.B. nur etwa 1,5% des gesamten Erbgutes und gehört damit zu den kleinsten Chromosomen des menschlichen Chromosomensatzes (Abb. 19). Ein großer Teil des genetischen Materials ist außerdem gar nicht aktiv, das heißt, die in der vorhandenen DNA gespeicherte Information wird nicht abgelesen. Man nennt diesen Bereich heterochromatische Region. Die Größe des heterochromatischen Abschnitts kann sehr verschieden sein, weshalb die Größe des Y-Chromosoms stark variiert.

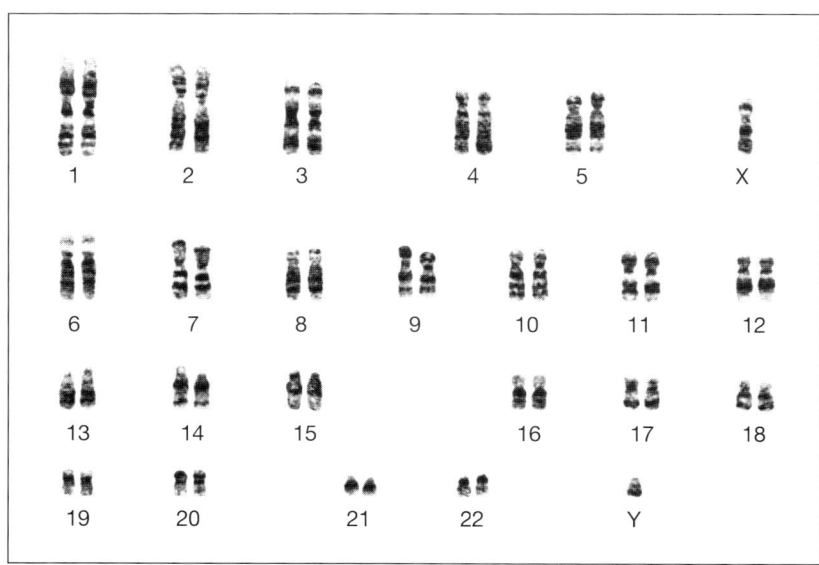

Abb. 19: Karyogramm eines normalen menschlichen Chromosomensatzes mit männlicher Geschlechtschromosomenkonstellation (XY). Giemsa-Bänderungsfärbung, Vergrößerung ca. 3000fach (aus Zankl 1998) [33]

Die Verkleinerung und teilweise Inaktivierung des Y-Chromosoms erfolgte wie bereits erwähnt vermutlich, um die Ähnlichkeit des Y-Chromosoms mit dem X-Chromosom zu reduzieren (siehe auch S. 40). Daß die beiden Geschlechtschromosomen einen gemeinsamen Ursprung haben, kann man heute durch Anwendung molekulargenetischer Methoden nachweisen. Man hat nämlich auf dem Y-Chromosom zahlreiche Regionen entdeckt, die sich in fast identischer Form auch auf dem X-Chromosom finden (Abb. 20). Diese Bereiche sind jedoch auf dem Y-Chromosom größtenteils nicht aktiv, weshalb man die dort lokalisierten Gene *Pseudogene* nennt [37].

Beim Menschen finden sich etwa 80% aller Gene bzw. *Pseudogene* des Y-Chromosoms auch auf dem X-Chromosom wieder. Besonders wichtig

Abb. 20: Schematische Darstellung der homologen Regionen auf den X- und Y-Chromosomen (nach Kirsch 1995) [37]

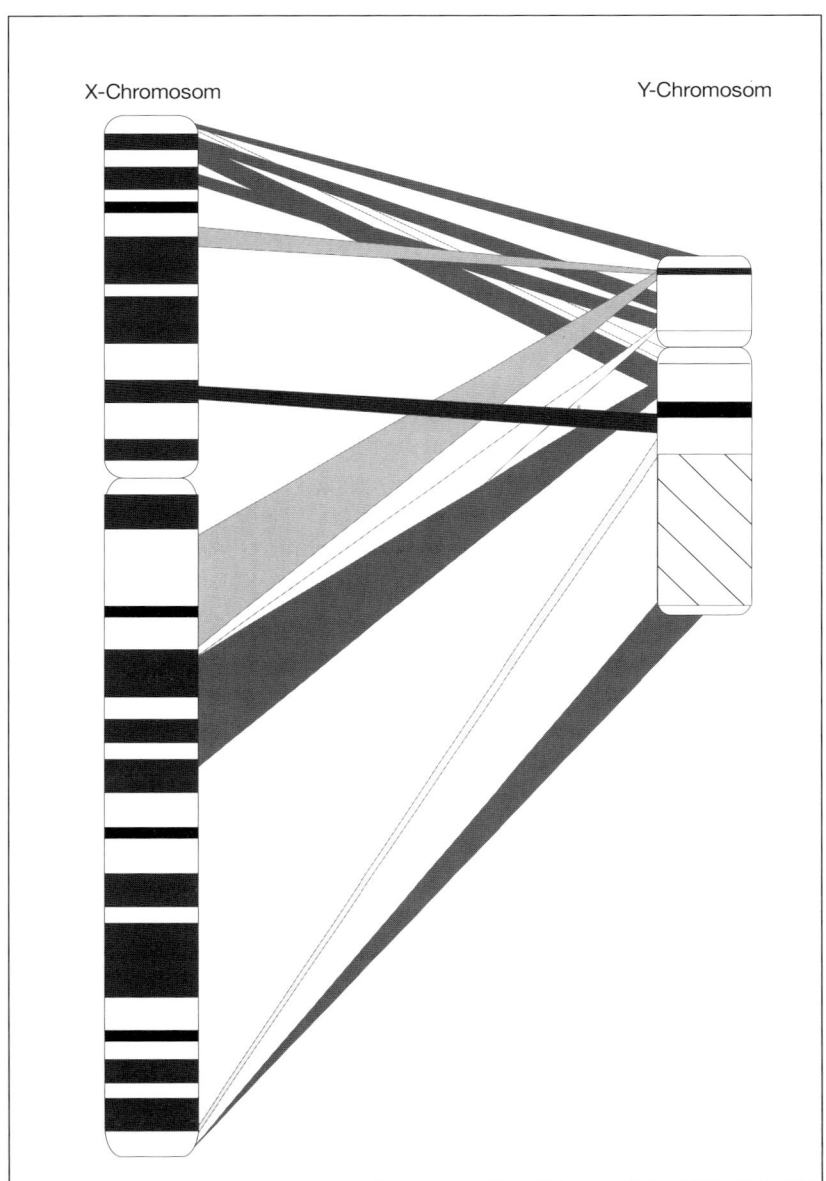

X-Chromosom   Y-Chromosom

sind die übereinstimmenden Regionen, die sich an den Enden des Y- bzw. X-Chromosoms finden. Man nennt sie *pseudoautosomale Regionen* (PAR), weil dort ähnlich wie bei den Autosomen eine Paarung während der Meiose der männlichen Keimzellen erfolgt. Die Paarung der Chromosomen ist notwendig, um eine korrekte Aufteilung bei der nachfolgenden Zellteilung sicherzustellen (siehe auch S. 63). Allerdings muß beim X- und Y-Chromosom verhindert werden, daß sich auch die für die Geschlechtsentwicklung wichtigen Bereiche paaren, da sonst ein Genaustausch stattfinden könnte, der die sexuelle Entwicklung stören würde. Deshalb paaren sich die X- und Y-Chromosomen während der meiotischen Teilung deutlich anders als die Autosomen.

Die auf dem menschlichen Y-Chromosom lokalisierten Gene sind in Tabelle 1 zusammengefaßt. Sie lassen sich in zwei Klassen unterteilen:

• X/Y-homologe Gene, die sowohl auf dem Y- als auch auf dem X-Chromosom vorkommen
• Y-spezifische Gene, für die kein entsprechendes Gen auf dem X-Chromosom zu finden ist.

Tab. 1: Gene, die auf dem menschlichen Y-Chromosom lokalisiert werden konnten (nach Strachan und Read 1996; Kirsch 1995 [38, 37]

Gen	Bezeichnung/Funktion
CSF2RAY*	Rezeptor des Granulozyten- und Makrophagen-kolonie-stimulierenden Faktors
IL3RAY*	Interleukin-3-Rezeptor
ASMTY*	Acetylserotonin-N-Methyl-Transferase
XE7Y*	XE7-Antigen (Funktion?)
MIC2Y*	CD99-Zelloberflächenantigen
SS*	Größenwachstumsfaktor
CD39*	Lymphozyten-Aktivierungs-Antigen
ANT3*	ADT/ATP-Translokase
ZFY*	Zinkfingerprotein (Funktion?)
RSP4Y*	ribosomales Protein S4
AMGY*	Amelogenin
TSPY-Genfamilie	Testisgewebespezifische Expression (Funktion?)
SRY	Testisdeterminierender Faktor
SMCY*	HY-Antigen
YRRM (Genfamilie)	Regulatoren der Spermatogenese?
GCY	Größenwachstumsfaktor
SPGY	Regulator der Spermatogenese?
DAZ	Regulator der Spermatogenese?

* = ein homologes Gen ist auch auf dem X-Chromosom vorhanden

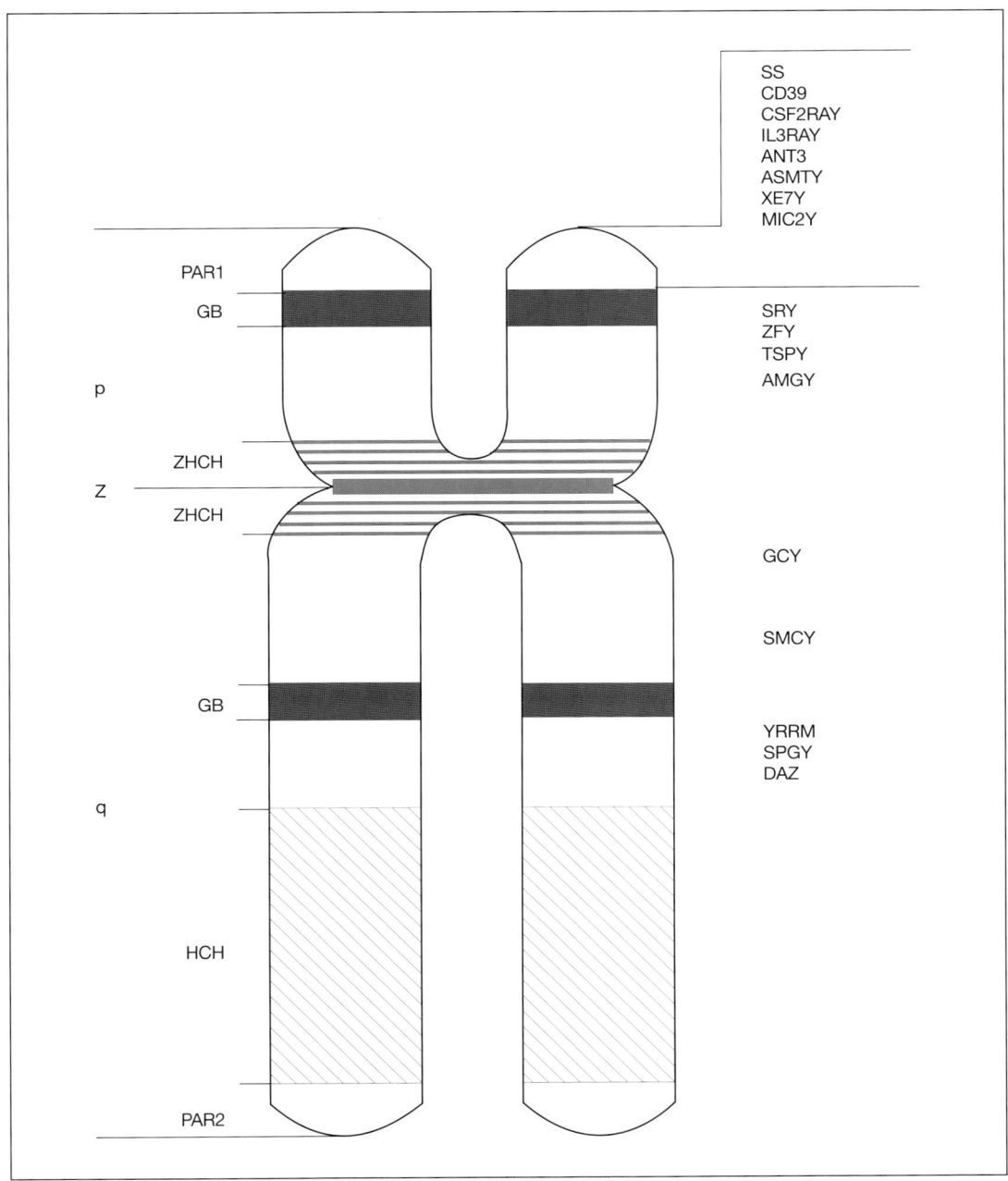

Abb. 21: Schematische Darstellung des Y-Chromosoms mit Giemsa-Bänderungsmuster.
p = kurzer Arm   Z = Zentromer   q = langer Arm   PAR1 = Pseudoautosomale Region 1
PAR2 = Pseudoautosomale Region 2   HCH = Heterochromatische Region
ZHCH = Zentromernahes Heterochromatin   GB = dunkle Bande nach Giemsa-Färbung
Genbezeichnungen (rechts) siehe Tabelle 1

Die Lage der wichtigsten Gene ist in Abb. 21 dargestellt. Viele dieser Gene konnten auch schon auf dem Y-Chromosom anderer Säugetiere nachgewiesen werden [37].

X/Y-homologe Gene

Viele X/Y-homologe Gene liegen in der pseudoautosomalen Region im kurzen Arm des Y- bzw. X-Chromosoms, die nicht inaktiviert wird. Unter diesen Genen spielt das sog. *SS-("Short stature")Gen* eine besondere Rolle. Es wurde dadurch entdeckt, daß Menschen, denen im Endbereich der kurzen Arme der X- oder Y-Chromosomen ein Stückchen fehlt, etwa 10 cm kleiner sind als ihre Eltern. Die Lage dieses Gens konnte inzwischen sehr gut eingegrenzt werden, so daß es vermutlich bald möglich sein wird, es molekular zu isolieren und genauer zu charakterisieren.

SS-("Short stature") Gen

Ein weiteres Gen, das in der pseudoautosomalen Region lokalisiert werden konnte, wird *ASMT-Gen* genannt. Es spielt eine Rolle bei der Synthese des Epiphysen-Hormons Melatonin (siehe S. 111). Dieses Hormon hat ja in den letzten Jahren eine große Publizität erreicht, weil ihm sehr viele verschiedene Wirkungen zugeschrieben werden. Aufgrund von Familienanalysen und Untersuchungen an Patienten mit Anomalien der Geschlechtschromosomen wird vermutet, daß das ASMT-Gen bei der Entwicklung der Schizophrenie eine Rolle spielt.

ASMT-Gen

Die übrigen pseudoautosomalen Gene haben mehr oder minder große Bedeutung für die Aktivierung und Vermehrung einzelner Zelltypen.

Außerhalb, aber in der Nähe der pseudoautosomalen Region ist im kurzen Arm des Y-Chromosoms der *SRY-Bereich* (Sex determining region „Y") lokalisiert. Er ist bei der Säugetierevolution fast nicht verändert worden, was darauf hinweist, daß er bei allen Säugern eine gleichartige Funktion hat. Innerhalb dieses Bereiches konnte inzwischen das SRY-Gen gefunden werden. Seine Bedeutung für die männliche Geschlechtsentwicklung wurde dadurch bewiesen, daß man es auf weibliche Mäuseembryonen übertrug. Diese Mäuse entwickelten sich danach in männlicher Richtung. Das SRY-Gen trägt durch die Bildung des *Testis-determinierenden Faktors (TDF)* maßgeblich zum Aufbau des Hodengewebes bei. Ein SRY-ähnliches Gen ist auch auf dem X-Chromosom vorhanden. Es scheint aber andere Funktionen zu haben [38].

SRY-Bereich

Nicht weit entfernt vom SRY-Gen wurde das *ZFY-Gen* gefunden. Es wurde zunächst für das männlich determinierende Gen gehalten. Inzwischen schreibt man ihm andere Funktionen zu. Das ihm entsprechende ZFX-Gen liegt im kurzen Arm des X-Chromosoms. Beide Gene werden mit der Ausprägung des Turner-Syndroms in Zusammenhang gebracht und deshalb auch als TS-Gene bezeichnet (siehe auch S. 163).

ZFY-Gen

Y-spezifische Gene

Multigenfamilie
TSPY

In der Nähe des Zentromers wurde im kurzen Arm des Y-Chromosoms die *Multigenfamilie TSPY* molekularbiologisch nachgewiesen. Unter Multigenfamilie versteht man, daß mehrere Gene vorliegen, die ähnlich aufgebaut sind und meist auch vergleichbare Aufgaben haben. Den TSPY-Genen werden wichtige Funktionen bei der Hodenentwicklung zugeschrieben.

SPGY, DAZ, YRRM

Im langen Arm des Y-Chromosoms finden sich mehrere Gene bzw. Genfamilien (*SPGY, DAZ, YRRM*), die während der Spermatogenese nur in einzelnen Zellstadien exprimiert werden, d.h. genetisch aktiv sind. Mutationen im Bereich dieser Gene verursachen Störungen der Spermatogenese, die im Extremfall zum völligen Fehlen von Spermien (*Azoospermie*) führen können. Deshalb werden die Genprodukte auch *Azoospermiefaktoren (AZF)* genannt.

GCY-Gen

Das *GCY-Gen* liegt im langen Arm nahe am Zentromer. Es fördert das Größenwachstum, wodurch Männer durchschnittlich um 7 cm größer werden als Frauen.

SMCY-Gen

Ebenfalls im langen Arm des Y-Chromosoms liegt das *SMCY-Gen*, das für die Bildung des *HY-Antigens* (HYA) zuständig ist. Es löst eine männlich-spezifische Immunreaktion der Lymphozyten aus. Diese Reaktion wurde schon relativ früh bei Gewebstransplantationen erkannt. Dabei zeigte sich, daß bei genetisch sehr ähnlichen Inzucht-Mäusen eine Gewebsübertragung von weiblichen auf männliche Tiere reaktionslos möglich war. Bei der Transplantation von männlichen Gewebeproben auf weibliche Tiere traten aber Abstoßungsreaktionen auf. Da die Tiere in ihrem Erbgut weitgehend identisch waren, lag der Schluß nahe, daß die Reaktion von einem Faktor verursacht wird, der auf dem Y-Chromosom lokalisiert ist. Man konnte bei weiteren Versuchen nachweisen, daß dieser Faktor bei fast allen Säugetieren vorhanden ist. Wegen des konstanten Vorkommens hielt man lange Zeit dieses HY-Antigen fälschlicherweise für den entscheidenden Faktor, der die männliche Entwicklung einleitet [37, 38].

Welche Gene liegen auf dem X-Chromosom?

Im Gegensatz zum Y-Chromosom enthält das X-Chromosom eine große Zahl funktionsfähiger Gene. Die genaue Anzahl ist bis jetzt noch nicht bekannt, aber aufgrund der Größe des X-Chromosoms könnten beim Menschen darauf bis zu 3000 Gene lokalisiert sein. Eine tabellarische Erfassung wie für das Y-Chromosom (Tab. 1) ist deshalb hier nicht möglich. Nur relativ wenige dieser Gene haben direkten Einfluß auf die Geschlechtsentwicklung. Die allermeisten sind sog. autosomale Gene, das heißt, sie haben ähnliche Funktionen wie die Gene, die auf den Autosomen liegen.

Das X-Chromosom kann in funktionelle Regionen unterteilt werden, die mit dem Phänomen der X-Inaktivierung bzw. Aktivierung zusammenhängen. Die Grenzen dieser Regionen sind allerdings noch nicht genau identifiziert (Abb. 22). Der oberste Teil des kurzen X-Chromosomenarmes (p) bildet

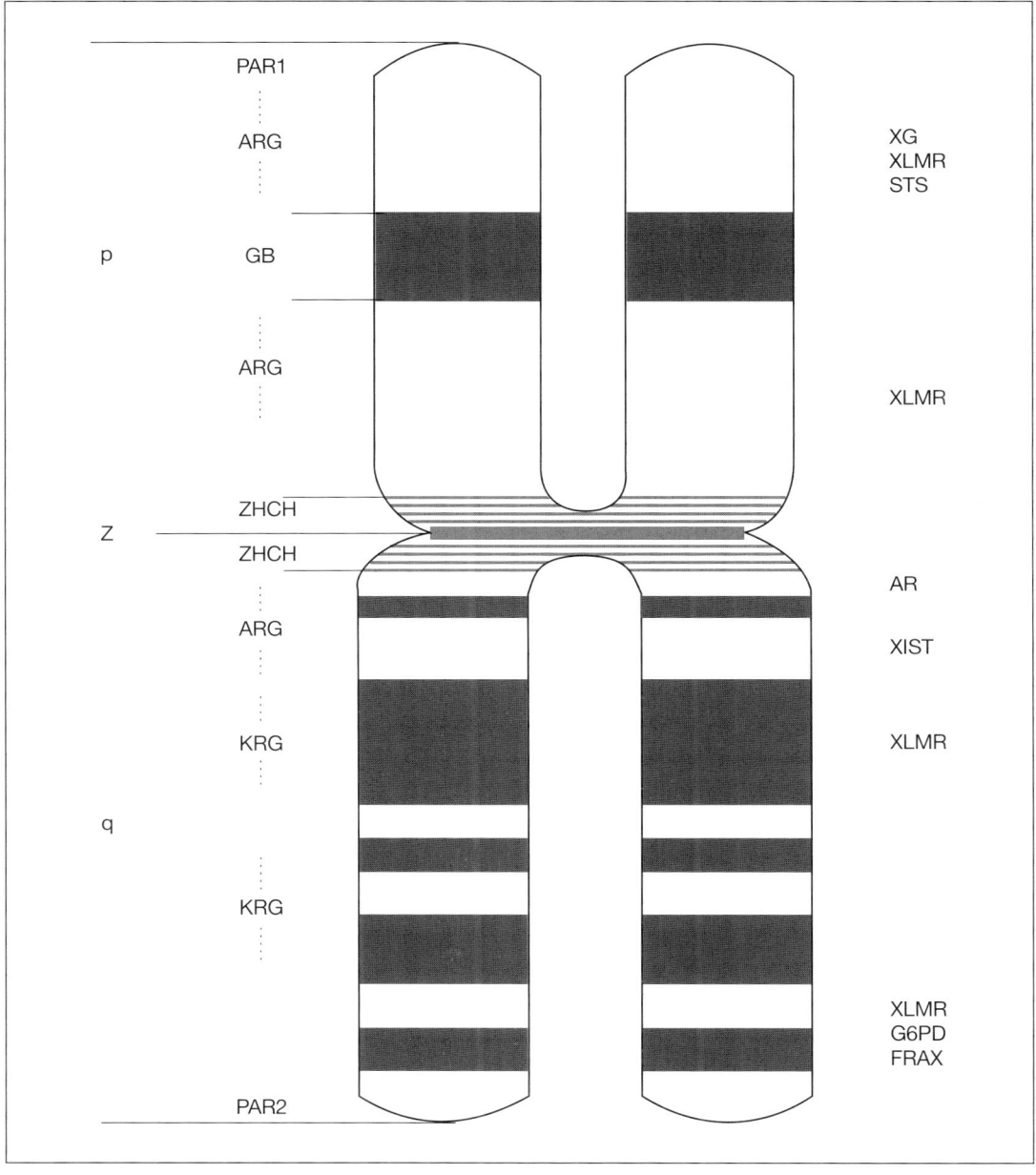

Abb. 22: Schematische Darstellung des X-Chromosoms mit Giemsa-Bänderungsmuster.
p = kurzer Arm   Z = Zentromer   q = langer Arm   PAR = Pseudoautosomale Region
ARG = aktive Region   KRG = kritische Region   ZHCH = Zentromernahes Heterochromatin
GB = dunkle Bande nach Giemsa-Färbung
XG = XG-Blutgruppen-Gen   XLMR = Mentales-Retardierungs-Gen   STS = Steroidsulfatase-Gen
AR = Androgenrezeptor-Gen   XIST = X-Inaktivierungs-Gen
G6PD = Glukose-6-Phosphat-Dehydrogenase-Gen   FRAX = Fragiles-X-Gen

die pseudoautosomale Paarungsregion. Dieser immer aktive Bereich lagert sich während der Meiose an das Y-Chromosom an. Darunter liegt ein weiterer Bereich mit Daueraktivität. Im Anschluß an eine dunkle Bande, deren Funktion noch unklar ist, schließt sich im kurzen Arm eine zweite Region an, die vermutlich dauerhaft genetisch aktiv ist.

Im langen Arm des X-Chromosoms (q) liegt unterhalb des Zentromers eine Region, die nur im ansonsten inaktivierten X-Chromosom dauerhaft aktiv zu sein scheint. In diesem Bereich findet sich auch das Inaktivierungszentrum, das für die Barr-Körperchen-Bildung verantwortlich ist. Die daran anschließenden „kritischen Regionen" enthalten vermutlich wichtige Gene, die für eine normale Geschlechtsentwicklung nötig sind [31].

AR-Gen

Zu den wenigen X-chromosomalen Genen, die direkt für die sexuelle Differenzierung wichtig sind, gehört das *AR-Gen* für die Synthese des *Androgen-Rezeptor-Proteins*. Es ist dafür verantwortlich, daß in einigen Geweben auf der Zelloberfläche eine Rezeptorstruktur entsteht, an die sich das männliche Geschlechtshormon Testosteron anlagern kann. Damit wird das Eindringen des Hormons in die Zelle möglich, wo es im Zellkern autosomale Gene aktiviert, die eine Entwicklung in männlicher Richtung einleiten. Die normale männliche Entwicklung ist also auch von genetischen Informationen des X-Chromosoms abhängig. Die weibliche Entwicklung läuft dagegen sozusagen automatisch ab, wenn keine genetischen bzw. hormonellen Signale eine männliche Entwicklung induzieren. Wie schon an anderer Stelle erwähnt, kann man deshalb durchaus sagen, daß das weibliche Geschlecht das ursprüngliche ist, während das männliche Geschlecht nur eine sekundäre Abwandlung dieses primären Entwicklungsprogramms darstellt [38].

Auf dem X-Chromosom konnten in mehreren Bereichen Gene nachgewiesen werden, die mit der Entwicklung geistiger Fähigkeiten in Zusammenhang stehen. Defekte in diesen Genen führen vor allem bei Männern zu unspezifischer mentaler Retardierung (Entwicklungsverzögerung; siehe auch S. 168). Daneben sind noch etwa 20 weitere Gene auf dem X-Chromosom bekannt, die im defekten Zustand zu typischen Krankheitsbildern führen, wobei immer auch eine Intelligenzminderung vorliegt. Auch diese Krankheiten kommen bei Männern häufiger vor als bei Frauen [36].

X-chromosomale Vererbung

Der Genbestand auf dem menschlichen X-Chromosom ist schon wesentlich besser erforscht als der auf den Autosomen, weil die Vererbung vieler X-chromosomaler Gene in recht typischer Weise erfolgt. Da die Frau zwei X-Chromosomen hat und der Mann nur eines, prägen sich die auf dem X-Chromosom lokalisierten Gene in den beiden Geschlechtern häufig recht unterschiedlich aus. Man spricht von geschlechtsgebundener X-gekoppelter oder X-chromosomaler Vererbung (siehe auch S. 54ff.). Inzwischen sind beim Menschen über 500 Merkmale bekannt, die durch Gene auf dem X-Chromosom vererbt werden. In den meisten Fällen wurden sie durch das Auftreten von Erbkrankheiten entdeckt. Krankhafte Merkmale fallen meist viel stärker auf als normale Eigenschaften und deshalb wird ihre Vererbung in der Regel auch früher erkannt und aufgeklärt [39].

Wegen der Vielzahl von X-chromosomalen Erbkrankheiten ist es nicht möglich, sie alle anzusprechen. Deshalb sollen nur einige wichtige Beispiele etwas genauer beschrieben werden. Zunächst ist es aber notwendig, die Besonderheiten der X-chromosomalen Vererbung zu erklären:

Der Mensch hat wie alle Säugetiere einen diploiden Chromosomensatz. Das heißt, bei ihm liegt jedes Chromosom zweifach vor. Lediglich bei den Geschlechtschromosomen gibt es eine Ausnahme, weil die Männer mit ihrer XY-Konstellation nur ein X-Chromosom besitzen. Entsprechend dem doppelten Satz an Chromosomen kommt auch jedes Gen in zweifacher Ausfertigung vor. Man nennt diese zwei zusammengehörigen Gene, die an den gleichen Stellen der homologen Chromosomen lokalisiert sind, auch *Allele*. Diese Allele können in ihrer Wirkung auf die Ausprägung eines Merkmals gleich sein. Dann spricht man von einem *homozygoten* Zustand. Sie können aber auch verschieden starke Wirkungen entfalten und werden dann *heterozygot* genannt. Trifft ein stark wirksames (*dominantes*) Allel mit einem schwach wirkenden (*rezessiven*) Allel zusammen, so wird die Ausprägung des Merkmals nur von dem dominanten Allel bestimmt. Sind dagegen beide Allele schwach wirksam, so bestimmen sie gemeinsam die Merkmalsausprägung.

Das gleiche Prinzip gilt bei Frauen auch für autosomale Gene, die auf dem X-Chromosom lokalisiert sind, da sie ja über zwei X-Chromosomen verfügen. Eines dieser X-Chromosomen wird zwar größtenteils inaktiviert. Da aber in der einen Hälfte der Zellen das väterliche und in der anderen das mütterliche X-Chromosom inaktiv ist, sind beide Allele in jeweils 50% der Zellen funktionsfähig.

Frauen stellen also hinsichtlich der X-chromosomalen Gene ein Mosaik dar. In der Regel genügt aber das Vorhandensein eines dominanten Allels in 50% der Zellen, um eine entsprechende Merkmalsausprägung sicherzustellen. Das heißt, daß z.B. ein rezessiv krankhaftes Allel auf einem X-Chromosom sich bei einer Frau nicht auswirken wird, da noch genügend Zellen vorhanden sind, in denen das dominante gesunde Allel wirksam ist. Sind allerdings beide rezessiven Allele krankhaft verändert, so wird sich auch bei der Frau die Erbkrankheit ausprägen [33].

Bei Männern ist die Situation jedoch anders. Sie haben ja nur ein X-Chromosom. Liegt bei ihnen ein rezessiv krankmachendes Gen auf dem X-Chromosom vor, so können sie seine Wirkung nicht mit Hilfe eines dominant gesunden Gens auf dem anderen X-Chromosom unterdrücken. Deshalb werden sie erkranken. Man bezeichnet diesen Zustand als *hemizygot*. Typischerweise findet man daher X-chromosomal-rezessive Erbkrankheiten fast ausschließlich bei Männern. Die Vererbung des krankmachenden Gens erfolgt meist über die Mütter, die es an 50% ihrer Söhne weitergeben.

Abb. 23: Typische Fa-
milienstammbäume
bei Vorliegen einer
X-chromosomal-rezes-
siven Erbkrankheit
X = X-Chromosom mit
    dominantem
    (gesundem) Allel
x = X-Chromosom mit
    rezessivem (krank-
    machendem) Allel
y = Y-Chromosom
1. Ein hemizygot gesun-
    der Mann wird mit
    einer heterozygot
    gesunden Frau nur
    gesunde Töchter
    haben; die Söhne
    werden jeweils zur
    Hälfte gesund
    bzw. krank sein.
2. Ein hemizygot kran-
    ker Mann wird mit
    einer homozygot
    gesunden Frau nur
    gesunde Töchter
    und Söhne haben.
    Die Töchter wer-
    den alle heterozy-
    gote Überträgerin-
    nen (Kondukto-
    rinnen) sein.
3. Ein hemizygot gesun-
    der Mann wird mit
    einer homozygot
    kranken Frau nur
    gesunde (aber
    heterozygote)
    Töchter und nur
    kranke Söhne ha-
    ben.
4. Ein hemizygot
    kranker Mann und
    eine heterozygot
    gesunde Frau wer-
    den je zur Hälfte
    gesunde und kran-
    ke Töchter und
    Söhne haben
(aus Zankl 1998) [33]

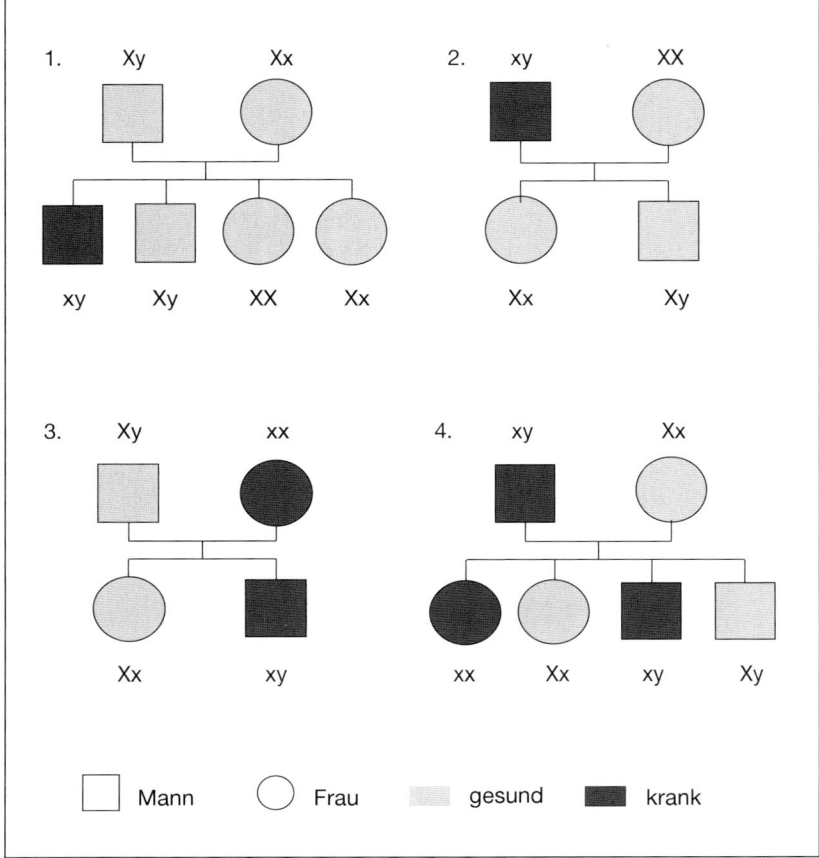

Die anderen 50% der Söhne erben das gesunde X-Chromosom. Auch die Töchter erben zu 50% das krankhafte Gen, aber sie erkranken nicht (siehe auch Abb. 23). Frauen, die ein X-chromosomal-rezessives Gen weitervererben, nennt man *Konduktorinnen*.

Wenn ein *dominantes* Krankheitsgen auf einem X-Chromosom vorhanden ist, ergeben sich wieder andere Verhältnisse:

Eine betroffene Frau wird ebenso erkranken wie ein betroffener Mann, da sie mit dem rezessiv gesunden Gen auf ihrem zweiten X-Chromosom die dominante Genwirkung nicht kompensieren kann. Die Frau vererbt dieses Gen jeweils auf die Hälfte ihrer Söhne und Töchter, die dann auch erkranken.

Läuft die Vererbung jedoch über einen erkrankten Mann, so werden alle seine Töchter erkranken, weil sie von ihm nur das krankmachende X-Chromosom erben können. Die Söhne werden jedoch alle gesund bleiben, weil sie von ihrem Vater nicht das X-Chromosom, sondern das Y-Chromosom erben.

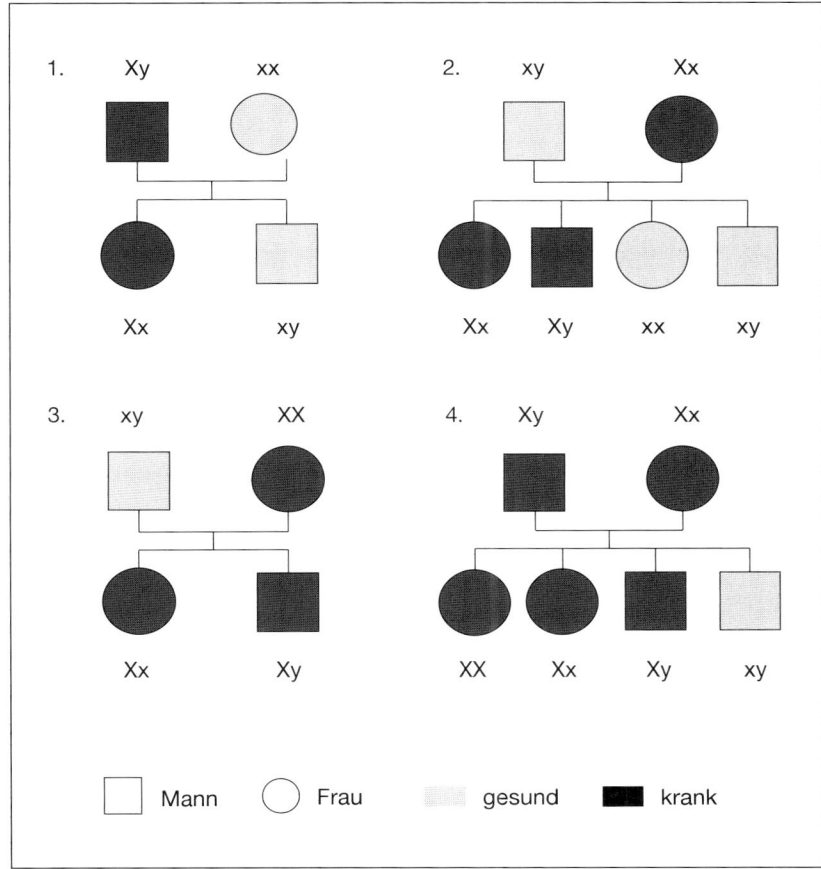

Im Gegensatz zur X-chromosomal-rezessiven Vererbung werden beim X-chromosomal-dominanten Erbgang einer Krankheit also insgesamt mehr Frauen betroffen sein als Männer (Abb. 24).

X-chromosomal-rezessive Erbkrankheiten

Bis heute kennt man ca. 200 verschiedene X-chromosomal-rezessive Erbleiden. Die meisten davon sind sehr selten, einige aber durchaus häufig. Insgesamt muß man damit rechnen, daß unter 1000 männlichen Lebendgeborenen zwei von einem solchen Erbleiden betroffen sind [39].

Die *Muskeldystrophie* vom Typ *Duchenne* ist mit 1 auf 3000 männliche Neugeborene bei uns die häufigste X-chromosomal-rezessiv vererbte Krankheit. Das schon im Kindesalter auftretende Leiden beruht auf einer Mutation des *Dystrophin-Gens*, wodurch ein für den Muskelaufbau wichtiges Protein nicht gebildet werden kann. Die Störungen der Muskelfunktionen fallen etwa ab dem 2. Lebensjahr auf, weil die Kinder Schwierigkeiten

Muskeldystrophie

beim Treppensteigen haben und sich beim Aufrichten abstützen müssen. Körperlich ist der fortschreitende Abbau der Muskulatur kaum erkennbar, weil die zugrundegehenden Muskelfasern durch Bindegewebe ersetzt werden. Die an den Beinen beginnende Muskelschwäche verstärkt sich und steigt langsam aufwärts, so daß die Kinder mit etwa 10 Jahren auf den Rollstuhl angewiesen sind. Durch fortschreitende Lähmung, insbesondere der Atemmuskulatur, versterben die Patienten meist im Alter von ca. 20 Jahren.

Wegen der Schwere des Krankheitsbildes ist die Erkennung der weiblichen Überträgerinnen besonders wichtig. Sie ist heute mit molekulargenetischen Techniken möglich. Allerdings ist die Neumutationsrate sehr hoch. Man muß damit rechnen, daß etwa $1/3$ der Fälle durch eine spontane Mutation neu entsteht, so daß bei der Mutter der entsprechende Gendefekt nicht nachweisbar ist.

Es gibt noch einige andere erbliche Formen von Muskeldystrophie. Der Typ *Becker* wird ebenfalls X-chromosomal-rezessiv vererbt. Bei dieser Erkrankung liegt aber eine Mutation vor, bei der das Dystrophingen nicht vollständig ausfällt, sondern nur eine Verminderung der Dystrophinproduktion auftritt. Dementsprechend verläuft die Erkrankung wesentlich leichter und langsamer.

X-chromosomale Hämophilien

Die *X-chromosomalen Hämophilien* sind ebenfalls nicht allzu seltene X-chromosomal-rezessive Erkrankungen. Im Deutschen werden sie als Bluterkrankheit bezeichnet. Sie treffen etwa jedes 10000. männliche Neugeborene. Es gibt zwei Formen der Hämophilie. Sie unterscheiden sich dadurch, daß bei der häufigeren *Hämophilie A* der Blutgerinnungsfaktor VIII nicht ausreichend gebildet wird, während bei der selteneren *Hämophilie B* der Faktor IX fehlt oder stark vermindert ist. Die Gerinnungsstörung des Blutes führt schon bei kleinen Verletzungen zu gefährlichen Blutungen, insbesondere auch in den Gelenken.

Die Hämophilie ist therapierbar, da man die fehlenden Gerinnungsfaktoren zuführen kann. In den 80er Jahren sind allerdings viele Hämophilie-Patienten mit dem HIV-Virus infiziert worden, weil die Gerinnungsfaktoren aus z.T. verseuchtem menschlichem Blut gewonnen wurden. Viele dieser Patienten sind inzwischen an AIDS verstorben. Seit einigen Jahren kann man die Faktoren gentechnologisch herstellen, so daß eine Infektionsgefahr nicht mehr besteht.

Farbenblindheit

Die *Farbenblindheit* ist die häufigste X-chromosomal vererbte Störung, der man aber keinen Krankheitswert beimessen kann. Die Bezeichnung ist eigentlich falsch, weil die Betroffenen in der Regel nur eine Störung im Erkennen der roten und/oder grünen Farbe haben. Man spricht daher besser von einer Rot-Grün-Schwäche. Verantwortlich für das Rot-Grün-Sehen sind zwei eng benachbarte Gene, die in mehreren allelen Formen vorkommen. Man schätzt, daß in Mitteleuropa etwa 8% aller Männer eine Farbsehstörung haben.

geistige Minderbegabung

Eine *geistige Minderbegabung* (*Retardierung*) wird ebenfalls relativ häufig X-chromosomal-rezessiv vererbt. Ein Hinweis darauf ergab sich aus der

Beobachtung, daß unter geistig Retardierten deutlich mehr Männer als Frauen zu finden sind. Allerdings ist dafür nicht die Mutation eines einzigen Gens verantwortlich, sondern es gibt eine Vielzahl von X-chromosomalen Genen, die die Intelligenzentwicklung beeinflussen (siehe auch S. 50). Man muß damit rechnen, daß etwa 1 von 600 Männern eine X-chromosomal-rezessiv vererbte geistige Retardierung aufweist.

X-chromosomal-dominante Erbleiden

Im Gegensatz zu den recht häufigen X-chromosomal-rezessiven Erbleiden gibt es vergleichsweise wenige Erkrankungen mit X-chromosomal-dominantem Erbgang. Die bekannteste ist die *Vitamin-D-resistente Rachitis*. Das seltene Leiden beruht auf einer erblichen Nierenfunktionsstörung, die dazu führt, daß nicht ausreichend Phosphat rückresorbiert wird. Der so entstehende Phosphatmangel verursacht Störungen der Knochenbildung, die nicht mit Vitamin D behandelbar sind.

Vitamin-D-resistente Rachitis

X-chromosomale Erbleiden ohne klaren Erbgang

Die bisher ausgeführten Beispiele für X-chromosomale Erbkrankheiten folgten alle einem klaren Mendelschen Erbgang, wobei dominante und rezessive Vererbung unterschieden werden können. Es wurden aber in den letzten Jahren mehrere krankmachende Gene sowohl auf dem X-Chromosom als auch auf Autosomen entdeckt, die nicht der Mendelschen Vererbung folgen.

Das wichtigste Beispiel ist das sog. *Fragile-X-Syndrom*. Der Name entstand dadurch, daß man bei den Patienten auf dem X-Chromosom eine schwach anfärbbare Stelle findet, die möglicherweise auch eine erhöhte Brüchigkeit aufweist. Diese Störung ruft vor allem bei Männern eine deutliche geistige Retardierung hervor, weshalb man zunächst annahm, daß sie X-chromosomal-rezessiv vererbt wird. Inzwischen weiß man jedoch, daß auch Frauen betroffen sein können, wobei die geistige Einschränkung bei ihnen allerdings weniger stark ausgeprägt ist.

Fragiles-X-Syndrom

Als Ursache für das Fragile-X-Syndrom konnte inzwischen eine bisher noch unbekannte genetische Veränderung erkannt werden. Man stellte fest, daß im Bereich der fragilen Stelle auf dem X-Chromosom das sog. FMR-Gen vorkommt, das für die geistige Entwicklung von großer Bedeutung ist. In diesem Gen kann es unter noch nicht ganz geklärten Umständen zu einer Vermehrung eines sog. Basen-Tripletts kommen. Darunter versteht man, daß drei DNA-Bausteine (sog. Basen), die in einer bestimmten Reihenfolge in der DNA vorkommen, in großer Zahl hintereinandergeschaltet werden. Bei Normalpersonen kommt dieses Cytosin-Cytosin-Guanin (CCG)-Triplett höchstens 50mal vor. Bei Patienten steigert sich die Kopienzahl der CCG-Tripletts auf über 1000. Diese starke Vermehrung führt zu einer Funktionsstörung im FMR-Gen, wodurch vermutlich die geistige Retardierung ausgelöst wird. Man muß damit rechnen, daß diese Störung der geistigen Entwicklung ziemlich häufig ist. Sie tritt bei etwa jedem 1000. Knaben und bei ca. jeder 2000. Frau auf [40].

Was versteht man unter geschlechtsbegrenzter Vererbung?

Im vorangegangenen Kapitel wurden Erbkrankheiten beschrieben, die im männlichen und weiblichen Geschlecht unterschiedlich vererbt werden. Ursache hierfür ist die Lage der verantwortlichen Gene auf einem X-Chromosom. Man spricht in diesen Fällen – wie schon erwähnt – von geschlechtsgebundener oder besser X-chromosomaler Vererbung. Davon muß die geschlechtsbegrenzte Vererbung deutlich unterschieden werden, denn bei ihr liegen die entsprechenden Gene nicht auf dem X-Chromosom, sondern auf Autosomen. Die mehr oder minder vollständige Begrenzung auf ein Geschlecht erfolgt durch das Einwirken anderer Faktoren wie z.B. der Geschlechtshormone.

Unter *vollständiger Geschlechtsbegrenzung* versteht man, daß ein Merkmal sich ausschließlich bei einem Geschlecht ausprägt. Eines der wenigen eindeutigen Beispiele für vollständige Geschlechtsbegrenzung stellt die dominant erbliche *Pubertas praecox* dar. Dabei handelt es sich um eine vorzeitige Geschlechtsreifung, die nur bei Knaben vorkommt. Da in mehreren Familien die Vererbung vom Vater auf den Sohn beobachtet wurde, kann eine X-chromosomale Vererbung ausgeschlossen werden, weil Väter an ihre Söhne nur ein Y-, aber kein X-Chromosom weitergeben [41].

Erbleiden mit *relativer Geschlechtsbegrenzung* kommen öfter vor: Beispielsweise ist die angeborene *Hüftluxation* bei Frauen besonders häufig, während die Glatzenbildung meistens bei Männern auftritt. Die relative Geschlechtsbegrenzung von Krankheiten beeinflußt auch die Fitneß der Geschlechter (siehe S. 176 und folgende).

Wie funktioniert die mitochondriale Vererbung?

Für die Vererbung spielt bei höheren Lebewesen das genetische Material (DNA) des Zellkerns die Hauptrolle. Es gibt in ihren Zellen aber auch noch die sog. *Mitochondrien*, die ebenfalls DNA enthalten. Die Mitochondrien liegen im Zellplasma und sorgen vor allem für die Energiebereitstellung in der Zelle. Sie werden deshalb auch oft als „Kraftwerke der Zellen" bezeichnet.

Die *mitochondriale DNA (mt-DNA)* enthält den Bauplan für viele Enzyme, die den Energiestoffwechsel steuern. Deshalb müssen fast alle Zellen mehr oder minder viele Mitochondrien enthalten. Es gibt aber eine wichtige Ausnahme: die männlichen Keimzellen. Sie enthalten im ausgereiften Zustand

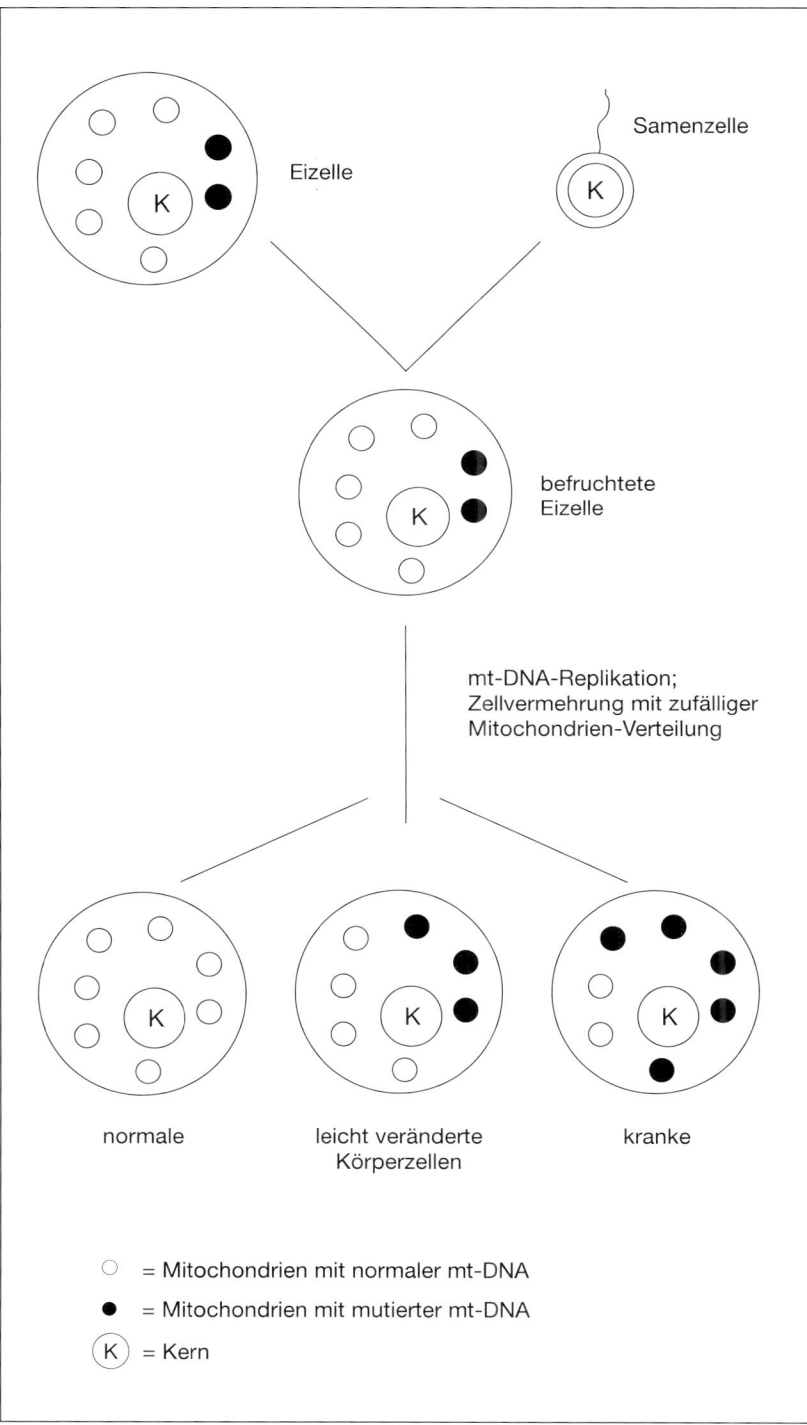

Abb. 25: Schematische Darstellung der Zufallsverteilung mutierter Mitochondrien auf verschiedene Körperzellen nach Zellvermehrung durch mitotische Teilungen (aus Zankl 1998) [33]

Samenzelle

Eizelle

befruchtete
Eizelle

mt-DNA-Replikation;
Zellvermehrung mit zufälliger
Mitochondrien-Verteilung

normale

leicht veränderte
Körperzellen

kranke

○ = Mitochondrien mit normaler mt-DNA

● = Mitochondrien mit mutierter mt-DNA

Ⓚ = Kern

(als Spermien) fast kein Zellplasma und dementsprechend nahezu keine Mitochondrien. Die Eizellen dagegen besitzen viel Plasma mit reichlich Mitochondrien. Das bedeutet, daß bei den Zellteilungen, die nach der Befruchtung einsetzen, fast ausschließlich mütterliche Mitochondrien auf die Tochterzellen verteilt werden. Dementsprechend wird auch die mt-DNA nur von der Mutter an die Nachkommen weitergegeben. Also können Erbkrankheiten, die auf Defekten der mt-DNA beruhen, nur mütterlicherseits vererbt werden.

Störungen im Energiestoffwechsel der Mitochondrien beeinträchtigen vor allem die Funktionen des Nervensystems und der Muskulatur, weil diese Gewebe einen besonders hohen Energieverbrauch haben. Deshalb führen mitochondriale Erbkrankheiten hauptsächlich zu neurodegenerativen Störungen und psychomotorischen Behinderungen. Die Ausprägung der klinischen Erscheinungen hängt stark davon ab, wie groß der Anteil defekter Mitochondrien in den Zellen der verschiedenen Geweben ist (siehe auch Abb. 25). Bis heute sind mindestens 10 verschiedene mitochondriale Erbkrankheiten bekannt, vermutlich gibt es aber noch wesentlich mehr [33, 36, 39].

Was bedeutet genomische Prägung?

Unter genomischer Prägung (geläufig ist auch die englische Bezeichnung: *genomic imprinting*) versteht man, daß sich das gleiche Gen bei den Nachkommen unterschiedlich ausprägen kann, je nachdem, ob es vom Vater oder von der Mutter ererbt wurde. Dieses den Mendelschen Regeln widersprechende Phänomen beruht wahrscheinlich darauf, daß in den väterlichen oder mütterlichen Keimzellen unterschiedliche DNA-Abschnitte durch Anlagerung von Methylgruppen inaktiviert werden.

Besonders gut wurde die genomische Prägung bei Mäusen untersucht: Es wurden z.B. Mäuse gezüchtet, die nicht wie üblich je ein Chromosom Nr. 11 vom Vater- und Muttertier geerbt hatten, sondern bei denen beide Chromosomen 11 entweder väterlichen oder mütterlichen Ursprungs waren. Dabei wurde beobachtet, daß das Vorhandensein von zwei väterlichen Chromosomen 11 zu Riesenwuchs führte, während die Tiere mit zwei mütterlichen Chromosomen 11 Zwergwuchs zeigten. Offenbar enthält das Chromosom 11 der Maus sowohl wachstumsfördernde als auch -hemmende Gene, die sich in ihrer Wirkung weitgehend ausgleichen, wenn jeweils ein väterliches und mütterliches Chromosom 11 vorliegt. Trägt ein Tier jedoch nur die Chromosomen 11 eines Elternteils, so wird das Wachstum entweder stark stimuliert oder gehemmt [16].

Auch beim Menschen gibt es zunehmend Hinweise auf genomische Prägung. So stellte sich beispielsweise heraus, daß der Verlust eines kleinen Teils von Chromosom 15 zu recht verschiedenen Krankheitsbildern führen kann: Stammt das defekte Chromosom 15 vom Vater, so entsteht das sog. *Prader-Willi-Syndrom*. Dieses Krankheitsbild wird neben einer geistigen Retardierung vor allem durch eine extreme Fettsucht der betroffenen Kinder charakterisiert. Wenn jedoch das anormale Chromosom 15 von der Mutter kommt, zeigen die Patienten das sog. *Angelman-Syndrom*. Im englischen Sprachraum wird die Erkrankung auch als *happy puppet syndrome* bezeichnet, weil die geistig behinderten Kinder oft in ein ganz unmotiviertes Lachen ausbrechen. Die bei Prader-Willi-Patienten regelmäßig vorhandene Fettsucht tritt beim Angelman-Syndrom nicht auf und auch die sonstigen Krankheitsmerkmale sind sehr verschieden [39]. Inzwischen weiß man, daß für die beiden Krankheitsbilder zwei verschiedene Gene verantwortlich sind, die aber sehr eng beieinanderliegen.

Vermutlich werden in den nächsten Jahren noch mehr Krankheiten entdeckt, bei denen die genomische Prägung eine ursächliche Rolle spielt. Insbesondere dürfte die unterschiedliche Inaktivierung mütterlicher und väterlicher Gene auch bei der Entstehung verschiedener Krebsformen eine wichtige Rolle spielen.

4

Der „kleine" Unterschied

Die geschlechtliche Differenzierung

Wie entwickeln sich die Keimzellen (Gameten)?

Wie schon auf S. 28 erwähnt, sind alle höher organisierten Tiere *oogam*, d.h., sie bilden große unbewegliche Eizellen und kleine bewegliche Samenzellen, die auch Spermien genannt werden.

Die Größe der Eizellen hängt vor allem von der Menge des Zellplasmas und der vorhandenen Reservestoffe (*Dotter*) ab. Säugetiereier sind sehr klein; die menschliche Eizelle hat z.B. etwa einen Durchmesser von 0,2 mm und ist damit gerade noch mit bloßem Auge sichtbar. Trotzdem ist ihr Volumen etwa 200 000mal größer als das eines Spermiums (Abb. 26). Die Eier von Vögeln, Reptilien und Haien erreichen dagegen einen Durchmesser von etlichen Zentimetern.

Abb. 26: Größenvergleich zwischen Eizelle, Spermium und Kopfhaar
A Eizelle (Durchmesser ca. 0,2 mm)
B Spermium (Kopflänge ca. 0,004 mm)
C Kopfhaar (Dicke ca. 0,05 mm)

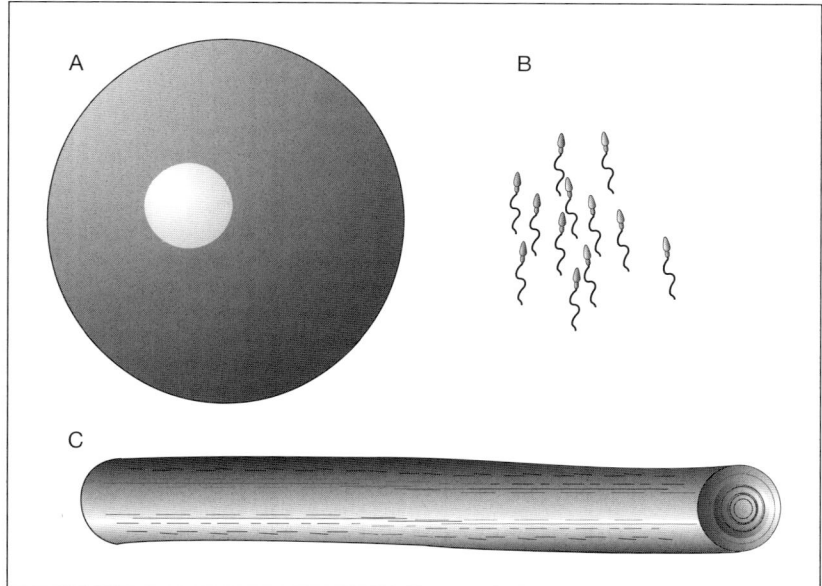

Die Keimzellen (*Gameten*) werden bei fast allen höheren Tieren in besonderen Organen, den Keimdrüsen (*Gonaden*) gebildet. Bei den Wirbeltieren werden in diesen Gonaden auch Sexualhormone produziert, was in der deutschen Bezeichnung „Keimdrüsen" zum Ausdruck kommt. Die weibliche Gonade wird Eierstock (*Ovarium*), die männliche Hoden (*Testis*) genannt. Da die beiden Keimzelltypen sehr unterschiedlich groß sind und verschiedene

Funktionen bei der Befruchtung und der darauffolgenden Embryonalentwicklung haben, werden sie auch in ungleichen Mengen produziert: Grundsätzlich ist die Anzahl der Spermien viel höher als die der Eizellen. Beispielsweise werden bei der Frau insgesamt etwa 6 Millionen Eizellen angelegt, wobei aber nur einige hundert sich bis zur Befruchtungsfähigkeit entwickeln. Der Mann gibt dagegen bei einer einzigen Ejakulation 100–200 Millionen Spermien ab [42].

Bei beiden Geschlechtern geht die Bildung der Keimzellen von undifferenzierten Urgeschlechtszellen aus, die wie alle übrigen Körperzellen der höheren Tiere noch einen doppelten Chromosomensatz tragen, also diploid sind. Diese *Urkeimzellen* werden bei vielen Tierarten schon sehr früh in der Embryonalentwicklung von den anderen Körperzellen abgesondert. Vermutlich wird dadurch bereits ihre völlig andere Weiterentwicklung, die *Keimbahn*, vorbereitet. Beim Menschen kann man die Urkeimzellen etwa ab der 3. Embryonalwoche in der Wand des Dottersackes nachweisen. Von dort wandern sie dann in die Gonadenanlagen ein (siehe Abb. 27).

Nach der Einwanderung differenzieren sich die Urkeimzellen in männlicher bzw. weiblicher Richtung und werden dann *Spermatogonien* und *Ovogonien* (ältere Schreibweise: Oogonien) genannt [13].

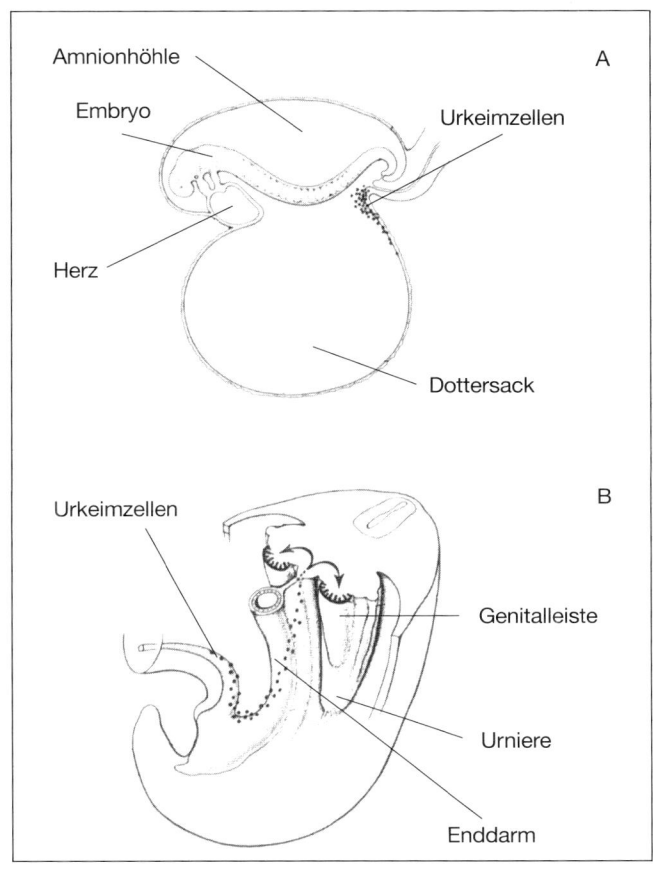

Abb. 27: Bildung und Wanderung der Urkeimzellen
A) Embryo in der 4. Woche mit Urkeimzellen in der Dottersackwand
B) Wanderung der Urkeimzellen in einem 5–6 Wochen alten Embryo
(nach Langman 1989) [13]

Keimzellvermehrung

Die Keimzellen vermehren sich zunächst wie alle anderen Körperzellen durch mitotische Teilungen, bevor sie in die für Keimzellen typischen Reifeteilungen (*Meiose*) eintreten. Hauptzweck dieser besonderen Teilungsform ist die Reduzierung des zweifachen (*diploiden*) Chromosomensatzes auf einen einfachen (*haploiden*) Satz. Dadurch wird verhindert, daß bei der Vereinigung von Ei und Samenzelle ein vierfacher Chromosomensatz entsteht.

Als *Mitose* bezeichnet man einen Teilungsvorgang, der die identische Reduplikation von diploiden Zellen ermöglicht (siehe Abb. 28). Vor Beginn die-

Mitose

ses Vorgangs wird zunächst die Erbsubstanz jedes Chromosoms, die haupt-sächlich aus einem DNA-Molekül besteht, verdoppelt. Im ersten Stadium der Mitose (*Prophase*) kommt es zu einer Verkürzung der Chromosomen. Dadurch werden die Chromosomen mikroskopisch als lange strangartige Gebilde sichtbar, während sie vorher infolge ihrer starken Entspiralisation nicht erkennbar sind. Im nächsten Stadium (*Prometaphase*) kontrahieren sich die Chromosomen soweit, daß sie als ein Doppelstäbchen erscheinen. Die beiden Einzelstäbchen, die man als *Chromatiden* bezeichnet, werden an einer Stelle durch das sog. *Zentromer* zusammengehalten. In der darauffol-genden *Metaphase* ordnen sich die Chromosomen in einer Mittelebene der Zelle (Äquatorialebene) an und die Chromatiden trennen sich voneinander. Daran schließt sich die *Anaphase* an, in der die Chromatiden zu den Zellpo-len wandern. Diese Wanderung wird durch die Ausbildung von spindelför-mig angeordneten Fasern ermöglicht, die sich zwischen zwei sternförmi-gen Zellorganellen an den Zellpolen (Zentriolen) und den Zentromeren der Chromosomen ausbilden. Sobald die Chromatiden an den Zellpolen ange-langt sind, beginnt die *Telophase*, in der die Zelle sich durchteilt, so daß zwei Tochterzellen mit identischem Chromosomensatz entstehen. Danach ent-spiralisieren sich die Chromosomen wieder und der Zellkern kehrt in sein Ruhestadium (*Interphase*) zurück.

Abb. 28: Schema-tische Darstellung einer mitotischen Zellteilung. Beschreibung der Stadien siehe Text (nach Langman 1989) [13]

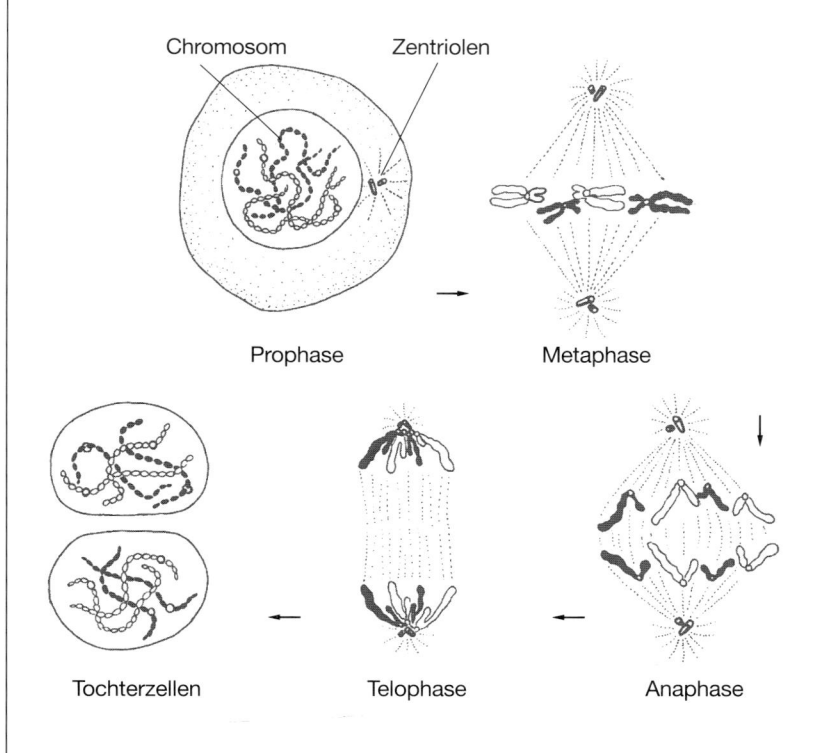

Die *Meiose* verläuft in zwei Teilungsschritten. Die 1. meiotische Teilung unterscheidet sich von der Mitose in einigen wesentlichen Punkten, während die 2. meiotische Teilung ähnlich wie eine Mitose verläuft (siehe Abb. 29). Die wichtigsten Merkmale der *1. meiotischen Teilung* sind:

- Die Dauer der Prophase ist stark verlängert. Das hängt damit zusammen, daß es in dieser Phase zu einer Zusammenlagerung der homologen väterlichen und mütterlichen Chromosomen kommt, wobei sich in einem komplexen Vorgang alle korrespondierenden Genorte sehr präzise miteinander paaren. Da auch der Meiose eine Verdopplung des genetischen Materials vorausgeht, bestehen die gepaarten Chromosomen aus vier Chromatiden.
- Zwischen den eng gepaarten Chromosomen kommt es zu Austauschvorgängen, indem die parallel nebeneinanderliegenden Chromatiden an einer oder mehreren Stellen brechen und homologe Stücke austauschen. Diesen genetischen Rekombinationsvorgang nennt man *Crossing-over*. Beim anschließenden Auseinanderweichen der gepaarten Chromosomen bleiben die Austauschpunkte noch kurzfristig miteinander verbunden, wodurch sie als sog. *Chiasmata* sichtbar werden.
- In der Metaphase trennen sich die rekombinierten homologen Chromosomen voneinander und wandern während der Anaphase zu den Zellpolen. Weil bei der anschließenden Telophase ganze Chromosomen und nicht wie in der Mitose nur Chromatiden auf die Tochterzellen verteilt werden, wird die Anzahl der Chromosomen pro Zelle auf die Hälfte reduziert. Deshalb wird die 1. meiotische Teilung oft auch als *Reduktionsteilung* bezeichnet.

Meiose

1. meiotische Teilung

Abb. 29: Schematische Darstellung der zwei meiotischen Zellteilungen anhand von zwei homologen Chromosomen
1 DNA-Verdopplung (2×2 Einzelstränge = 4 n) und Annäherung der homologen Chromosomen (Bivalent-Bildung) in der frühen Prophase I
2 Enge Homologenpaarung und Überkreuzung der Chromatiden (Crossing-over) in der mittleren Prophase I
3 Auseinanderweichen der rekombinierten Homologen in der späten Prophase I
4 Einordnung der Homologen in der Äquatorialebene während der Metaphase I
5 Wandern zu den Polen in der Anaphase I
6 Bildung von Tochterzellen der 1. meiotischen Teilung mit rekombinierten Homologen während der Telophase I (haploider Chromosomensatz = 2 n)
7 Bildung von Tochterzellen durch 2. meiotische Teilung (haploider Satz aus Einzelchromatiden = 1 n)
(nach Langman 1989)

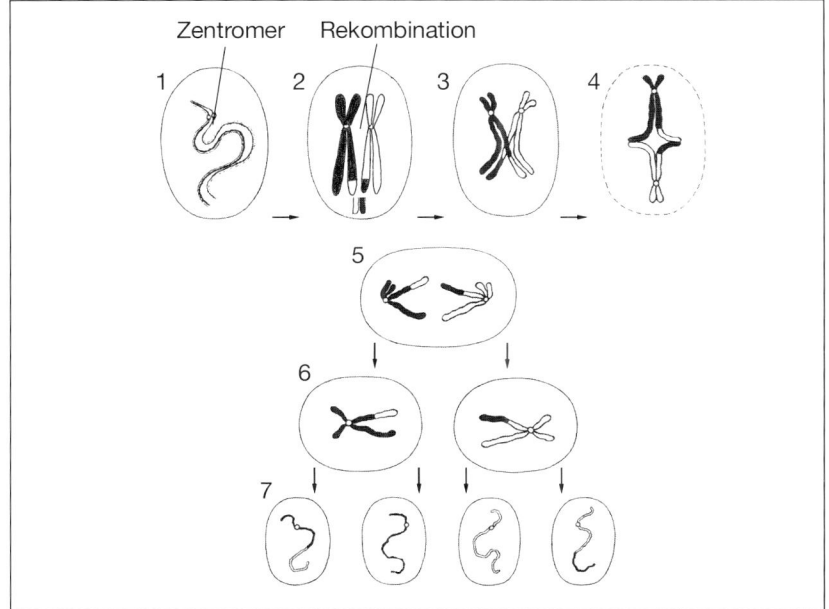

Zentromer   Rekombination

2. meiotische Teilung

Während der nachfolgenden *2. meiotischen Teilung* werden dann die beiden Chromatiden jedes einzelnen Chromosoms durch Längsspaltung voneinander getrennt, so daß in den Tochterzellen nicht nur die Zahl der Chromosomen halbiert ist, sondern jedes Chromosom auch nur noch aus einer Chromatide besteht. Diesen Zustand nennt man *haploid*. So wird, wie bereits erwähnt, sichergestellt, daß bei der Befruchtung durch die Vereinigung von zwei haploiden Keimzellen wieder der normale diploide Chromosomensatz entsteht [13].

Männliche Keimzellen (Spermien)

Die männlichen Keimzellen werden wie bereits erwähnt auch als Spermien bezeichnet. Dementsprechend nennt man die Vorgänge, die sich bei der Vermehrung und Ausdifferenzierung der männlichen Keimzellen abspielen, *Spermatogenese*. Der Verlauf ist bei den Säugetieren recht ähnlich, so daß hier beispielhaft nur die Spermatogenese des Menschen dargestellt wird. Der Aufbau des Hodens und seine Entwicklung wird auf S. 72f. beschrieben.

Die Entwicklung der Keimzellen beginnt bereits im frühen Embryonalstadium mit einer kurzen Phase der mitotischen Vermehrung und der anschließenden Einwanderung in die Gonadenanlagen. Die dann als *Spermatogonien* bezeichneten Keimzellen dringen etwa ab der 5. Embryonalwoche tief in die Gonadenanlage ein und bilden zusammen mit etwa gleichzeitig einwuchernden epithelialen Zellsträngen die primären *Hodenstränge* (Abb. 30). Danach treten die Keimzellen in eine Ruhephase ein, die bis zur Pubertät anhält [43].

Abb. 30: Schematische Darstellung der Hodenentwicklung
A Querschnitt durch den Hoden in der 8. Entwicklungswoche
B Querschnitt durch den Hoden im 4. Entwicklungsmonat
Erläuterungen der männlichen Genitalwege siehe Text (nach Langman 1989) [13]

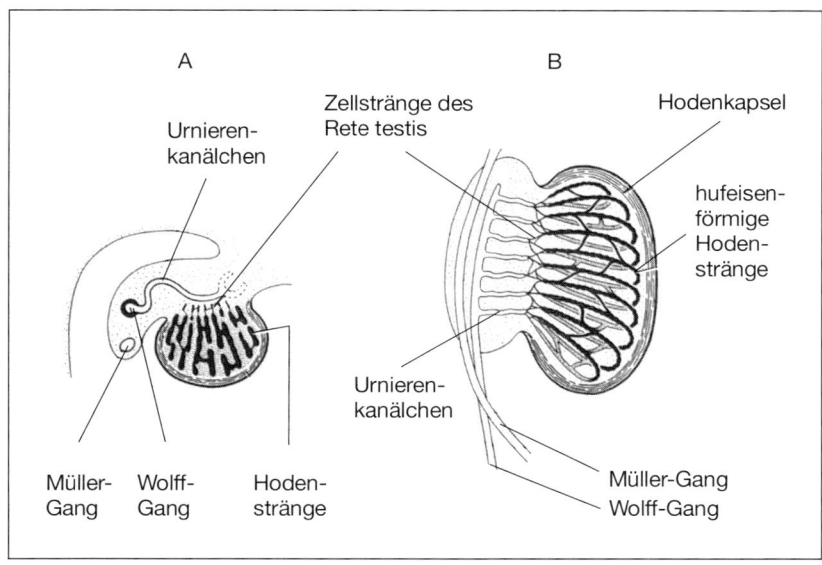

Kurz vor Beginn der Pubertät werden die Hodenstränge ausgehöhlt und damit zu *Samenkanälchen* umgewandelt. Wenig später nehmen die als basale Zellschicht in der Kanälchenwand liegenden Spermatogonien wieder ihre Teilungsaktivität auf. Jede Spermatogonie durchläuft sechs mitotische Teilungen. Jeweils im vierten Teilungszyklus scheidet eine Tochterzelle aus der Entwicklung aus und wird wieder zu einer Stammspermatogonie. So wird sichergestellt, daß die Zahl der Stammzellen immer gleich bleibt. Aus der sechsten Spermatogoniengeneration gehen die *primären Spermatozyten* hervor, die oft auch Spermatozyten I genannt werden. Die primären Spermatozyten treten in die 1. meiotische Teilung ein, die vor allem wegen der sehr langen Prophase viel Zeit in Anspruch nimmt (beim Menschen etwa 16 Tage). Die daraus hervorgehenden *sekundären Spermatozyten* (Spermatozyten II) führen anschließend schnell die 2. meiotische Teilung durch, so daß vier haploide *Spermatiden* entstehen (siehe Abb. 31).

Damit ist die Vermehrungsphase der männlichen Keimzellen beendet. Bevor sie aber befruchtungsfähig werden, müssen sie noch sehr langwierige und komplizierte Differenzierungs- und Reifungsprozesse durchlaufen, die als *Spermiohistogenese* oder verkürzt *Spermiogenese* bezeichnet werden. Dabei wird der zunächst noch recht große Zellkern durch extreme Verdichtung des genetischen Materials stark verkleinert. Etwa gleichzeitig kommt es zur Streckung der gesamten Zelle und zur Ausbildung einer Längsachse mit Schwanzbildung,

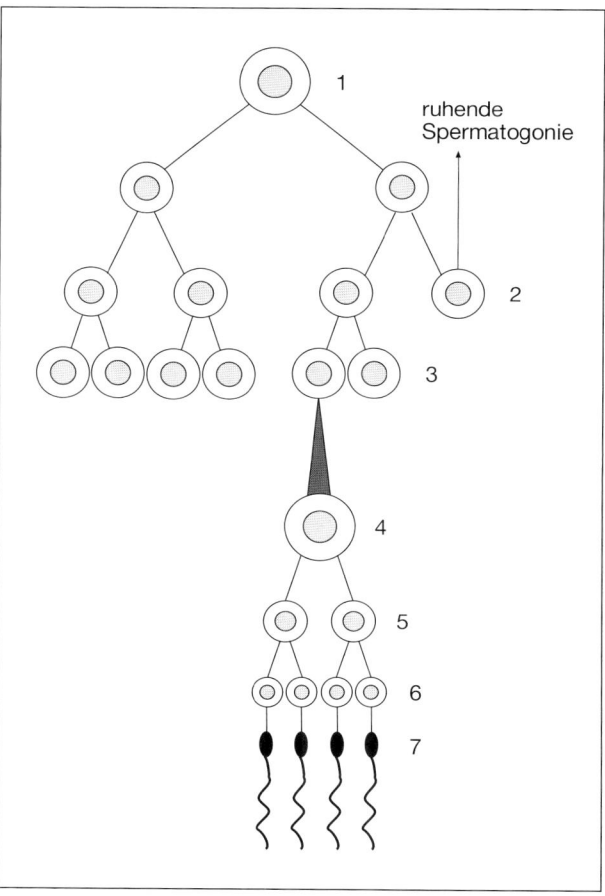

Abb. 31: Schematische Darstellung der Spermatogenese
1 Stammspermatogonie, aus der mehrere Spermatogoniengenerationen durch mitotische Teilungen hervorgehen
2 Spermatogonie, die in Ruhephase zurückkehrt
3 letzte Spermatogoniengeneration, die sich noch mitotisch teilt
4 primärer Spermatozyt (Spermatozyte I) macht 1. meiotische Teilung durch
5 sekundärer Spermatozyt (Spermatozyte II) macht 2. meiotische Teilung durch
6 Spermatide, differenziert sich ohne Teilung
7 reifes Spermium

(nach Czihak et al. 1997) [1]

wobei das meiste Zellplasma verlorengeht. Verschiedene Zellorganellen werden umfunktioniert: das hintere Zentriol bildet den geißelartigen Spermienschwanz, die wenigen noch vorhandenen Mitochondrien wandern zum Mittelstück, wo sie als eine Art „Motor" für den Schwanz fungieren. Ein Teil des Golgiapparats bildet am vorderen Kernpol das Akrosom, das bei der

Befruchtung das Eindringen des Spermiums in die Eizelle ermöglicht (siehe Abb. 32).

Erst wenn diese Differenzierungsvorgänge abgeschlossen sind, wird das ausgereifte Spermium aus dem Keimepithel des Samenkanälchens ins Lumen abgestoßen. Bei dem anschließenden Transport durch das Kanalsystem des Hodens zum *Nebenhoden* macht das Spermium noch eine weitere Reifung durch, wobei sich allerdings sein Aussehen nicht mehr wesentlich ändert. Im Nebenhoden werden die Spermien in einem inaktivierten Zustand mehr oder minder lange gelagert, bis sie bei der Ejakulation ausgestoßen werden. Erst dabei werden sie beweglich und können im weiblichen Genitaltrakt den Wettlauf in Richtung Eizelle beginnen [44].

Abb. 32: Die Entwicklung einer Spermatide zu einem reifen Spermium (Spermiogenese). Einzelheiten siehe Text (nach Langman 1989) [13]

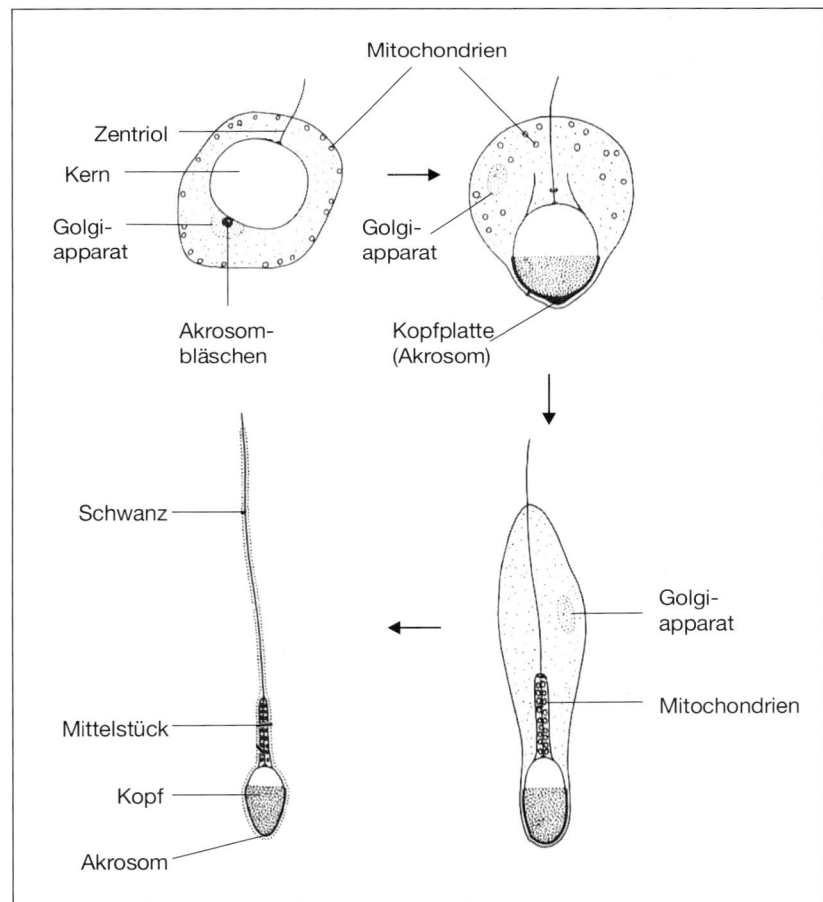

Der gesamte Vorgang der Spermatogenese benötigt viel Zeit: Die Vermehrungsphase von der ersten mitotischen Teilung der Stammspermatogonie bis zur 2. meiotischen Teilung, aus der die Spermatiden hervorgehen, dauert beim Menschen etwa 2 Monate. Die sich daran anschließende Differenzierungs- und Reifungsperiode nimmt ungefähr einen weiteren Monat in Anspruch. Man schätzt, daß an der Steuerung des Gesamtprozesses bis zu 3000 Gene beteiligt sind.

Die komplizierten Vorgänge der Spermatogenese sind recht störungsanfällig, so daß relativ häufig mißgebildete Spermien auftreten. Als Erfahrungswert hat sich ergeben, daß beim Menschen bis zu 10 % anormale Spermien meist noch keine Minderung der Fruchtbarkeit verursachen (Abb. 33). Seit einiger Zeit gibt es Hinweise, daß in verschiedenen Ländern die Zahl abnormer Spermien bei Männern zunimmt. Gleichzeitig scheint die Gesamtspermienzahl abzunehmen. Dafür wird unter anderem ein vermehrtes Vorkommen von Substanzen mit östrogener Wirkung in unserer Umwelt verantwortlich gemacht [46].

Eine Verminderung der Spermaqualität kann aber auch durch viele andere Faktoren, beispielsweise durch ungünstige Kleidung verursacht werden. Für eine optimale Spermatogenese ist nämlich eine relativ niedrige Temperatur im Hoden Voraussetzung, und eine Erwärmung der Hoden kann zu einem Stillstand der Spermienproduktion führen. Das belegt auch eine Studie an Berufskraftfahrern, bei der sich zeigte, daß ab einer Fahrzeit von 3 Stunden täg-

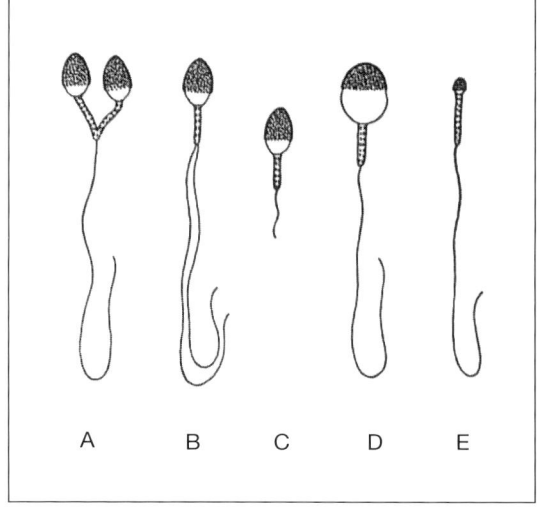

lich die Fruchtbarkeit deutlich abnimmt. Als Erklärung wird angenommen, daß die meist geschlossene Schenkelhaltung beim Autofahren eine Überwärmung der Hoden verursacht. In Japan wurde früher von Männern ein heißes Bad sogar bewußt als antikonzeptive Maßnahme eingesetzt. Es ist durchaus möglich, daß auch zu enge Kleidung, wie z.B. enge Jeans über einen Wärmestau im Hoden zu Störungen in der Spermienentwicklung führen kann. Ausreichende Vergleichsdaten über die Spermaqualität früherer Jahre gibt es allerdings nicht, so daß zu der Frage, ob unsere moderne Lebensweise die männliche Fruchtbarkeit vermindert, noch keine sicheren Aussagen gemacht werden können [45].

Abb. 33: Verschiedene Typen mißgebildeter Spermien
A Kopf- und Mittelstückverdopplung
B Schwanzverdopplung
C Schwanzverkürzung
D Kopfvergrößerung
E Kopfverkleinerung
(nach Langman 1989)
[13]

Weibliche Keimzellen (Eizellen)

Die weibliche Keimzelle wird auch als Ei oder *Ovum* bezeichnet. Wie bei der Spermatogenese wird auch die Darstellung der Eizellentwicklung (*Ovogenese* oder *Oogenese*) auf die Vorgänge beim Menschen beschränkt. Die Beschreibung des Eierstocks erfolgt auf S. 105.

Die weiblichen Urkeimzellen (*Ovogonien* oder *Oogonien*) entwickeln sich nach ihrer Einwanderung vor allem in der Rindenzone des embryonalen Eierstocks (*Ovar*). Sie durchlaufen eine Reihe von mitotischen Teilungen und umgeben sich mit epithelialen Zellen, die miteingewandert sind. Auf diese Weise entstehen etwa ab dem 3. Entwicklungsmonat sog. *Eiballen* (Abb. 34). Die Anzahl der Ovogonien erreicht beim Menschen im 5. Monat mit ca. 6 Millionen ein Maximum, danach beginnt eine Degenerationsphase, in der die meisten Ovogonien absterben.

Abb. 34: Schematische Darstellung des embryonalen Eierstocks und der Genitalwege
A Zustand in der 7. Entwicklungswoche
B Zustand im 5. Entwicklungsmonat
Einzelheiten siehe Text (nach Langman 1989) [13]

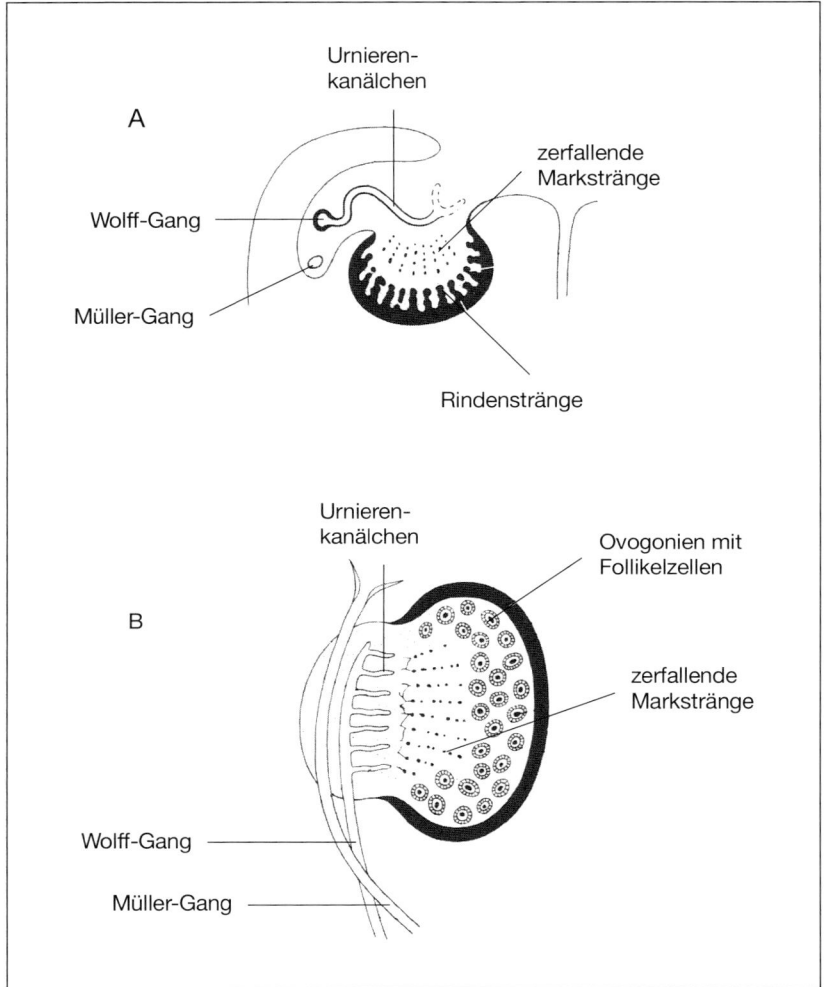

Parallel zu der starken mitotischen Vermehrung der Ovogonien treten einzelne von ihnen bereits ab dem 4. Monat nach der DNA-Replikation in die erste Reifeteilung ein. Im 7. Monat haben alle noch überlebenden Eizellen mit der 1. Meiose begonnen und werden ab diesem Stadium *primäre Ovozyten* oder *Oozyten* genannt. Gleichzeitig umgeben sie sich mit einer Schicht aus Epithelzellen, die dann als *Follikelzellen* bezeichnet werden. Das Gesamtgebilde wird *Primordialfollikel* genannt. Die Follikelzellen bilden eine Meiose-hemmende Substanz (*MIS*), wodurch die primären Ovozyten im sog. *Diktyotänstadium* „festgesetzt" werden und die meiotischen Teilungen nicht fortsetzen können [43].

Die im 7. Embryonalmonat beginnende Degenerationsphase der Eizellen läuft jedoch weiter: Bei der Geburt sind nur noch ca. 1 Million primäre Ovozyten vorhanden. Bis zur Pubertät erfolgt nochmals eine starke Reduktion auf ca. 50000, von denen sich nur ca. 500 im Laufe der nächsten 30 bis 40 Jahre während der monatlichen Zyklen so weit entwickeln, daß sie befruchtungsfähig werden. Nur bei diesen Eizellen wird die Teilungsblockade wiederaufgehoben, so daß sie die 1. meiotische Teilung abschließen und als *sekundäre Ovozyten* in die zweite Meiose eintreten können. Sie beenden diese 2. Teilung allerdings nur, wenn sie befruchtet werden, ansonsten gehen sie innerhalb von 24 Stunden zugrunde.

Aufgrund der schon in der Embryonalzeit einsetzenden Teilungsblockade kann es bis zu 40 Jahre dauern, bis die letzten primären Oozyten aus dem Ruhestadium des Diktyotäns entlassen werden und die meiotischen Teilungen fortsetzen. Diese lange Ruhephase wird hauptsächlich dafür verantwortlich gemacht, daß in den Eizellen älterer Frauen vermehrt meiotische Teilungsfehler auftreten, wodurch ein erhöhtes Risiko für Kinder mit Chromosomenanomalien entsteht. So nimmt beispielsweise das Risiko für die Geburt eines Kindes mit Trisomie 21 (Down-Syndrom) von 1:2000 bei einer 25jährigen auf 1:50 bei einer 45jährigen Frau zu [39].

Die Reifeteilungen verlaufen bei den Eizellen wesentlich anders als bei den Samenzellen: Während in der Spermatogenese aus einer primären Spermatozyte durch die zwei meiotischen Teilungen vier Spermien hervorgehen, entsteht in der Ovogenese aus einer primären Ovozyte nur eine reife Eizelle (*Ovum*) (Abb. 35). Dieses unterschiedliche Ergebnis entsteht dadurch, daß bei den Reifungsteilungen der primären bzw. sekundären Ovozyten das Zellplasma jeweils nur einer Tochterzelle zugeteilt wird. Die andere geht leer aus und ihr Kern wird als sog. *Polkörperchen* ausgestoßen (Abb. 36).

Im Gegensatz zu der Vielzahl mißgebildeter Spermien kommen atypische Ovozyten relativ selten vor. Manchmal treten primäre Ovozyten mit zwei oder drei Kernen auf. Sie erlangen normalerweise nicht das befruchtungsfähige Stadium. Etwas häufiger werden Follikel beobachtet, in denen zwei oder drei Ovozyten enthalten sind. Daraus können Zwillinge oder Drillinge

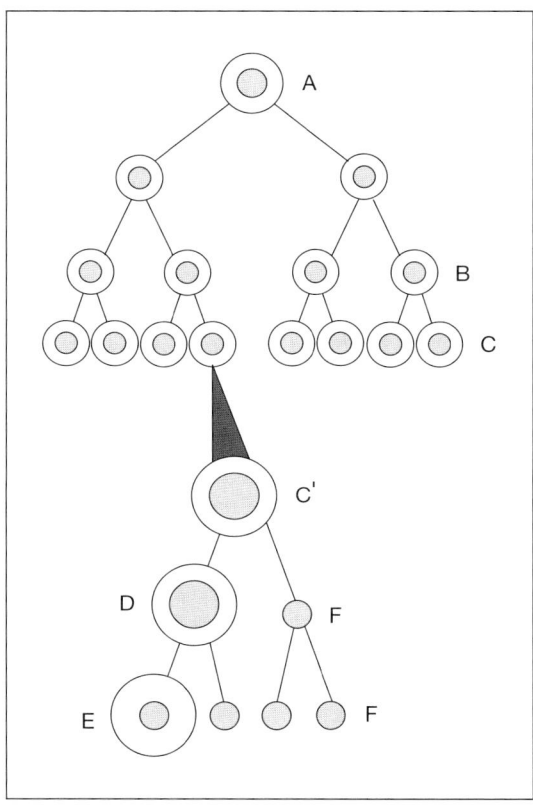

Abb. 35: Schematische Darstellung der Oogenese
A Urkeimzelle (Ovogonie)
B letzte Ovogoniengeneration
C primäre Ovozyten
C' primäre Ovozyte (vergrößert dargestellt)
D sekundäre Ovozyte und ein Polkörperchen (F)
E reifes Ei und drei Polkörperchen (F)
(nach Czihak et al. 1997) [1]

Abb. 36: Die Reife-
teilungen der Eizelle
A Primäre Ovozyte
während der
1. meiotischen
Teilung
B Sekundäre Ovozyte
mit Polkörperchen
aus der 1. meio-
tischen Teilung
C Sekundäre Ovozyte
während der
2. meiotischen
Teilung.
1. Polkörperchen ist
ebenfalls in Teilung
(nach Langman 1989)
[13]

Abb. 37: Die Follikel-
reifung
A Primordialfollikel
B Primärfollikel
C Sekundärfollikel
D Tertiärfollikel
E Reifer (Graafscher)
Follikel
(nach Langman 1989)
[13]

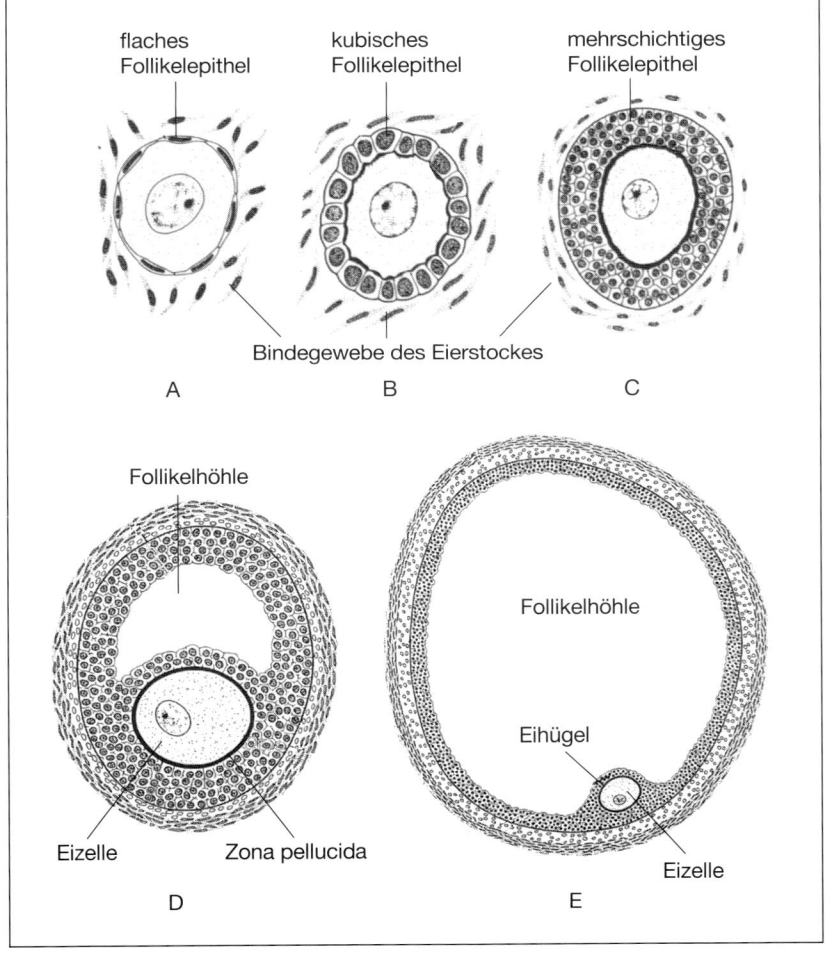

primäre Ovozyte   Follikelzellen   sekundäre Ovozyte

Zona pellucida   Polkörperchen

A   B   C

flaches Follikelepithel   kubisches Follikelepithel   mehrschichtiges Follikelepithel

Bindegewebe des Eierstockes

A   B   C

Follikelhöhle

Follikelhöhle

Eihügel

Eizelle   Zona pellucida

Eizelle

D   E

entstehen, aber meist sterben solche Follikel schon vor der Befruchtung ab [13].

Parallel zur Entwicklung der Eizelle verläuft während des Zyklus die Reifung der Follikel (Abb. 37):

Mehrere *Primordialfollikel* vergrößern sich, indem die Eizelle wächst und die sie umgebenden Follikelzellen kubisch werden. In diesem Stadium spricht man von *Primärfollikeln*. Sobald die Follikelzellen mehrschichtig werden, spricht man von *Sekundärfollikeln*. Wenn zwischen den Follikelzellen Spalten entstehen, die sich langsam zu einer Follikelhöhle vereinigen, ist das Stadium der *Tertiärfollikel* erreicht.

Nur ein Tertiärfollikel wächst normalerweise zum *Graafschen Follikel* heran. Er erreicht den beachtlichen Durchmesser von ca. 1 cm und wölbt sich über die Oberfläche des Eierstocks vor. Aus ihm wird schließlich beim Eisprung die Eizelle entlassen.

Wie verläuft die Entwicklung der Keimdrüsen (Gonaden)?

Die Entwicklung der Gonaden steht in engem Zusammenhang zur genetischen Geschlechtsfestlegung. Sie wurde bereits ausführlich im Kapitel 3 besprochen. Hier soll deshalb nur noch einmal kurz erwähnt werden, daß beim Menschen wie bei allen Säugetieren die genetische Geschlechtsdeterminierung bereits bei der Befruchtung durch die männlichen Keimzellen erfolgt. Ein Spermium mit einem Y-Chromosom führt bei der Verschmelzung mit einer Eizelle zur XY-Konstellation und legt damit die Grundlage für eine männliche Entwicklung. Trägt das befruchtende Spermium dagegen ein X-Chromosom, ergibt sich die XX-Konstellation, die eine weibliche Entwicklung festlegt. Man spricht daher bei diesem Vorgang auch von der Festlegung des Chromosomen- bzw. Kerngeschlechts.

Wie schon auf Seite 47 dargelegt, weiß man heute, daß vor allem der *Testis-determinierende Faktor (TDF)*, der vom SRY-Gen auf dem Y-Chromosom abhängig ist, die Differenzierung der Gonadenanlagen steuert. Wenn dieser Faktor nicht vorhanden ist, entsteht eine weibliche Gonade. In Tierversuchen konnte gezeigt werden, daß die Produktion von TDF in relativ wenigen Zellen genügt, um eine Gonade in die männliche Richtung zu steuern. Das Gonadengeschlecht kann daher als primär weiblich bezeichnet werden, während das männliche Gonadengeschlecht erst sekundär durch eine vom TDF induzierte Umprogrammierung der Zellen entsteht [47].

In den ersten 6 Wochen der Embryonalentwicklung sind die männlichen bzw. weiblichen Gonaden allerdings noch nicht voneinander zu unterscheiden. Man spricht daher in dieser Zeit noch von *indifferenten Gonadenanlagen*. Sie entwickeln sich ab der 4. Entwicklungswoche aus zwei beidseits der Körperachse liegenden Genitalleisten. In diesem Bereich wuchern Zellen des Oberflächenepithels in das darunterliegende Bindegewebe ein. Wegen des strangartigen Aussehens dieser epithelialen Zellwucherungen spricht man von *primären Keimsträngen* (siehe Abb. 38). Die epithelialen Zellen pro-

Abb. 38: Querschnitt
durch die Genitalleiste
eines menschlichen
Embryos
A Zustand im Alter
    von 4 Wochen
B Zustand im Alter
    von 6 Wochen
(nach Langman 1989)
[13]

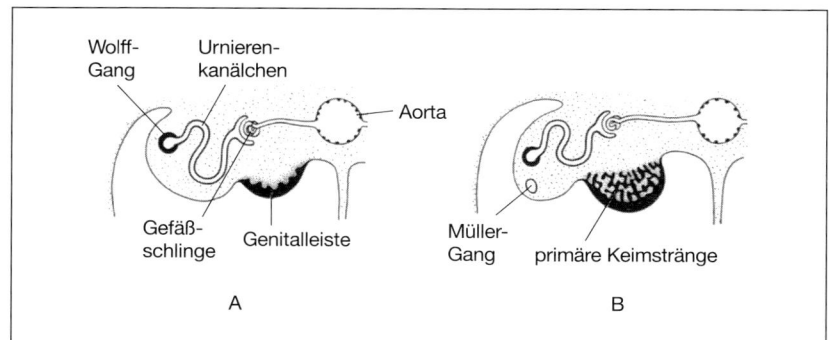

duzieren einen chemotaktischen Faktor, der die *Urkeimzellen* anlockt und
sie gleichzeitig zur Teilung anregt. Die Urkeimzellen entstehen nämlich,
wie bereits oben auf S. 61 erwähnt, nicht direkt in der Gonadenanlage, sondern außerhalb des Embryos in der Dottersackwand. Sie wandern erst ab
der 4. Woche langsam mit sog. „amöboiden" Bewegungen entlang des Ur-
darmes in die primären Keimstränge der Gonadenanlagen ein (siehe auch
Abb. 26). Die Bewegungen der Urkeimzellen werden als amöboid bezeichnet, weil bei ihnen ähnlich wie bei den einzelligen Amöben das Zellplasma
sich fließend vorwärts bewegt und den Zellkern nachzieht. Warum die Urkeimzellen außerhalb des eigentlichen Embryos gebildet werden und erst
eine komplizierte Wanderung zu den Gonadenanlagen durchmachen müssen, ist noch unbekannt. Möglicherweise wird damit verhindert, daß die
Keimzellen durch die vielen Umbauvorgänge während der frühen Embryonalentwicklung negativ beeinflußt werden [43].

Hodenentwicklung

Bei einem genetisch männlich determinierten Embryo wachsen in der 6. bis
8. Entwicklungswoche die primären Keimstränge tief in die beiden Gonadenanlagen ein und bilden die *Hodenstränge.* Die darin enthaltenen Urkeimzellen werden zu *Spermatogonien.* Nach einer kurzen Vermehrungsphase hören sie auf sich zu teilen und bleiben bis zur Pubertät in einem
Ruhestadium liegen. Die weitere Entwicklung der männlichen Keimzellen
wurde bereits auf S. 64 beschrieben.
    Aus den Epithelzellen der Hodenstränge werden die sog. *Sertolizellen,* die
später als Stütz- und Versorgungszellen der Keimzellen dienen. Außerdem
bilden sie in der Embryonalzeit ein Hormon, das die Entwicklung der Genitalwege beeinflußt (siehe S. 78). Die Zellen wurden nach dem italienischen
Physiologen Enrico Sertoli benannt, der sie Ende des 19. Jahrhunderts entdeckt hat.
    Die Hodenstränge, aus denen in der Pubertät die *Hodenkanälchen* wer-
den, bilden hufeisenförmige Schlingen, die mit beiden Enden in einem netz-
artigen Gebilde, dem *Rete testis,* münden. Dieses Netz steht in Verbindung

zu einigen Ausführungsgängen, die von der Urniere abstammen und als *Ductuli efferentes* bezeichnet werden. Sie münden in den Urnierengang, der sich im weiteren Verlauf der Embryonalentwicklung zum männlichen Genitalkanal umbildet. Er wurde von dem deutschen Anatom Kaspar Wolff (1733–1794) entdeckt und wird ihm zu Ehren *Wolffscher Gang* genannt. Am Ende der 7. Entwicklungswoche verlieren die Hodenstränge die Verbindung zum Oberflächenepithel und der Hoden wird von einer Bindegewebsschicht überzogen, die später zur *Hodenkapsel* wird (s. auch Abb. 30).

Etwa gleichzeitig entsteht ein weiterer wichtiger Zelltyp im Bindegewebe der Gonade, das die Hodenstränge umgibt. Diese Zellen werden *Leydigsche Zwischenzellen* genannt, weil sie von dem deutschen Anatomie-Professor Friedrich von Leydig im 19. Jahrhundert erstmals beschrieben wurden. Die Zusatzbezeichnung „Zwischen-" beruht auf ihrer typischen Lage zwischen den Hodensträngen bzw. den späteren Hodenkanälchen (s. Abb. 39). Diese Zellen produzieren schon während der Embryonalzeit das männliche Geschlechtshormon *Testosteron*, das für die Entwicklung des männlichen Genitaltraktes von ausschlaggebender Bedeutung ist und auch die Gehirndifferenzierung beeinflußt [25].

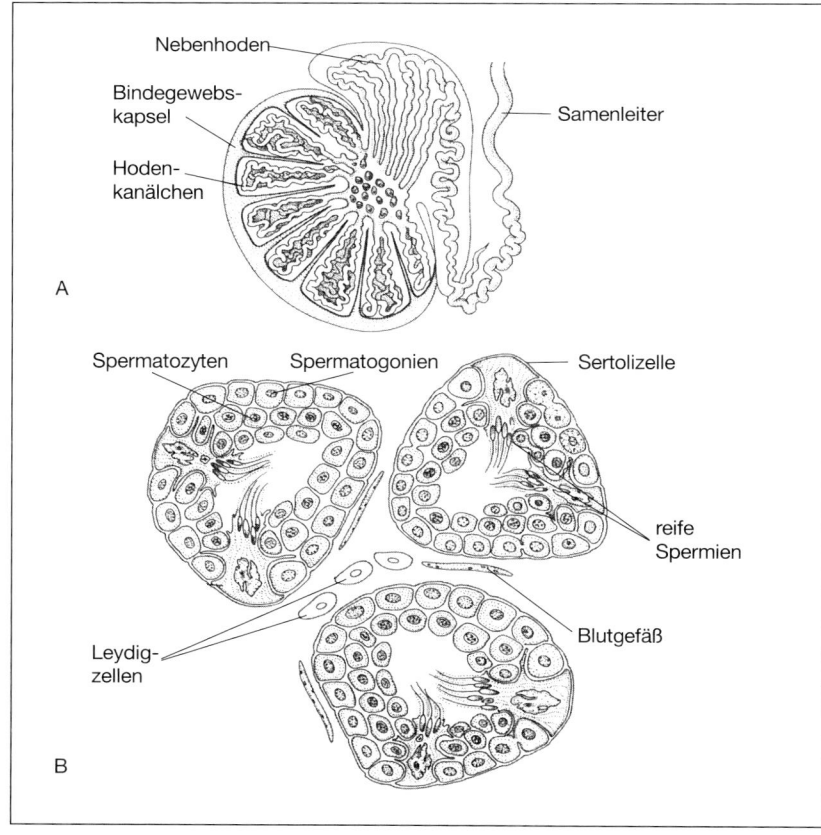

Abb. 39: Aufbau eines vollentwickelten Hodens
A Längsschnitt durch Hoden und Nebenhoden
B stark vergrößerter Querschnitt durch drei Samenkanälchen
(nach Nelson 1994) [25]

Hodenwanderung (Descensus testis)

Die Hoden entwickeln sich zunächst wie bereits besprochen im Bauchraum aus der Genitalleiste. Um voll funktionsfähig zu werden, müssen die Hoden jedoch aus der Bauchhöhle in den Hodensack (*Skrotum*) verlagert werden. Diese Verlagerung ist notwendig, da die Temperatur im Bauchraum für die normale Keimzellentwicklung zu hoch ist (siehe auch S. 67). Der Abstieg der Hoden ins Skrotum beginnt etwa im 2. Entwicklungsmonat und ist normalerweise bis zur Geburt abgeschlossen. Die Hoden wandern allerdings nicht aktiv in Richtung Skrotum, sondern sie werden weitgehend passiv verlagert, indem sie durch jeweils einen Bindegewebsstrang, die sog. *Keimdrüsenbänder (Gubernacula testes)*, in ihrer Position festgehalten werden, während der Embryo rasch in Kopfrichtung wächst. Dadurch bilden sich zwei Ausstülpungen des Bauchfells, die mit den Hoden in entgegengesetzter Richtung wachsen. In der letzten Phase des Hodenabstiegs verkürzen sich die Keimdrüsenbänder, so daß die Hoden ins Skrotum gelangen und dort verankert werden (Abb. 40). Vor allem dieser letzte Teil der Hodenverlagerung wird durch Hormone gesteuert [13].

Abb. 40: Schematische Darstellung der Hodenwanderung (Descensus testis)
A   2. Entwicklungsmonat
B   3. Entwicklungsmonat
C   7. Entwicklungsmonat
D   Kurz nach der Geburt
(nach Langman 1989) [13]

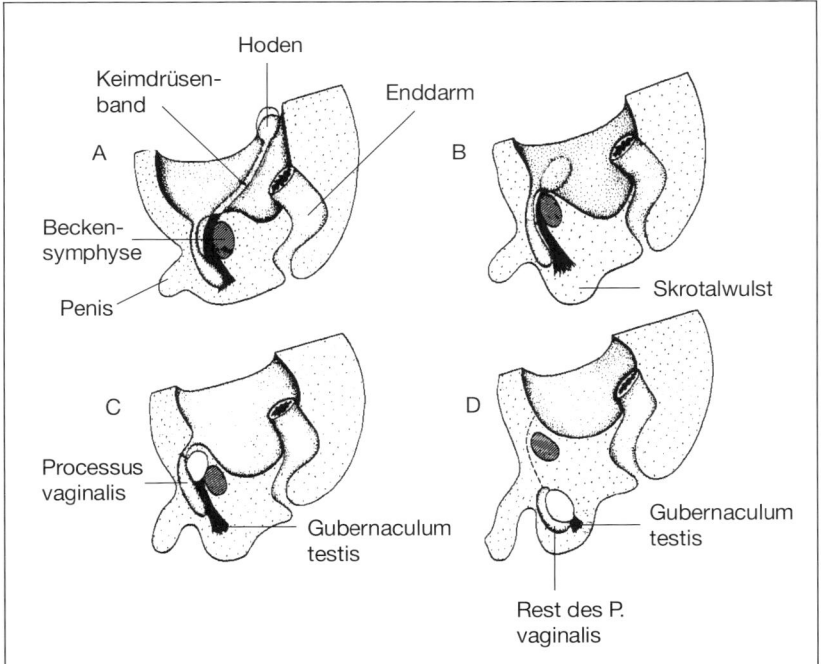

Beim Abstieg in das Skrotum durchwandern die Hoden den linken bzw. rechten Leistenkanal. Darunter versteht man jeweils eine Verbindung, die in der Leistengegend zwischen Bauchhöhle und Skrotum besteht. Sie wird normalerweise nach der Einwanderung der Hoden ins Skrotum verschlos-

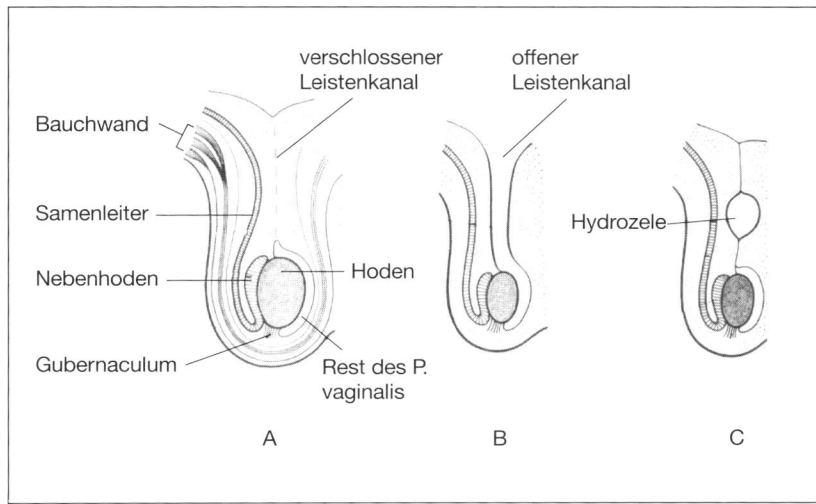

Bauchwand

Samenleiter

Nebenhoden

Gubernaculum

verschlossener
Leistenkanal

offener
Leistenkanal

Hoden

Hydrozele

Rest des P.
vaginalis

A   B   C

Abb. 41: Darstellung
der Lage des Hodens
im Hodensack
(Skrotum)
A Normalzustand
B Zustand bei Leisten-
   bruch (offener
   Leistenkanal)
C Zustand bei
   unvollständigem
   Verschluß des
   Leistenkanals mit
   Bildung einer
   Hydrozele
(nach Langman 1989)
[13]

sen. Bei manchen Knaben bleibt die Verbindung aber mehr oder minder weit offen, wodurch ein sog. *Leistenbruch* entsteht (Abb. 41).

Entwicklung der Eierstöcke

In den weiblichen Gonadenanlagen entstehen zunächst vom Oberflächenepithel ausgehende *primäre Keimstränge*. Sie werden aber durch eine zweite Generation von Keimsträngen, den *Rindensträngen*, verdrängt. Diese Bezeichnung macht deutlich, daß ihre Entwicklung auf den Rindenbereich der Gonaden beschränkt bleibt. Die etwa gleichzeitig einwandernden Urkeimzellen werden zu *Oogonien*. Sie vermehren sich stark und bilden zusammen mit den Zellen der Rindenstränge *Eiballen*. Im weiteren Verlauf der Entwicklung entstehen die sog. *Primordialfollikel*. Sie bestehen jeweils aus einer Oogonie und einer Lage von Epithelzellen, die jetzt *Follikelzellen* genannt werden (siehe Abb. 34). Die weitere Entwicklung der Keimzellen ist auf Seite 67 beschrieben.

Im Gegensatz zu der starken Hormonaktivität der Leydig- und Sertolizellen im Hoden produzieren die Zellen des Eierstocks während der Embryonalentwicklung fast keine Hormone. Die Eierstöcke verändern auch ihre Lage nicht so stark wie die Hoden, sondern bleiben zeitlebens in der Bauchhöhle liegen [44].

Wie entwickelt sich der Genitaltrakt?

Der Genitaltrakt besteht aus einem inneren Anteil, den *Genitalwegen*, und einem äußeren Anteil, den *Genitalien*. Die Entwicklung des Genitaltrakts ist eng mit der Differenzierung der Nieren und des abführenden Harnapparates gekoppelt. Man spricht deshalb auch von der Entwicklung des *Urogenitalsystems* (urina = der Harn).

Bei den Embryos der Säugetiere entstehen hintereinander drei verschiedene Nierensysteme: Vorniere (*Pronephros*), Urniere (*Mesonephros*) und Nachniere (*Metanephros*) (Abb. 42). Für die spätere Harnbildung ist die Entwicklung der Nachniere von ausschlaggebender Bedeutung. Die abführenden Harnwege stammen dagegen weitgehend von dem Urnierensystem ab; das Vornierensystem scheint bei Säugern keine Funktion mehr zu haben. Im männlichen Geschlecht wird ein Teil des Urnierengang-Systems auch als Samenweg benutzt, während weibliche Individuen weitgehend getrennte Harn- und Geschlechtswege entwickeln [13].

Abb. 42: Längsschnitt durch einen ca. 4 Wochen alten Embryo mit Darstellung der verschiedenen Nierensysteme (nach Langman 1989) [13]

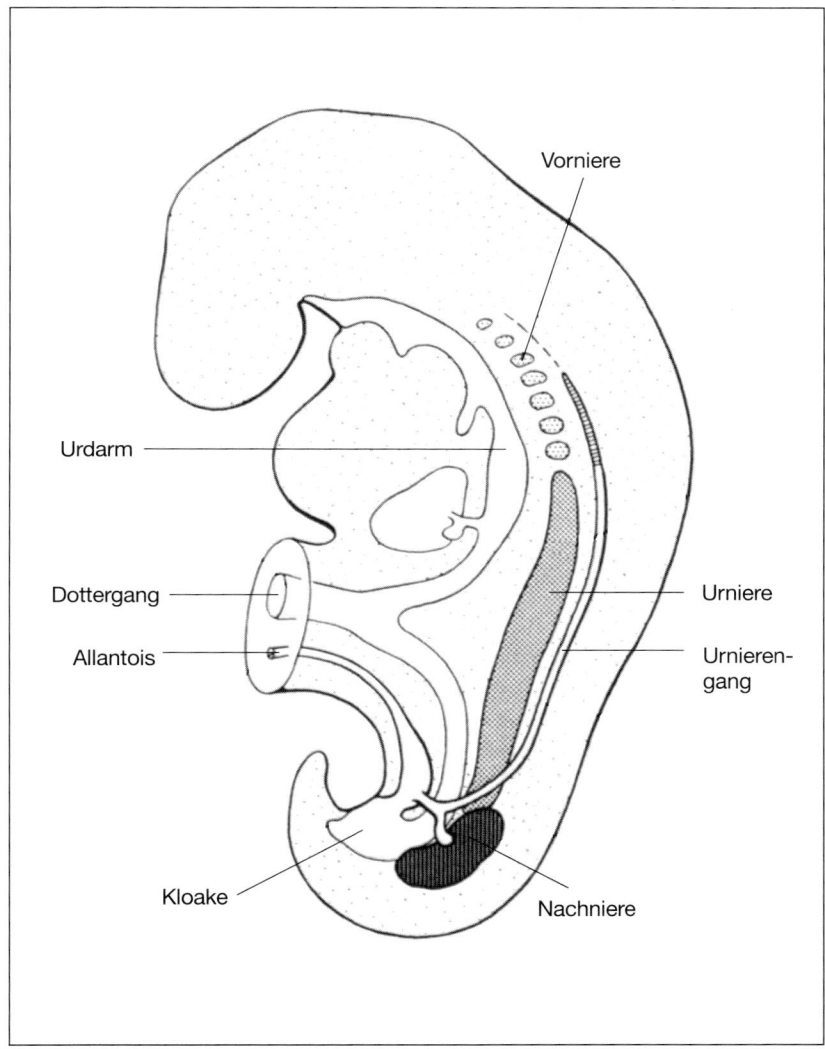

Entwicklung der inneren Genitalwege

Ähnlich wie bei den Gonaden gibt es auch beim inneren Genitaltrakt ein indifferentes Stadium. Etwa bis zur 6. Entwicklungswoche ist noch nicht entschieden, ob eine männliche oder weibliche Entwicklung einsetzt. Anders als bei den Gonaden sind aber im Embryo zwei Anlagen für die Genitalwege vorhanden. Um die geschlechtliche Differenzierung der Genitalwege einzuleiten, genügt deshalb nicht ein Signal wie bei den Gonaden, sondern es sind zwei Impulse nötig: ein Gangsystem muß einen Entwicklungsreiz erhalten und das andersgeschlechtliche System muß in seiner Entwicklung gehemmt werden.

Das Gangsystem, das sich in männlicher Richtung entwickelt, besteht aus den *Wolffschen Gängen*. Es entwickelt sich aus zwei längs verlaufenden Kanälen, die von den Urnieren abstammen. Parallel dazu verlaufen die *Müllerschen Gänge*, die den weiblichen Genitaltrakt repräsentieren.

Die entscheidenden Differenzierungsimpulse kommen vom männlichen Geschlecht: In den embryonalen Hoden bilden die Sertolizellen ein Hormon, das ins umgebende Gewebe diffundiert und eine Degeneration der Müllerschen Gänge veranlaßt. Wegen dieser Wirkung hat das Hormon den Na-

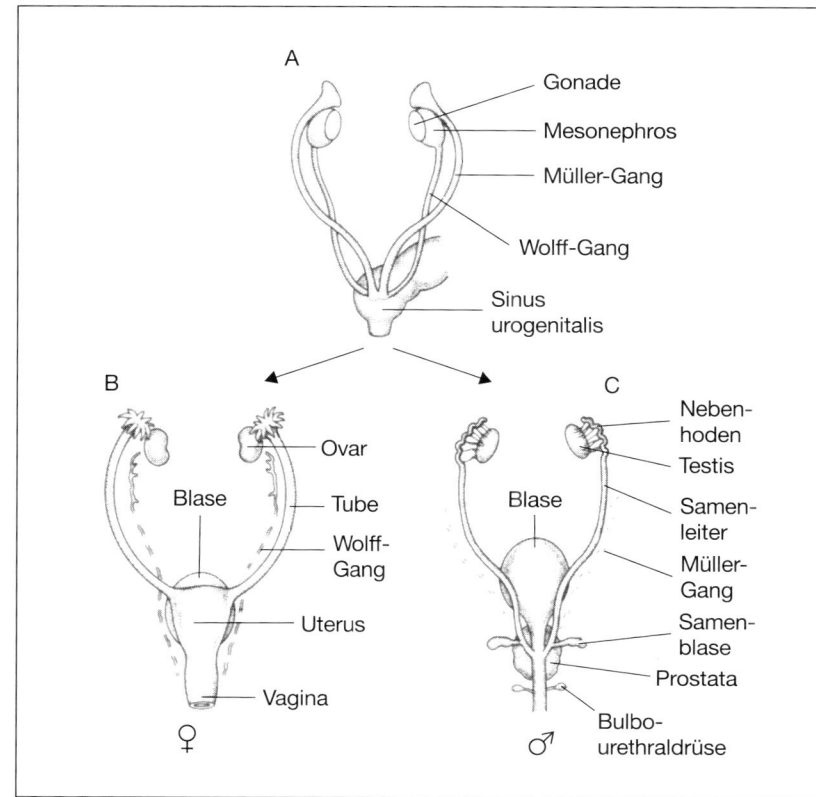

Abb. 43: Die Entwicklung der weiblichen und männlichen Genitalwege
A Indifferentes Stadium
B weiblich differenzierte Genitalwege
C männlich differenzierte Genitalwege
(nach Nelson 1994) [25]

men *Anti-Müller-Hormon (AMH)* bekommen. In älterer Literatur wird der Müllersche Gang als Ovidukt bezeichnet und das hemmende Hormon dementsprechend als Oviduktrepressor. Im englischen Sprachraum ist auch die Bezeichnung *MIH (Mullerian duct inhibiting hormone)* üblich [44].

Etwa gleichzeitig beginnen die Leydigschen Zwischenzellen mit der Produktion des männlichen Geschlechtshormons *Testosteron.* Dieses Hormon bewirkt, daß die Wolffschen Gänge sich weiterentwickeln und die Nebenhoden samt Samenleiter bilden (siehe auch Abb. 43).

Die weibliche Entwicklung ist weitgehend hormonunabhängig: Wenn AMH und Testosteron nicht gebildet werden, entwickeln sich die Müllerschen Gänge zu Eileitern, Gebärmutter und Scheide, während die Wolffschen Gänge zurückgebildet werden. Also gilt auch in dieser Phase der Geschlechtsentwicklung das gleiche Entwicklungsprinzip, das auch beim Gonadengeschlecht wirksam ist: Die weibliche Entwicklung ist vorprogrammiert und läuft sozusagen automatisch ab, wenn nicht sekundär die männliche Differenzierung eingeleitet wird.

Entwicklung der äußeren Genitalien

Auch die äußeren Genitalien sind bis etwa zur 6. bis 7. Entwicklungswoche noch indifferent, so daß man noch nicht feststellen kann, ob sie sich in männlicher oder weiblicher Richtung entwickeln werden. Man kann in diesem Stadium einen *Genitalhöcker* sowie zwei *Urethralfalten* und *Genitalwülste* unterscheiden (Abb. 44).

Diese Anlagen entwickeln sich in weiblicher Richtung, wenn kein Testosteron gebildet wird. Größere Umbauten sind in diesem Fall nicht notwendig, weil die indifferente Anlage dem weiblichen Genitale schon recht ähnlich ist. Aus dem Genitalhöcker wird der Kitzler (*Klitoris*), während die Urethralfalten und die Genitalwülste die kleinen und großen *Schamlippen* bilden. Die *Urethralspalte* bleibt offen (siehe Abb. 45).

Abb. 44: Indifferentes Stadium der äußeren Genitalien
A   4. Entwicklungswoche (Kloakenstadium = Ausgang von Darm und Urogenitaltrakt noch nicht getrennt)
B   7. Entwicklungswoche (Trennung ist erfolgt)
(nach Langman 1989)
[13]

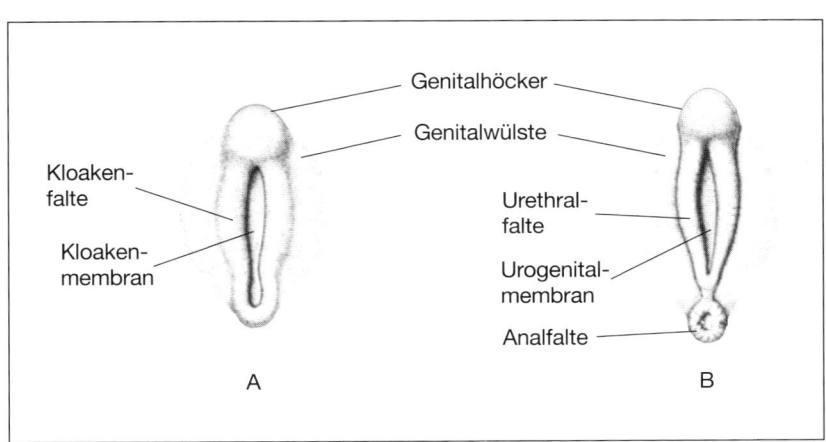

Genitalhöcker
Genitalwülste
Kloakenfalte
Kloakenmembran
Urethralfalte
Urogenitalmembran
Analfalte
A
B

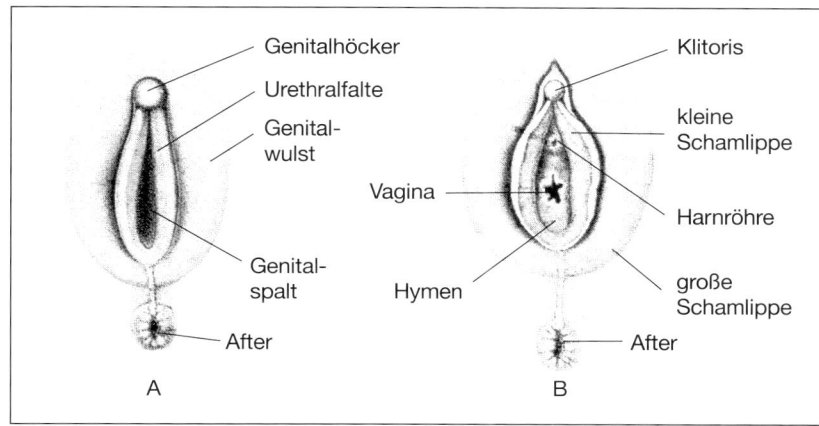

Abb. 45: Die weibliche
Entwicklung der äuße-
ren Genitalien
A   5. Entwicklungs-
      monat
B   bei der Geburt
(nach Langman 1989)
[13]

Unter dem Einfluß von Testosteron wird die Genitalanlage in männlicher Richtung umgebaut. Vor allem der Genitalhöcker bekommt einen starken Wachstumsimpuls und wird zum *Penis*. Die Urethralfalten verschmelzen miteinander, so daß die Urethralspalte geschlossen wird. Sie wird als Harnröhre in den Penis miteinbezogen. Auch die Genitalwülste vereinigen sich und bilden den Hodensack (*Skrotum*) (Abb. 46). Nicht allzu selten kommt es zu Störungen beim Verschluß der Urethralspalte. Es entstehen dann abnorme Öffnungen der Harnröhre an der Unterseite des Penis im Bereich der Verschmelzungszone. Kleinere Defekte nennt man *Hypospadie*, größere werden als *Pseudovagina* bezeichnet [13].

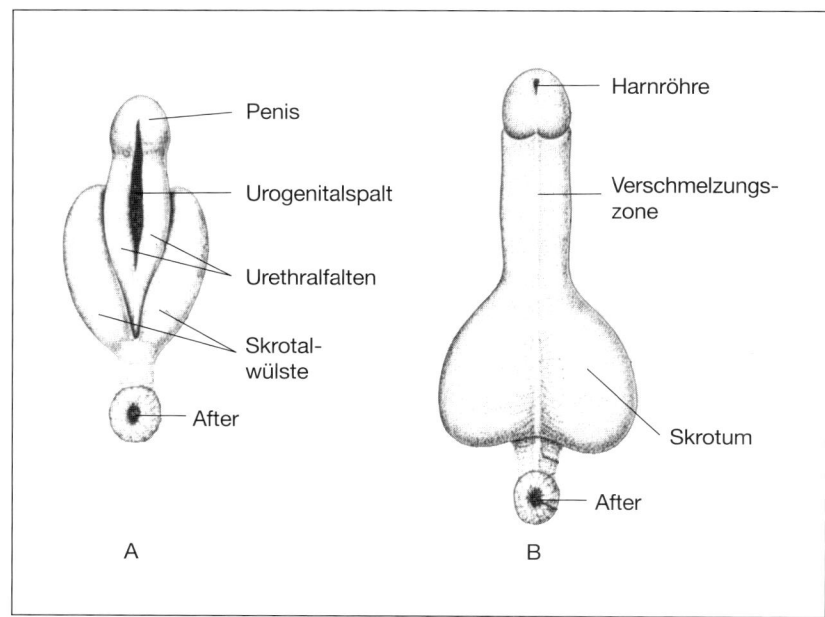

Abb. 46: Die männ-
liche Entwicklung der
äußeren Genitalien
A   10. Entwicklungs-
      woche
B   bei der Geburt
(nach Langman 1989)
[13]

Im Gegensatz zur Entwicklung der inneren Genitalorgane, die direkt vom Testosteron gesteuert wird, spielt bei der Differenzierung des äußeren Genitales ein chemisch leicht verändertes Testosteron die Hauptrolle. Es entsteht dadurch, daß die Zellen im Bereich der äußeren Genitalien vermehrt das Enzym 5-α-Reduktase bilden, das Testosteron in *Dihydrotestosteron (DHT)* umwandelt. DHT ist deutlich wirksamer als Testosteron. Deshalb können sich die männlichen Genitalien auch zu Zeiten entwickeln, in denen der Testosterongehalt im Blut niedrig ist. Es gibt noch andere chemische Abwandlungen des Testosterons. Alle werden sie unter der Gruppenbezeichnung *Androgene* zusammengefaßt [25].

Was versteht man unter Geschlechtsmerkmalen?

Als Geschlechtsmerkmale bezeichnet man alle körperlichen Kennzeichen und Merkmale, die bei den beiden Geschlechtern unterschiedlich ausgeprägt sind. Dabei wird zwischen primären und sekundären Geschlechtsmerkmalen unterschieden. Manche Autoren unterteilen auch in primäre, sekundäre und tertiäre Merkmale [48].

Primäre Geschlechtsmerkmale

Die primären Geschlechtsmerkmale umfassen die inneren und äußeren Geschlechtsorgane, die direkt der Fortpflanzung dienen und bereits bei der Geburt vorhanden sind. Beim Mann zählen dazu Hoden, Nebenhoden, Samenwege und Penis. Bei der Frau sind es Eierstöcke, Eileiter, Gebärmutter, Scheide. Diese Organe entwickeln sich, wie bereits besprochen, bei Mann und Frau aus zunächst indifferenten embryonalen Anlagen, die sich unter dem Einfluß der Geschlechtschromosomen bzw. der Sexualhormone in unterschiedliche Richtung differenzieren. Dabei ist die weibliche Entwicklungslinie weitgehend vorprogrammiert, während eine Differenzierung in männlicher Richtung nur dann einsetzt, wenn ein Y-Chromosom vorhanden ist und dementsprechend Androgene gebildet werden (siehe S. 40).

Sekundäre Geschlechtsmerkmale

Als sekundäre Geschlechtsmerkmale bezeichnet man alle Körpermerkmale, die nicht unmittelbar die Geschlechtsorgane betreffen, aber sich in ihrer Ausprägung bei Mann und Frau unterscheiden. Im engeren Sinne werden dazu vor allem solche Merkmale gezählt, die sich während der Pubertät bei den Geschlechtern besonders unterschiedlich ausprägen. Dazu gehört bei der Frau die Entwicklung der Brüste und der weibliche Behaarungstyp sowie eine typische Verteilung des Fettgewebes im Körper. Beim Mann werden insbesondere der Bartwuchs und die stärkere Körperbehaarung sowie die tiefe Stimmlage als sekundäre Geschlechtsmerkmale bezeichnet.

Daneben gibt es aber zahlreiche weitere Merkmale, die sich bei den Geschlechtern unterschiedlich ausprägen. Dabei handelt es sich allerdings in aller Regel nur um Häufigkeits- bzw. Durchschnittsunterschiede mit einem mehr oder minder großen Überlappungsbereich. Deshalb wird in diesem Bereich auch manchmal von tertiären Geschlechtsmerkmalen gesprochen. Die Verschiedenheit der Geschlechter wird in ihrer Gesamtheit als *Sexualdimorphismus* bezeichnet. Das Ausmaß des Sexualdimorphismus für einzelne Merkmale wird in Form der *Geschlechterrelation* ausgedrückt. Bei Merkmalen, die nur nach dem Vorhandensein oder Nichtvorhandensein beurteilt werden (z.B. Bartwuchs), wird die Geschlechterrelation als Häufigkeitsvergleich zwischen weiblichem und männlichem Geschlecht dargestellt. Bei meßbaren Merkmalen gibt die Geschlechterrelation den Durchschnittswert für Frauen als Prozentsatz des männlichen Durchschnittswertes an. Beispiele dafür sind in der Tabelle 2 angegeben [48].

Tab. 2: Geschlechterrelationen absoluter Körpermaße bei Mitteleuropäern (nach Knußmann 1996) [48]	
Merkmal	Geschlechterrelation (%)
Körpergewicht	88,4
Handbreite	88,9
Beinlänge	90,6
Nasenbreite	91,1
Armlänge	91,5
Schulterbreite	91,7
Nasenhöhe	91,9
Handlänge	92,0
ganze Kopfhöhe	92,4
Körperhöhe	93,1
Jochbogenbreite	94,4
größte Kopflänge	95,2
größte Kopfbreite	95,6
Rumpfhöhe	96,5
kleinste Stirnbreite	96,9
Beckenbreite	99,3
Oberschenkelumfang	100,2

Unterschiede im Körperbau:

Die meisten Unterschiede im Körperbau zwischen Mann und Frau lassen sich weitgehend darauf zurückführen, daß die Wachstumsgeschwindigkeit bzw. die Dauer des Wachstums des Körpers oder einzelner Körperteile verschieden ist. Weibliche Individuen eilen in der körperlichen Entwicklung generell den männlichen voraus. Bei der Geburt und auch während der Kindheit sind die Mädchen durchschnittlich zwar etwas kleiner und leichter, im Alter von etwa 11 bis 12 Jahren überholen sie aber die Knaben. Das liegt vor allem an der früher einsetzenden weiblichen Pubertät und dem damit einhergehenden hormonbedingten Wachstumsschub. Danach kommt es allerdings bei Frauen schon mit ca. 16 Jahren weitgehend zum Wachstumsabschluß, während Männer erst etwa 2 Jahre später das Wachstum beenden und deshalb in der Endgröße die Frauen durchschnittlich um 5 bis 10% übertreffen [49].

Neben den Geschlechtsunterschieden in den Absolutmaßen ergeben sich auch einige deutliche *Proportionsunterschiede*: Frauen haben im Vergleich zu Männern einen längeren Rumpf, kürzere Extremitäten mit kleineren Händen und Füßen, einen längeren Hals und einen größeren Kopf (Tab. 3). An manchen Skeletteilen wie z.B. Kopf und Becken sind so deutliche ge-

Tab. 3: Geschlechterrelationen von
Proportionsmaßen bei Mitteleuropäern
(nach Knußmann 1996) [48]

Merkmal	Geschlechterrelation (%)
Handumfang/Körperhöhe	95,5
Handindex	96,6
Beinlänge/Körperhöhe	97,3
Gesichtsfläche/Hirnkopffläche	97,7
Unterarmlänge/Oberarmlänge	97,9
Armlänge/Körperhöhe	98,3
Schulterbreite/Körperhöhe	98,5
Brustbreite/Körperhöhe	98,5
Hirnkopfgröße/Körperhöhe	102,0
Halslänge/Körperhöhe	104,1
Beckenbreite/Körperhöhe	106,7
Schulter-Becken-Index	108,5
Halslänge/Halsumfang	109,8
Index der Körperfülle	110,1
Fettschichtdicke am Unterarm/Unterarmumfang	186,0

schlechtsspezifische Proportionsunterschiede vorhanden, daß man daran eine relativ sichere *Geschlechtsdiagnose* durchführen kann (siehe Abb. 47 und 48).

Auch der Anteil der verschiedenen Körpergewebe weist bei den Geschlechtern einen deutlichen Unterschied auf. Frauen haben im Durchschnitt doppelt soviel Fettgewebe wie Männer, dafür aber deutlich weniger Knochen- und Muskelgewebe. Das Fettgewebe wird überwiegend in der Unterhaut eingelagert, wodurch die mehr abgerundeten Körperformen entstehen. Der hohe Fettgehalt des weiblichen Körpers war schon den alten Griechen und Römern bekannt. Das geht aus einer recht makabren Anweisung des Philosophen Plutarch (45–125 n. Chr.) hervor, der unter dem römischen Kaiser Trajan Statthalter von Griechenland war. Er ordnete folgendes an: „Bei der Leichenverbrennung soll zu jeweils 10 Männern eine Frau gegeben werden. Das hilft beim Verbrennen, weil das Fleisch der Frau so fett ist, daß es wie eine Fackel brennt" [50].

Die geschlechtsspezifische Fettgewebsverteilung wird mit fortschreitendem Alter immer deutlicher, da beim Mann der Fettansatz vor allem in der Bauchregion erfolgt, während bei der Frau Hüften, Gesäß, Oberschenkel und Brust bevorzugt Fett einlagern. Durch den unterschiedlichen Fettansatz in Kombination mit der stärkeren Tailleneinziehung der Frau ergibt sich in der Kreuzbein- und Gesäßgegend ein recht auffälliger Sexualdimorphismus: Bei Frauen bildet sich neben zwei seitlichen ein mediales Lendengrübchen, die Begrenzungspunkte für die sog. *Michaelissche Lendenraute* sind. Die Benennung erfolgte nach dem deutschen Gynälologen Gustav Michaelis (1798–1848), der diese Struktur erstmals für die Beurteilung der Beckenform verwendete. Beim Mann fehlt das mediale Grübchen meistens, so daß bei ihm ein *Kreuzdreieck* entsteht (siehe Abb. 49).

Die Körper- und Gesichtsbehaarung ist bei Frauen deutlich schwächer ausgebildet als beim Mann, das weibliche Kopfhaar erreicht allerdings bei ungehindertem Wachstum oft eine größere Länge, und es liegt bei Frauen eine deutlich geringere Tendenz zur Glatzenbildung vor. Die Schambehaarung reicht beim Mann in Form einer Spitze meist bis zum Nabel, während sie bei der Frau eine deutlich tiefer liegende horizontal verlaufende Grenze aufweist.

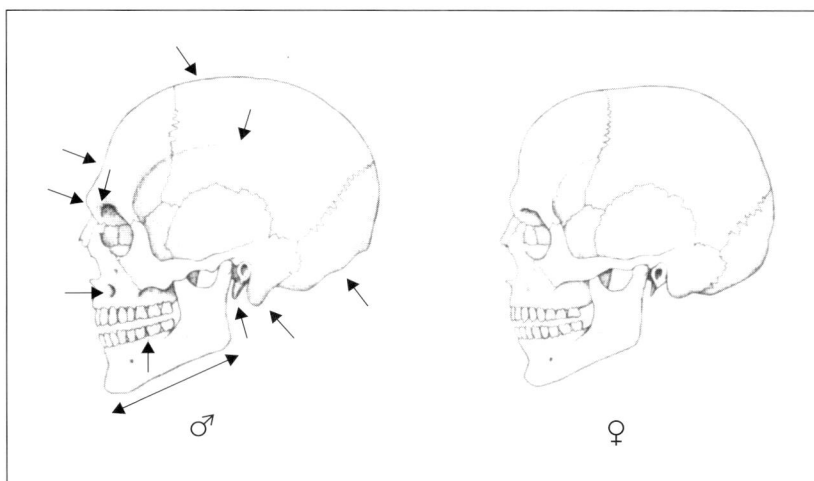

Abb. 47: Geschlechts-
unterschiede an ei-
nem männlichen und
weiblichen Schädel.
Die Pfeile deuten auf
die wichtigsten unter-
schiedlichen Einzel-
merkmale hin
(nach Sommer 1990)
[49]

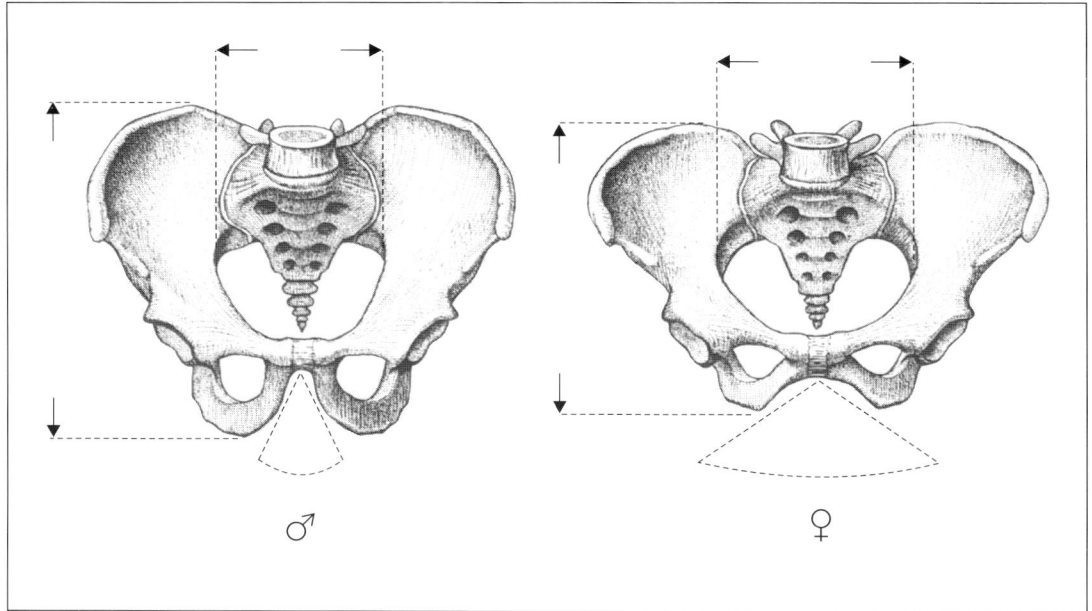

Die geschlechtsspezifische Ausprägung von Körpermerkmalen wird oft modisch zusätzlich betont. Beispielsweise heben Frauen ihren größeren Hinterkopf durch Haartoupieren oder ihren längeren Hals durch Schmuck hervor. Bei manchen Naturvölkern wird der Hals sogar durch Ringe künstlich
gestreckt. Das prominente weibliche Gesäß und die schlanke Taille werden
oft ebenfalls betont. Die stärkere Einwärtskrümmung der Lendenwirbel-
säule (Lendenlordose) kommt durch das Tragen von Stöckelschuhen verstärkt zur Geltung. Die für Frauen typische geringere Körperbehaarung wird
oft durch künstliches Entfernen von Haaren noch verstärkt [51].

Abb. 48: Vergleich ei-
nes männlichen und
weiblichen Beckens.
Die Pfeile und Striche
deuten auf die wich-
tigsten Unterschiede
hin
(nach Sommer 1990)
[49]

Abb. 49: Geschlechts-
unterschied im Hüft-
bereich
A Kreuzdreieck beim
   Mann
B Michaelissche
   Lendenraute bei
   der Frau
(nach Knußmann
1996) [48]

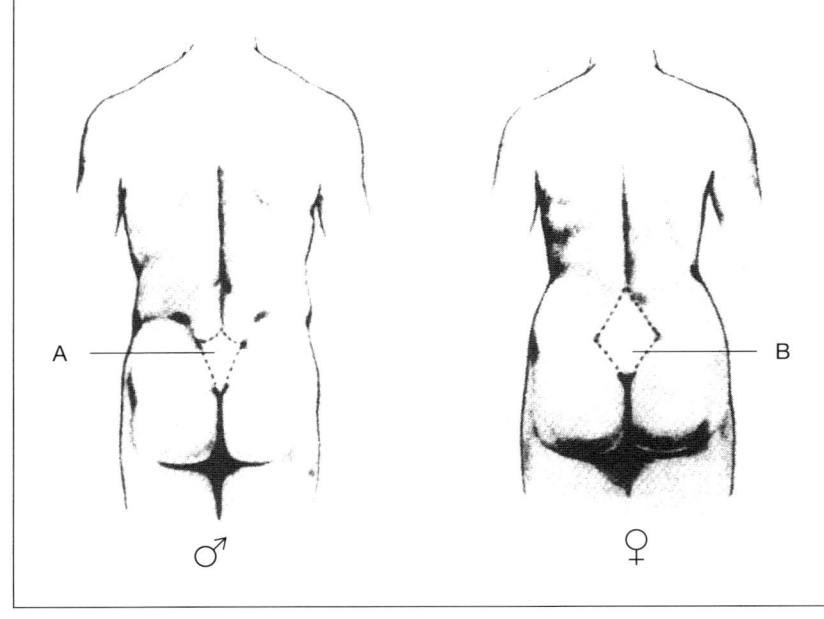

Physiologische Unterschiede:
Einige Geschlechtsdifferenzen in der Körperphysiologie lassen sich durch die bereits erwähnten Unterschiede in den Körpergewebsanteilen erklären. Beispielsweise dürfte der niedrigere Grundumsatz der Frau mit dem größeren Fettgewebsanteil in der Unterhaut zusammenhängen. Dadurch ergibt sich eine bessere Isolierung und dementsprechend ein geringerer Wärmeverlust. Die wesentlich schwächer ausgeprägte Muskulatur führt bei Frauen zu einer geringeren Körperkraft. Sie drückt sich z.B. darin aus, daß eine Frau im Durchschnitt etwa die Hälfte ihres eigenen Gewichts tragen kann, während ein Mann fast das Doppelte seines Eigengewichts schafft (siehe auch Abb. 50).

Aufgrund einer kleineren Blutgesamtmenge und eines niedrigeren Hämoglobingehaltes hat der weibliche Organismus durchschnittlich eine niedrigere Sauerstoffaufnahmefähigkeit. Auch die Lungenleistung ist im Durchschnitt geringer. Das weibliche Geschlecht ist aber dafür in vielen anderen Bereichen dem männlichen deutlich überlegen: Beispielsweise sind Frauen in der Regel wesentlich gelenkiger und geschickter und ihre Sinnesorgane (insbesondere der Hör-, Riech- und Tastsinn) sind besser entwickelt. Sie sind insgesamt auch resistenter gegen Streß und erkranken seltener, was sich auch in einer deutlich längeren Lebenserwartung niederschlägt (siehe auch S. 177ff.).

Ursachen für die Entstehung der sekundären Geschlechtsmerkmale:
Viele sekundäre Geschlechtsmerkmale stehen in einem mehr oder minder direkten Zusammenhang mit der Geschlechtsfunktion oder der Wirkung

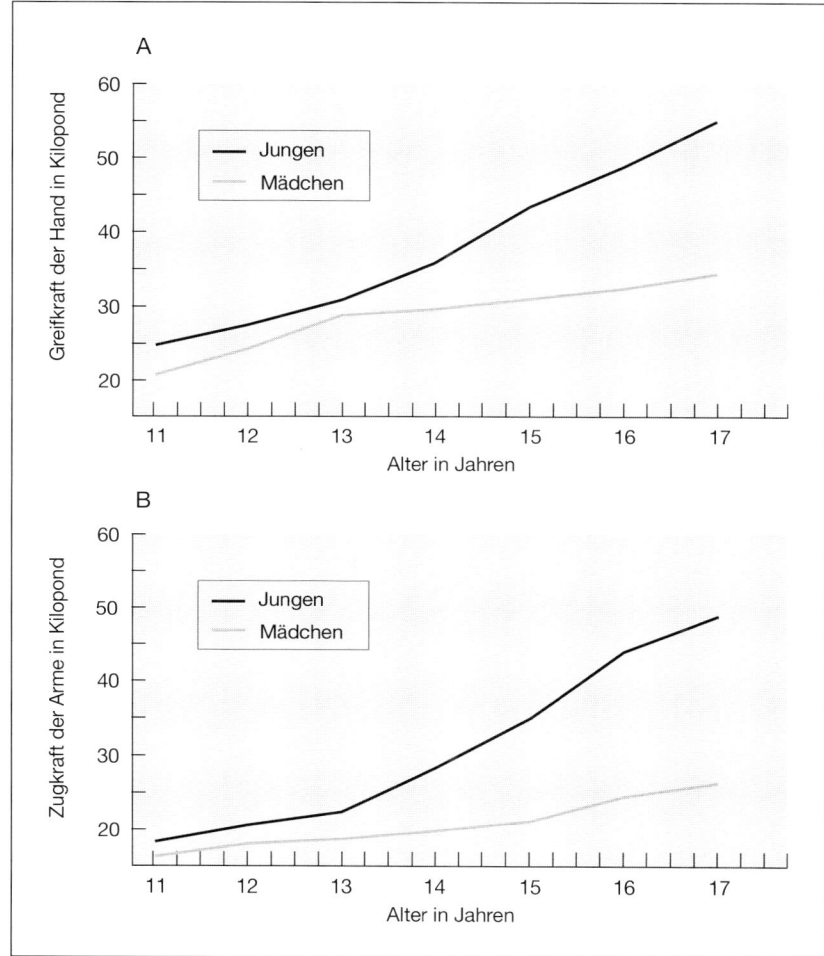

A

Greifkraft der Hand in Kilopond

60

50 ── Jungen
── Mädchen

40

30

20

11   12   13   14   15   16   17
Alter in Jahren

B

Zugkraft der Arme in Kilopond

60

50 ── Jungen
── Mädchen

40

30

20

11   12   13   14   15   16   17
Alter in Jahren

Abb. 50: Geschlechts-
unterschiede in der
Entwicklung der
Muskelkraft
A Greifkraft der
    rechten Hand
B Zugkraft der Arme
(nach Sommer 1990)
[49]

von Geschlechtshormonen. Am deutlichsten ist das zweifellos bei der Ausbildung der weiblichen Brust als Ernährungsorgan für den Nachwuchs.
Auch die breitere Form des Beckens läßt sich durch eine bessere Gebärfä-
higkeit leicht erklären. Der insgesamt größere Anteil an Fettgewebe wird
manchmal auch mit der Fortpflanzungsaufgabe der Frau in Zusammenhang gebracht, indem man darin eine Art Reservebildung für Schwangerschaften sieht. Da Fettpolster aber in der Regel während der Schwangerschaft nicht deutlich abgebaut werden, ist diese Erklärung allerdings nicht
besonders überzeugend. Die Fetteinlagerung, insbesondere in der Unterhaut, könnte auch der Betonung der weiblichen Körperproportionen dienen. Es fällt auf, daß sie in vielen Bereichen den kindlichen Proportionen
ähneln. Ursächlich dürfte dafür sein, daß die Wachstums- und Reifungsprozesse bei der Frau früher zum Abschluß kommen und die Veränderungen
während der Pubertät nicht so deutlich sind wie beim Mann.

Die Bedeutung mehr kindhafter (*pädomorpher*) Körperproportionen und Gesichtszüge bei der Frau wird unterschiedlich beurteilt: Verhaltensorientierte Wissenschaftler sehen im Sinne von Konrad Lorenz den evolutiven Wert vor allem in der Erhaltung des aggressionshemmenden Kindchenschemas, das die Frau vor der größeren männlichen Körperkraft und Aggressivität schützen kann. Soziobiologen interpretieren dagegen die pädomorphen Körperformen der Frau als Folge eines vorverlegten körperlichen Reifungsabschlusses, der eine Verlängerung der Reproduktionsphase bewirkt. Dadurch könnte die bei Frauen im Vergleich zum Mann deutlich niedrigere Fortpflanzungsfähigkeit gesteigert worden sein. Wenn man aber davon ausgeht, daß der Entwicklungsplan bei Säugetieren primär weiblich ist (siehe auch S. 40), so kann man auch annehmen, daß die kindhaften Proportionen der Frau lediglich das ursprüngliche Körperschema widerspiegeln, von dem sich die männliche Entwicklung sekundär entfernt hat. Welche der skizzierten Hypothesen tatsächlich zutrifft, kann heute noch nicht entschieden werden [48].

Wie verläuft die geschlechtliche Gehirndifferenzierung?

Allgemeines zur Gehirnentwicklung

Die Entwicklung von Gehirn und Rückenmark beginnt beim Menschen schon in der dritten Embryonalwoche durch Bildung einer längsverlaufenden Neuralrinne, die sich bald zum *Neuralrohr* schließt. Während das Rückenmark die ursprüngliche Röhrenform weitgehend beibehält, bilden sich im vorderen Neuralrohrbereich zunächst drei Erweiterungen (*primäre Gehirnbläschen*), aus denen das *Vorder-, Mittel-* und *Rautenhirn* entstehen.

In der 5. Entwicklungswoche wachsen seitlich aus dem Vorderhirn die bläschenförmigen *Großhirnanlagen* aus. Das übrige Vorderhirn wird danach *Zwischenhirn* genannt. Auch das Rautenhirn teilt sich auf, so daß *Nachhirn* und *Markhirn* entstehen. Aus dem Nachhirn entwickelt sich später noch das *Kleinhirn*. Die embryonalen Gehirnbläschen bleiben als flüssigkeitsgefüllte *Gehirnventrikel* erhalten (Abb. 51). Aus den Neuroepithelzellen der Ventrikelwände entstehen die Nervenzellen, die an einem Zellpol einen langen Ausläufer (*Neurit*) bilden, während am anderen Zellpol zweigartige Gebilde (*Dendriten*) entstehen. Die Nervenzellen samt Dendriten bilden die *graue Substanz* des Gehirns, während aus den Neuriten, die auch Axone genannt werden, die *weiße Gehirnsubstanz* entsteht. Dicke Axonbündel stellen die Verbindungen zwischen den verschiedenen Gehirnarealen her [44].

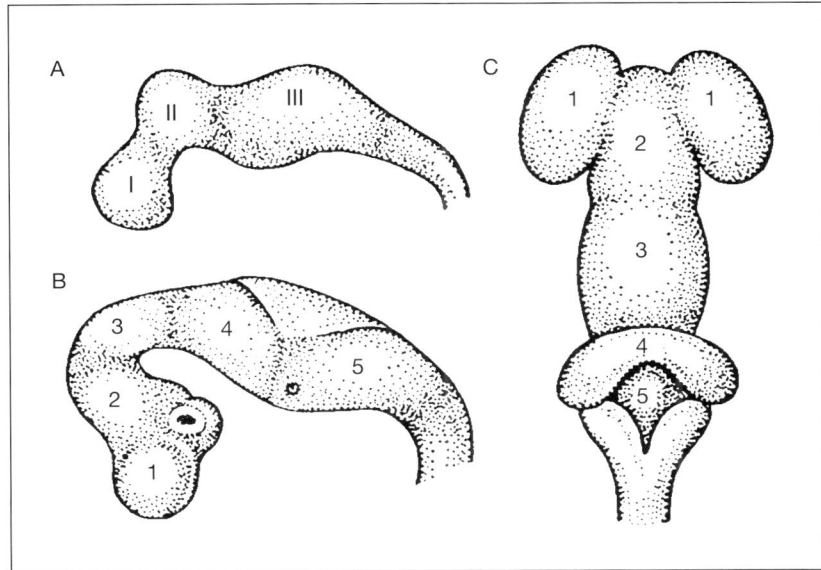

Abb. 51: Entwicklung
des Gehirns
A primäre Gehirn-
   bläschen (seitliche
   Ansicht)
   (ca. 4. Entwick-
   lungswoche)
   I   Vorderhirn
       (Prosen-
       cephalon)
   II Mittelhirn
       (Mesen-
       cephalon)
   III Rautenhirn
       (Rhomben-
       cephalon)
B sekundäre Gehirn-
   bläschen (seitliche
   Ansicht)
   (ca. 5. Entwick-
   lungswoche)
   1 Großhirn
      (Endhirn)
   2 Zwischenhirn
   3 Mittelhirn
   4 Nachhirn
   5 Markhirn
C sekundäre Gehirn-
   bläschen (Ansicht
   von oben)
(nach Zankl 1980) [32]

Funktionen des Zwischenhirns

Für die Geschlechtsentwicklung spielt das *Zwischenhirn (Diencephalon)* eine besonders wichtige Rolle. Deshalb soll es hier etwas ausführlicher beschrieben werden. Das Zwischenhirn liegt wie bereits erwähnt zwischen den beiden Großhirnhemisphären und umgibt den 3. Gehirnventrikel. Durch ihn wird es in zwei symmetrische Hälften geteilt, so daß jede Struktur doppelt vorhanden ist. Der obere Teil des Zwischenhirns heißt *Thalamus*. Er enthält viele Nervenzellnester, sog. *Kerne (Nuklei)*, die eng mit dem Großhirn verbunden sind und wichtige Funktionen bei der Steuerung von Bewußtseinsvorgängen haben. Direkt unterhalb des Thalamus liegt eine weitere Ansammlung von Kernen, der *Hypothalamus*. Er steht in enger Verbindung zum Thalamus und anderen Hirnregionen. Nach unten ist er durch einen stielförmigen Fortsatz (siehe Abb. 52) mit der Hirnanhangsdrüse (*Hypophyse*) verbunden. Der Hypothalamus zeigt in einigen Bereichen eine deutliche geschlechtsspezifische Differenzierung und enthält wichtige Sexualzentren [52].

Man erkennt den etwa pfenniggroßen Hypothalamus am besten, wenn man das Gehirn von unten betrachtet. Am auffälligsten sind im hinteren Bereich zwei kleine Vorwölbungen, die als *Corpus mamillare* bezeichnet werden. Davor liegt auf der Mittellinie eine kleine Erhebung, die *Eminentia medialis*. Dort setzt der Hypophysenstiel an. Vor dem Hypophysenstiel liegt die X-förmige Kreuzung der Sehnerven, die als *Chiasma opticum* bezeichnet wird (Abb. 53).

Die Kerne des Hypothalamus haben zahlreiche wichtige Funktionen. Beispielsweise wird die Körpertemperatur kontrolliert, der Wasserhaushalt ge-

Abb. 52: Entwicklung
des Gehirns mit
Darstellung der ver-
schiedenen Gehirn-
abschnitte
A 3. Embryonal-
    monat
B 4. Embryonal-
    monat
C Erwachsenen-
    stadium
(nach Zankl 1980) [32]

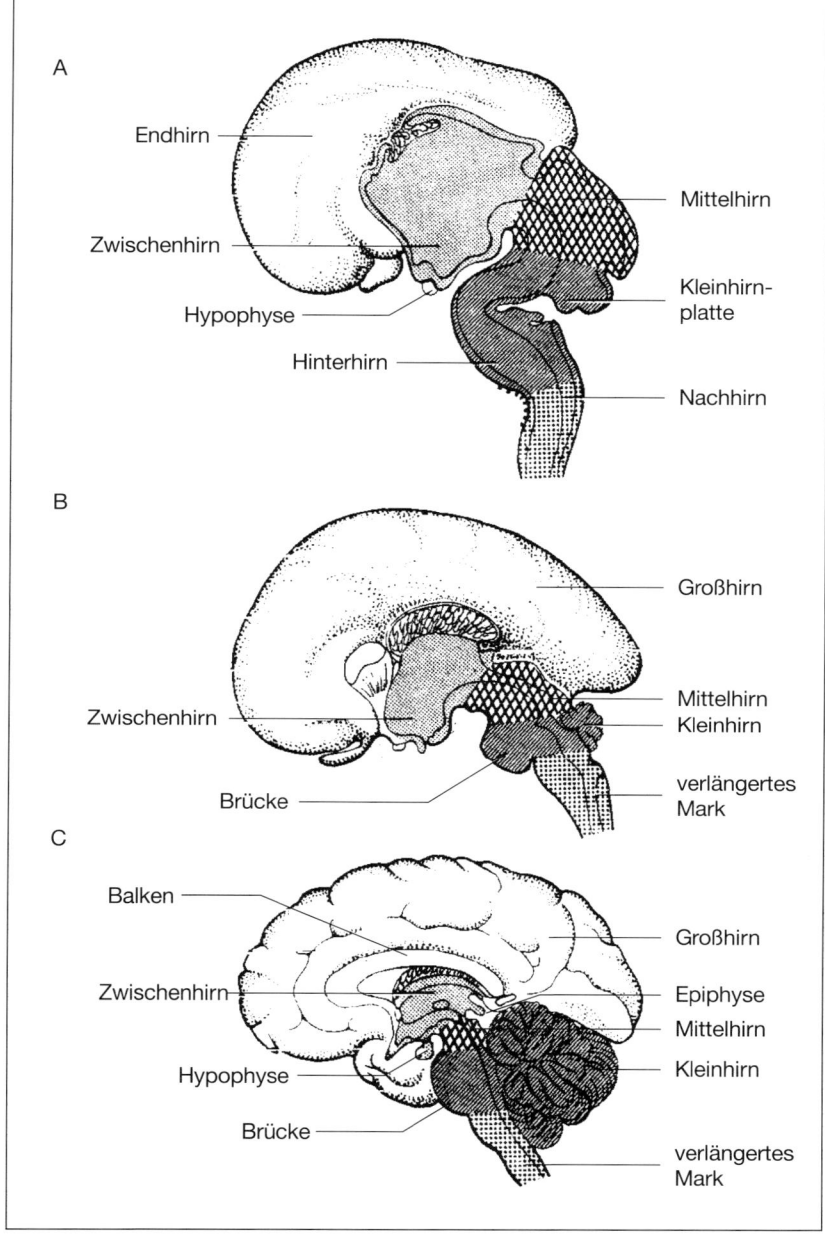

A

Endhirn

Zwischenhirn

Hypophyse

Hinterhirn

Mittelhirn

Kleinhirn-
platte

Nachhirn

B

Zwischenhirn

Brücke

Großhirn

Mittelhirn
Kleinhirn

verlängertes
Mark

C

Balken

Zwischenhirn

Hypophyse

Brücke

Großhirn

Epiphyse
Mittelhirn

Kleinhirn

verlängertes
Mark

regelt, die Nahrungsaufnahme gesteuert. Außerdem hat der Hypothalamus die Kontrolle über das vegetative Nervensystem und beeinflußt ganz
wesentlich unser Gefühlsleben. Die verschiedenen Zentren des Hypothalamus stehen sowohl untereinander als auch mit anderen Gehirnarealen in
enger Verbindung (Abb. 57).

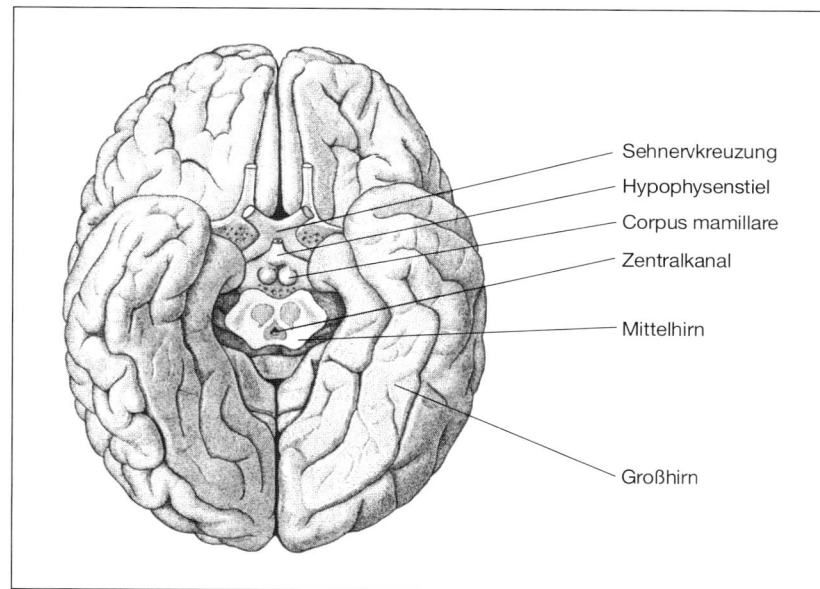

Abb. 53: Gehirn-
ansicht von unten
mit Darstellung der
Hypothalamus-Region
(nach Sommer 1990)
[49]

Sehnervkreuzung

Hypophysenstiel

Corpus mamillare

Zentralkanal

Mittelhirn

Großhirn

In bestimmten Arealen des Hypothalamus sind die Nervenzellen zu sog. neuroendokrinen Zellen umgewandelt, die in der Lage sind, Hormone zu produzieren und weiterzuleiten (siehe auch S. 100).

Geschlechtsspezifisch differenzierte Sexualzentren

Wie schon kurz erwähnt, konnte man im Hypothalamus einige Kernareale identifizieren, die bei männlichen und weiblichen Tieren unterschiedlich ausgebildet sind. Die geschlechtliche Differenzierung dieser Bereiche wird überwiegend hormonell gesteuert, wobei die männlichen Geschlechtshormone (*Androgene*) eine besonders wichtige Rolle spielen. Allerdings werden die Androgene nicht immer direkt wirksam, sondern sie werden zum Teil in Östrogene umgewandelt. Welche Bedeutung den Östrogenen bzw. den Östrogenrezeptoren im einzelnen zukommt, ist noch weitgehend ungeklärt. Aus Untersuchungen an männlichen Ratten glaubt man schließen zu können, daß Östrogene kurz nach der Geburt einen defeminisierenden Effekt haben. Darunter versteht man, daß die primär vorgegebene Differenzierung einiger Zentren in weiblicher Richtung unterdrückt wird. Demgegenüber entfalten Androgene (insbesondere Testosteron und eventuell auch das daraus entstehende Dihydrotestosteron) in anderen Gehirnarealen schon vor der Geburt eine maskulinisierende Wirkung. Es ist allerdings anzunehmen, daß die Hormonwirkungen auf das Gehirn bei den verschiedenen Tierarten recht unterschiedlich sind. Bei den Primaten scheint die Umwandlung des Testosterons in Östrogen keine wesentliche Rolle zu spielen [52].

Eines der wichtigsten bisher bekannten Sexualzentren ist der sog. *sexual-ly dimorphic nucleus (SDN)*, der bei Ratten in Höhe der Sehnervenkreuzung, im sog. *medialen präoptischen Areal*, liegt. Die Zellzahl dieses Kernes ist bei erwachsenen männlichen Tieren wesentlich größer als bei weiblichen. Bei männlichen und weiblichen Feten ist die Zellzahl noch recht ähnlich, doch um den Geburtstermin herum sterben bei weiblichen Tieren viele Nervenzellen dieses Kerns ab. Es konnte nachgewiesen werden, daß dafür die Testosteron-Konzentration im Blut verantwortlich ist: Wenn man weiblichen Ratten in dieser kritischen Zeit Testosteron injiziert, bleibt die Zellzahl des SD-Nukleus so hoch wie bei den Männchen.

Im menschlichen Hypothalamus wurde zunächst der sog. *Nucleus intermedius* des präoptischen Areals als geschlechtsdimorph beschrieben. Das stellte sich aber später als Irrtum heraus und heute weiß man, daß der *INAH3-Nukleus (3. interstitial nucleus of the anterior hypothalamus)* dem SD-Nukleus der Ratte entspricht. Er ist bei Männern ca. dreimal so groß wie bei Frauen. Man nimmt an, daß vor allem dieser Nukleus, wahrscheinlich aber auch noch andere Kerne im medialen präoptischen Areal, für die Entwicklung des männlichen Sexualverhaltens wichtig sind [53].

Das weibliche Sexualverhalten wird maßgeblich von einem Kern beeinflußt, der einige Millimeter hinter dem SDN lokalisiert ist und *ventromedialer Nukleus* genannt wird. Bei weiblichen Ratten kann dieser Kern durch Östrogen und Progesteron aktiviert werden, bei männlichen Tieren sind diese Hormone wirkungslos. Diese unterschiedliche Aktivierbarkeit wird schon vor der Geburt festgelegt, wobei vermutlich wieder Androgene die maßgebliche Rolle spielen. Sie verhindern wahrscheinlich, daß Östrogen- und Progesteronrezeptoren an den männlichen Zellen ausgebildet werden.

Daß die genannten Areale auch beim Menschen für das Sexualverhalten wichtig sind, hatte man zunächst bei Hirnverletzten festgestellt. Nach Zerstörungen in diesen Arealen traten oft sehr typische Veränderungen des Sexualverhaltens auf. Aufgrund dieser Erkenntnisse versuchte man in den sechziger Jahren bei Sexualstraftätern durch operative Eingriffe in diesem Gehirnbereich den Sexualtrieb zu hemmen. Die Eingriffe waren zum Teil auch erfolgreich, aber sie erwiesen sich als sehr gefährlich, weil in unmittelbarer Nähe der Sexualzentren auch lebenswichtige Zentren liegen. Ersatzweise werden heute androgenblockierende Medikamente (*Antiandrogene*) verabreicht, die ebenfalls einen Rückgang des Sexualtriebs bewirken können, ohne daß man ihre Wirkungsweise genau kennt [52].

Ein anderes wichtiges Sexualzentrum, dessen langer komplizierter Name mit *AVPV* abgekürzt wird, liegt am Vorderende des Hypothalamus. Es enthält bei erwachsenen weiblichen Ratten mehr Kerne als bei männlichen und die Zellen sind mit Östrogen- und Progesteronrezeptoren ausgestattet. Bei geschlechtsreifen Weibchen wird das AVPV-Areal durch Östrogene zyklisch aktiviert. Indirekt wird dadurch die Hypophyse veranlaßt, vermehrt *Luteinisierungshormon (LH)* auszuschütten. LH ist notwendig, damit im Eierstock Eizellen voll ausreifen und befruchtungsfähig werden (siehe auch S. 102). Wenn das AVPV-Zentrum jedoch in den ersten Lebenstagen hohen Testosteronkonzentrationen ausgesetzt wird, kann es sich nicht richtig entwickeln und ist später durch weibliche Hormone nicht mehr aktivierbar. Also ist auch bei diesem Differenzierungschritt des Gehirns das Testosteron von ausschlaggebender Bedeutung, wobei es allerdings keine aktivierende, sondern eine hemmende Funktion hat. Man nimmt an, daß hierbei weniger Testosteron direkt wirksam wird, sondern vielmehr Östrogen, das aus dem Testosteron entsteht.

Eine weitere Hirnregion, die großen Einfluß auf das Sexualverhalten hat, ist der *Mandelkern (Amygdala)*, der diesen Namen trägt, weil er in Größe und Form einer Mandel ähnelt. Er liegt seitlich vom Hypothalamus und ist mit ihm durch zahlreiche Nervenfasern verbunden. Wie der Hypothalamus enthält auch der Mandelkern verschiedene Nervenzellnester, die zwar recht unterschiedliche Funktionen haben, aber fast alle an der Steuerung emotionaler Verhaltensweisen beteiligt sind. Dabei stehen vor allem aggressives, ängstliches und sexuell geprägtes Verhalten im Vordergrund [53].

Bei zwei Zentren des Mandelkerns, dem *corticomedialen* und dem *basolateralen Nucleus*, sind Androgenrezeptoren nachgewiesen worden. Es ist daher anzunehmen, daß auch die Differenzierung dieser Zentren durch die männlichen Geschlechtshormone beeinflußt wird.

Bei Ratten konnte festgestellt werden, daß der corticomediale Nukleus bei männlichen Tieren größer ist als bei weiblichen. Seine Zerstörung bewirkt bei Männchen ein völliges Erlöschen des Sexualtriebs. Der basolaterale Nukleus spielt vor allem bei aggressiven Verhaltensweisen eine maßgebliche Rolle. Da Aggressivität auch ein wesentliches Merkmal maskulinen Sexualverhaltens ist, dürfte auch dieser Kern die männliche Sexualität beeinflussen [54].

Außer den bisher beschriebenen geschlechtsspezifischen Unterschieden im Hypothalamus wurden auch im Rückenmark Sexualdimorphismen gefunden. Es konnte gezeigt werden, daß bei männlichen und weiblichen Rattenembryos einige motorische Neurone im Rückenmark zunächst gleich stark ausgeprägt sind. Kurz vor der Geburt sterben diese Neurone, die für die Innervierung bestimmter Muskelgruppen wichtig sind, bei weiblichen Tieren größtenteils ab. Bei Männchen bleiben sie erhalten und vergrößern sich. Behandelt man die Muttertiere jedoch in den letzten Tagen vor der Geburt mit Testosteron, so bleiben auch bei den weiblichen Nachkommen die motorischen Neurone bestehen. Sogar noch kurz nach der Geburt ist eine direkte Testosteronbehandlung bei weiblichen Jungtieren in ähnlicher Weise wirksam. Auch der umgekehrte Versuch wurde durchgeführt: Kastriert man männliche Ratten sofort nach der Geburt, so sterben bei ihnen die Rückenmarksneuronen ab.

Besonders interessant wurde es, als man nachforschte, welche Muskelgruppen von diesen testosteronsensiblen Neuronen versorgt werden: Es stellte sich heraus, daß diese Muskeln bei der Peniserektion und der Spermaejakulation eine wichtige Rolle spielen. Die Muskeln sind bei weiblichen Embryonen zunächst auch vorhanden, aber sie verkümmern schon kurz nach der Geburt. Höchstwahrscheinlich ist dafür die Degeneration der entsprechenden motorischen Neuronen im Rückenmark verantwortlich, denn nicht innervierte Muskeln werden grundsätzlich zurückgebildet [52].

Die beschriebenen hormonabhängigen Sexualzentren in Hypothalamus und Rückenmark sind vermutlich dafür verantwortlich, daß weibliche Ratten, die kurz vor oder nach der Geburt Androgenen ausgesetzt waren, zeitlebens ein in männlicher Richtung verändertes Sexualverhalten zeigen. Umgekehrt entwickeln männliche Ratten nach frühzeitiger Kastration weibliche Verhaltensmuster. Ähnliche Verhaltensänderungen konnte man auch bei einigen anderen Tierarten auslösen.

Beim Menschen ist die vorgeburtliche Wirkung von Androgenen auf Zentren in Hypothalamus und Rückenmark noch nicht so genau erforscht wie bei verschiedenen Versuchstieren. Sicherlich sind die Verhältnisse beim Menschen auch noch wesentlich komplexer. Man nimmt aber an, daß es auch bei ihm eine androgen- bzw. östrogensensible Periode während der Embryonalentwicklung gibt. Einzelheiten dazu sind auf S. 89 beschrieben.

Weitere Geschlechtsunterschiede im Gehirn

Bisher wurden vor allem solche Zentren im Gehirn und Rückenmark besprochen, die mehr oder minder direkt auf die Geschlechtsentwicklung Einfluß nehmen. Daneben gibt es aber auch noch zahlreiche Geschlechtsdimorphismen des Gehirns, die keinen Zusammenhang mit dem Sexualbereich zeigen. So ist beispielsweise bekannt, daß das männliche Gehirn im Durchschnitt um ca. 15% größer ist als das weibliche. Dafür weist das Gehirn der Frauen aber eine höhere Zelldichte auf (außer im Hypothalamus). Auffällig ist auch, daß der *Hirnbalken (Corpus callosum)*, der die Hauptverbindung zwischen linker und rechter Hirnhälfte darstellt, bei Frauen stärker ausgebildet ist als bei Männern. Daraus kann geschlossen werden, daß die weiblichen Hirnhemisphären besser miteinander verschaltet sind als die männlichen. Damit könnte zusammenhängen, daß Frauen im allgemeinen eine höhere Sprachgewandtheit aufweisen als Männer. Während bei Männern nämlich fast ausschließlich Zentren der linken Großhirnhemisphäre die Sprachfunktionen steuern, wirkt bei Frauen auch die rechte Hemisphäre mit. Das erklärt vermutlich auch, warum Frauen, die nach einer Blutung in der linken Hirnhälfte die Sprache verloren haben, die Sprechfähigkeit meist schneller wieder erlangen als Männer mit der gleichen Gehirnschädigung.

Während Frauen sprachlich begabter sind, scheinen die Männer auf anderen Gebieten überlegen zu sein: In verschiedenen Tests hat sich immer wieder gezeigt, daß Männer eine bessere räumliche Orientierungsfähigkeit haben. Die Lokalisation dieser Fähigkeiten im Gehirn ist noch nicht eindeutig geklärt [53].

Ganz neue Einblicke in die Gehirnfunktionen haben sich in den letzten Jahren dadurch ergeben, daß man die Aktivität von Gehirnarealen darstellen und zum Teil auch quantitativ erfassen kann. Dafür werden vor allem zwei Methoden eingesetzt: die *Positronen-Emissions-Tomographie (PET)*

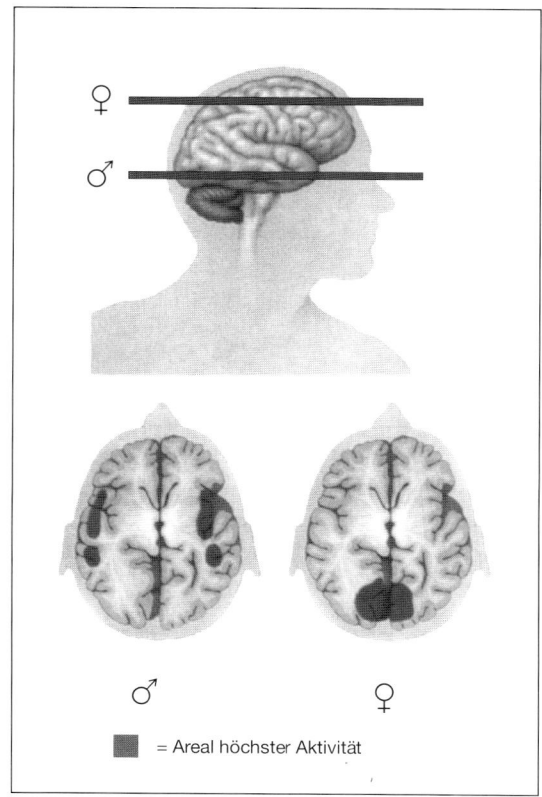

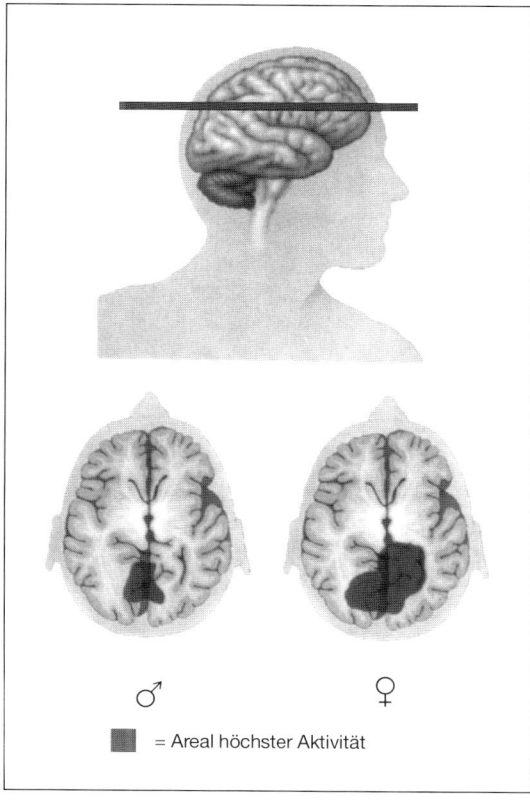

und die *Magnet-Resonanz-Tomographie (MRT)*. Grob vereinfacht wird bei der PET-Methode festgestellt, wieviel radioaktiv markierter Zucker im Gehirn umgesetzt wird. Da bekannt ist, daß ein aktives Gehirnareal mehr Zucker umsetzt als ein inaktives, kann man den Zuckerverbrauch als Maß für die Gehirnaktivität verwenden. Die MRT-Methode mißt dagegen den Sauerstoffverbrauch, der ebenfalls ein Maß für die Aktivität eines Gewebes darstellt.

Mit der PET-Methode konnte bespielsweise gezeigt werden, daß bei Männern, die ihrer Phantasie freien Lauf lassen, ein anderer Gehirnbereich aktiv ist als bei Frauen (siehe Abb. 54).

Auch bei Trauer ergaben sich deutliche Funktionsunterschiede: Zwar wurde bei beiden Geschlechtern das limbische System aktiviert, aber bei Frauen war der aktive Bereich etwa achtmal größer als bei den Männern (siehe Abb. 55). Umgekehrt war bei mathematischen Aufgaben der aktive Gehirnbereich bei Männern deutlich größer als bei Frauen.

Es ist zu erwarten, daß in nächster Zeit noch viele solcher Funktionsunterschiede festgestellt werden. Man muß dabei allerdings berücksichtigen, daß es bei beiden Geschlechtern in diesen Funktionen eine große individuelle Streubreite gibt, die zu entsprechenden Überlappungen der Meßergeb-

(links)
Abb. 54: Positronen-Emissions-Tomographie (PET) von zwei Schnittebenen männlicher und weiblicher Gehirne bei freilaufenden Phantasievorstellungen (nach Dalhoff 1995) [56]

(rechts)
Abb. 55: Positronen-Emissions-Tomographie einer Schnittebene durch das Gehirn von Männern und Frauen bei Erinnerung an traurige Ereignisse (nach Dalhoff 1995) [56]

nisse führt. Außerdem kann man bisher nicht feststellen, inwieweit die Unterschiede angeboren sind oder durch eine unterschiedliche Sozialisation verursacht werden.

Geschlechtsunterschiede bei geistigen Leistungen und Fähigkeiten

Wie bereits erwähnt haben zahlreiche Untersuchungen ergeben, daß Männer im Durchschnitt ein besseres räumliches Vorstellungsvermögen haben als Frauen. Das gilt insbesondere, wenn es darum geht, dreidimensionale Gegenstände sich aus verschiedenen Blickwinkeln vorzustellen oder sich im Gelände zu orientieren. Auch bei Tests, die mathematische Schlußfolgerungen verlangen, ergibt sich eine männliche Überlegenheit. Ebenso sind bestimmte zielorientierte motorische Fähigkeiten, z.B. das Werfen und Auffangen von Gegenständen, bei Männern stärker ausgeprägt als bei Frauen.

Frauen verfügen dagegen über eine höhere Wahrnehmungsgeschwindigkeit und eine höhere Sprachgewandtheit. Außerdem sind sie den Männern bei Rechenaufgaben überlegen, haben eine bessere Merkfähigkeit und weisen eine höhere feinmotorische Geschicklichkeit auf [53, 57, 58]. Diese weiblichen Stärken führten vor ca. 90 Jahren dazu, daß Mädchen in dem ersten Intelligenz-Test, der von dem französischen Psychologen Alfred Binet (1857–1911) entwickelt wurde, besser abschnitten als gleichaltrige Knaben. Ein solches Ergebnis war damals für die fast ausschließlich männlichen Psychologen unvorstellbar. Deshalb änderte Binet seinen Test so weit, bis die Geschlechter gleich abschnitten. Dieses Prinzip ist auch in fast allen heutigen Tests beibehalten worden [62].

Die erwähnten Unterschiede zwischen den Geschlechtern sind allerdings immer nur Durchschnittswerte und es gibt, wie schon erwähnt, einen mehr oder minder großen Überlappungsbereich. Manche dieser Unterschiede treten erst nach der Pubertät deutlich in Erscheinung, andere werden schon viel früher sichtbar. Beispielsweise werden die besseren mathematischen Fähigkeiten der Knaben erst im Alter von etwa 16 Jahren deutlich [59, 60]. Die größere Sprachgewandtheit der Mädchen zeigt sich dagegen schon beim Sprechenlernen, also etwa ab dem 1. Lebensjahr [61].

Um die Größe des Geschlechtsunterschiedes bei verschiedenen Tests besser vergleichen zu können, hat man als Maß die sog. *„Effektstärke"* eingeführt. Man erhält sie, indem man die Differenzwerte zwischen den beiden Geschlechtergruppen durch die Standardabweichung dividiert. Die Standardabweichung ist das übliche Maß für die Streuung der Einzelwerte in einem Test. Bei Effektstärken unter 0,5 wird der Unterschied zwischen Männern und Frauen als relativ gering eingestuft.

Sehr interessant sind auch Analysen über die Auswirkungen unterschiedlich ausgeprägter Fähigkeiten der Geschlechter im täglichen Leben. Zum Beispiel wurden Untersuchungen darüber durchgeführt, wie schnell und auf welche Weise sich Männer und Frauen einen Weg einprägen: Dabei zeigte sich, daß Männer den Weg zwar schneller lernten, Frauen sich aber an mehr Einzelheiten am Wegesrand erinnerten. Auch andere Tests weisen darauf hin, daß sich Frauen im Alltag vorrangig an markanten Punkten orientieren, während Männer meist eine andere noch nicht voll aufgeklärte Raumorientierungs-Strategie verwenden [63].

Die mehr oder minder deutlichen geschlechtsbezogenen Unterschiede in bestimmten geistigen Fähigkeiten werfen natürlich die Frage auf, wie solche Differenzen entstehen. Zahlreiche Untersuchungen an Versuchstieren weisen darauf hin, daß dafür bestimmte Gehirnareale wichtig sind, die sich schon vor der Geburt oder kurz danach unter Hormoneinfluß bei den Geschlechtern unterschiedlich entwickeln (siehe auch S. 92).

Bei Menschen kann man natürlich keine entsprechenden Versuche durchführen. Es ist aber möglich, Veränderungen bestimmter Fähigkeiten bei Krankheiten oder Verletzungen von Gehirnarealen festzustellen. Bei solchen Untersuchungen stellte sich beispielsweise heraus, daß Störungen der Wortwahl (*Aphasie*) bei Frauen am häufigsten auftreten, wenn vordere Gehirnareale verletzt werden, während solche Störungen bei Männern häufiger nach Verletzungen der hinteren Gehirnareale auftreten. Bei ihnen zeigen sich häufig auch gleichzeitig motorische Störungen der Handbewegungen (*Apraxie*). Die entsprechenden Zentren sind demnach bei Männern und Frauen im Gehirn unterschiedlich lokalisiert (siehe Abb. 56).

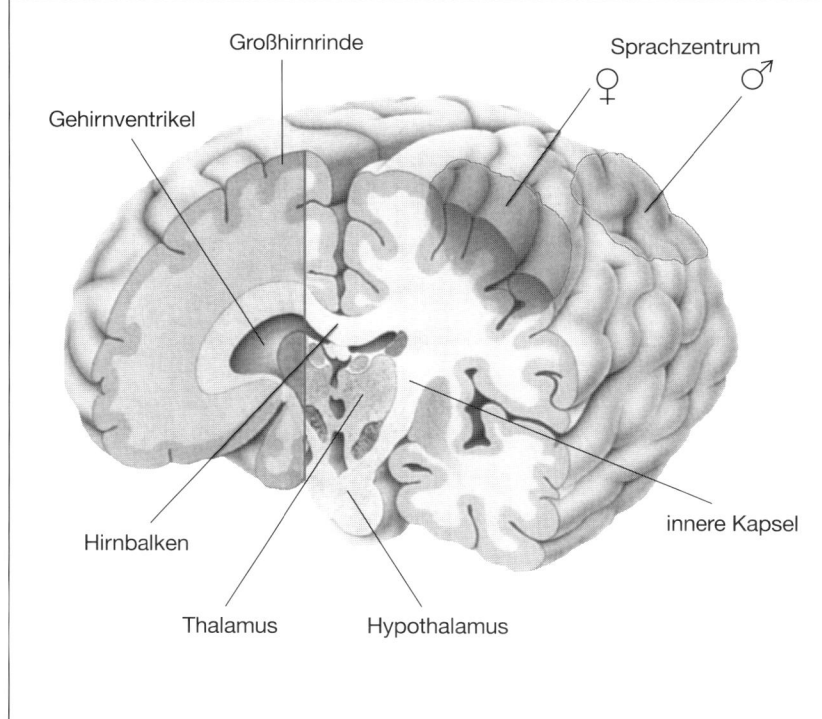

Abb. 56: Lokalisation des Sprachzentrums bei Mann und Frau (nach Dalhoff 1995) [56]

Die frühe geschlechtsspezifische Differenzierung von Gehirnarealen ist aber nicht allein für die unterschiedlich ausgeprägten Fähigkeiten verantwortlich. Man konnte vielmehr feststellen, daß verschiedene kognitive Leistungen zeitlebens hormonell beeinflußbar bleiben. Beispielsweise zeigte sich, daß bei Frauen die geistige Leistungsfähigkeit in bestimmten Bereichen mit dem Menstruationszyklus schwankt. Im Zyklusabschnitt mit einem hohen Östrogenspiegel verringerte sich das räumliche Vorstellungsvermögen, während die sprachliche Ausdrucksfähigkeit zunahm [53].

Es spricht einiges dafür, daß die geschlechtsspezifischen Unterschiede in bestimmten Leistungsbereichen sich im Laufe der Evolution durch unterschiedliche Anforderungsprofile entwickelt haben. Diese Unterschiede haben sich zwar durch unsere heutige Lebensweise stark verwischt. Zu Zeiten aber, in denen unsere Vorfahren als Jäger und Sammler in kleinen Gruppen zusammengelebt haben, gab es vermutlich einen starken Selektionsdruck in bezug auf geschlechtsspezifische Leistungsunterschiede. Die Männer spezialisierten sich vor allem für Jagd- und Verteidigungsaufgaben. Dafür war zweifellos eine gute Wurf- und Zielfähigkeit von ebenso großer Bedeutung wie ein gutes Orientierungsvermögen. Frauen trugen wahrscheinlich schon damals die Hauptverantwortung für den Nahbereich und die Kinderbetreuung. Eine gute Beobachtungsgabe war dafür sicherlich sehr vorteilhaft, um beispielsweise Gesundheitsstörungen bei Kindern möglichst frühzeitig zu erkennen. Feinmotorische Fähigkeiten spielten bei der Nahrungszubereitung eine wichtige Rolle. Eine gute Beobachtungsgabe und Merkfähigkeit war vor allem beim Sammeln pflanzlicher Nahrung von Vorteil. Auch dieser Bereich gehörte vermutlich zu den Pflichten der Frauen.

Wie man aus Beobachtungen an Jäger- und heute noch lebenden Sammlergesellschaften weiß, spielt gerade diese Tätigkeit für die Ernährung einer Gruppe eine besonders große Rolle, weil auf diese Weise 60 bis 70% der Nahrung gewonnen werden. Die Fähigkeiten der Frauen waren damals und vermutlich auch noch heute für das Überleben der Familie bzw. Gruppe wichtiger als die Leistungen der Männer. Deshalb ist es völlig ungerechtfertigt, die bei Männern stärker ausgebildeten Fähigkeiten höher zu bewerten als die der Frauen. Die besondere Überlebensfähigkeit der Menschen liegt vor allem darin begründet, daß Männer und Frauen gemeinsam über ein großes Leistungsspektrum verfügen, das es ihnen ermöglicht, sich an die verschiedensten Lebensbedingungen anzupassen. Auch die starke Überlappung der Fähigkeiten bei den Geschlechtern ist ein großer Vorteil, weil je nach Bedarf die Geschlechter sich bei den meisten Leistungen gegenseitig mehr oder minder gut ersetzen können [57].

Frauen haben inzwischen bewiesen, daß sie in nahezu allen Bereichen der Arbeitswelt die gleichen, wenn nicht sogar zum Teil bessere Leistungen erbringen können als Männer. In vielen Fällen kann man aber feststellen, daß sie andere Lösungswege beschreiten und andere Strategien entwickeln, um ans Ziel zu kommen. Es wäre sicher eine falsch verstandene Gleichstellung, wenn man versuchen wollte, auch diese Unterschiede zu beseitigen.

Was uns antreibt

Hormone und Sexualität

Was sind Hormone?

Hormone sind chemisch recht unterschiedlich aufgebaute Substanzen, die in kleinen Mengen im Körper als Botenstoffe fungieren. Sie werden meist aus Hormondrüsen ins Blut abgegeben und steuern wichtige Stoffwechselvorgänge in ihren Zielzellen. Obwohl Hormone über den Blutkreislauf in alle Gewebe und Organe gelangen, reagieren nur bestimmte Zellen auf die hormonellen Steuerungssignale. Diese begrenzte Wirkung wird dadurch erreicht, daß die Zielzellen spezifische Rezeptoren tragen, mit denen die Hormone Kontakt aufnehmen. Nach der Bindung an die Rezeptoren, die entweder auf der Zellmembran oder im Zellinneren lokalisiert sind, entfaltet das Hormon seine Wirkung und wird danach schnell inaktiviert [75].

Die Einteilung der Hormone kann nach verschiedenen Gesichtspunkten erfolgen. Nach dem chemischen Aufbau unterscheidet man:

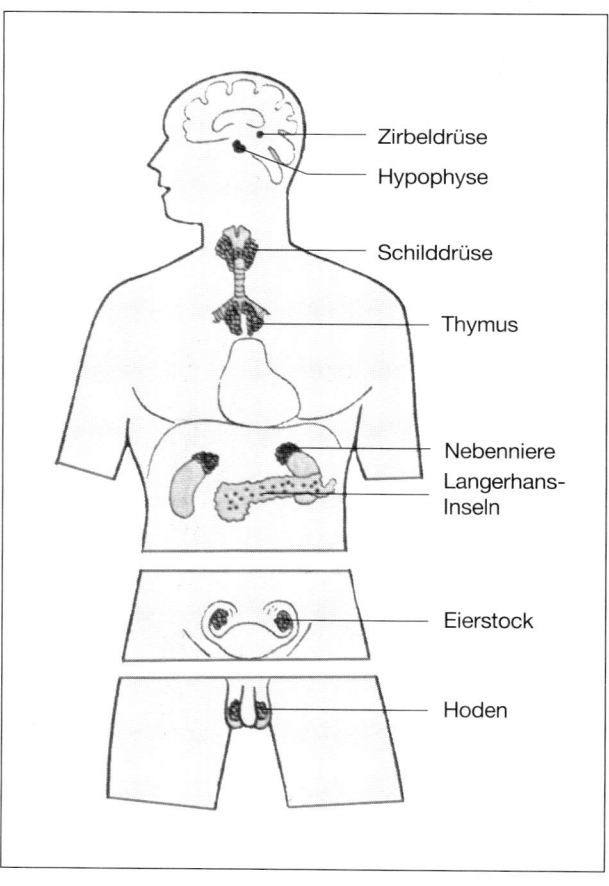

Abb. 57: Lokalisation der wichtigsten Hormondrüsen im menschlichen Körper (nach Zankl 1980) [32]

Bildbeschriftungen: Zirbeldrüse, Hypophyse, Schilddrüse, Thymus, Nebenniere, Langerhans-Inseln, Eierstock, Hoden

■ *Polypeptidhormone*, die meist eiweißartige Substanzen darstellen. Sie reagieren mit spezifischen Rezeptoren, die in der äußeren Zellmembran liegen. Dadurch wird im Zellinneren ein zweiter Botenstoff freigesetzt, der die eigentliche Steuerungsfunktion übernimmt.

■ *Steroidhormone*, die aus fettartigen Substanzen aufgebaut sind. Sie durchdringen aufgrund ihrer Fettlöslichkeit die Zellmembran und binden im Zellinneren an spezifische Rezeptoren. Der Hormon-Rezeptor-Komplex entfaltet seine Wirkung in der Regel durch Aktivierung von Genen im Zellkern.

■ *Amine*, die sich von Aminosäuren ableiten.

■ *Lipide*, die sich von ungesättigten Fettsäuren ableiten [25].

Tab. 4: Übersicht über die wichtigsten Hormone

Bildungsort	Bezeichnung	Hauptwirkungsort
Epiphyse (Zirbeldrüse)	Melatonin	Gonaden, Augen
Hypothalamus	Liberine (Releasing-H.) Statine (Inhibitions-H.)	Adenohypophyse Adenohypophyse
Hypothalamus/ Neurohypophyse	Antidiuretisches H. (ADH, Vasopressin) Oxytocin	Niere Gebärmutter, Milchdrüse
Adenohypophyse	Follikelstimulierendes H. (FSH; Follitropin)	Gonaden
	Luteinisierendes H. (LH; Lutropin)	Gonaden
	Lactotropes H. (PRL; Prolaktin)	Milchdrüse Gonaden
	Thyreotropes H. (TSH; Thyrotropin)	Schilddrüse
	Adrenocorticotropes H. (ACTH; Corticotropin)	Nebennierenrinde
	Melanozytenstimulierendes H. (MSH; Melanotropin)	Pigmentzellen
	Wachstumshormon (STH; Somatotropin)	Körpergewebe
Schilddrüse	Thyroxin Trijodthyronin Kalzitonin	Stoffwechsel Blut (Kalziumspiegel)
Epithelkörperchen (Beischilddrüsen)	Parathormon D-Hormon (Vitamin D)	Blut (Kalziumspiegel)
Nebennierenrinde	Glucocorticoide (Cortisol) Mineralocorticoide (Aldosteron)	Stoffwechsel Niere
Nebennierenmark	Adrenalin, Noradrenalin	Nervensystem Herz-Kreislauf-System
Langerhans-Inseln	Insulin, Glucagon	Zuckerstoffwechsel
Hoden	Androgene	primäre und sekundäre Geschlechtsmerkmale
Eierstöcke	Östrogene Progesteron	primäre und sekundäre Geschlechtsmerkmale

Die meisten Hormone werden, wie bereits erwähnt, in speziellen Hormondrüsen gebildet und heißen deshalb *glanduläre Hormone* (abgeleitet von dem lateinischen Wort Glandula, die Drüse). Es gibt aber auch hormonaktive Gewebe und Einzelzellen, die in Organen mit vorwiegend anderen Funktionen lokalisiert sind (z.B. Herz, Gehirn, Magen-Darm-Trakt, Niere). Bei dieser Hormongruppe spricht man von *extraglandulären Hormonen* oder Gewebshormonen.

Die wichtigsten Hormondrüsen des Menschen sind in Abb. 57 und Tab. 4 zusammengefaßt.

Welche Funktionen hat das Hypothalamus-Hypophysen-System?

Bei vielen Hormonen erfolgt die Regulierung ihrer Konzentration im Blut über Rückkopplungsmechanismen. Dabei spielen Regionen des Zwischenhirns, insbesondere des Hypothalamus, eine besonders wichtige Rolle. Dort wird in spezialisierten Zellen über Chemorezeptoren die Konzentration der Hormone im Blut gemessen und mit einem Sollwert verglichen. Je nach Bedarf werden dann hemmende oder aktivierende Impulse abgegeben, die zu einer erniedrigten bzw. verstärkten Hormonproduktion führen. Der Hypothalamus steht in enger Verbindung mit vielen anderen Gehirnarealen. Über diese Kontakte können auch nervöse Reize, die aus der Umwelt ins Gehirn gelangen (z.B. Sinneswahrnehmungen), auf das Hormonsystem Einfluß nehmen. Die hormonalen und nervösen Steuerungssysteme des Organismus sind auf diese Weise eng verknüpft und können sich gegenseitig stark beeinflussen (Abb. 58).

Für die Produktion oder Ausschüttung der vom Hypothalamus kontrollierten Hormone ist hauptsächlich die Hypophyse verantwortlich, die mit dem Hypothalamus durch zahlreiche Nervenbahnen und Blutgefäße verbunden ist. Die Hypophyse besteht aus einem Hinter- und einem Vorderlappen, die eine sehr unterschiedliche Herkunft haben. Der Hinterlappen wird auch Neurohypophyse genannt, weil er direkt vom Gehirn abstammt. Der Vorderlappen stellt dagegen eine Ausstülpung der embryonalen Mundhöhle dar und wird auch als Adenohypophyse bezeichnet (Abb. 59).

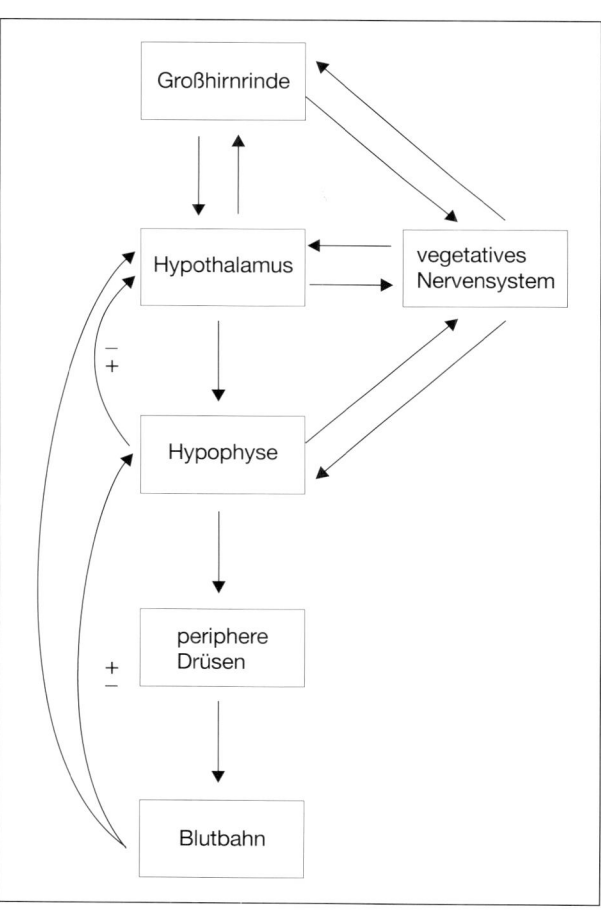

Abb. 58: Schematische Darstellung der Beziehungen zwischen Hormonsystem und Nervensystem (nach Sommer 1990) [49]

Abb. 59: Die Hypo-
physe und ihre
wichtigsten Hormone
(nach Faller 1984) [66]

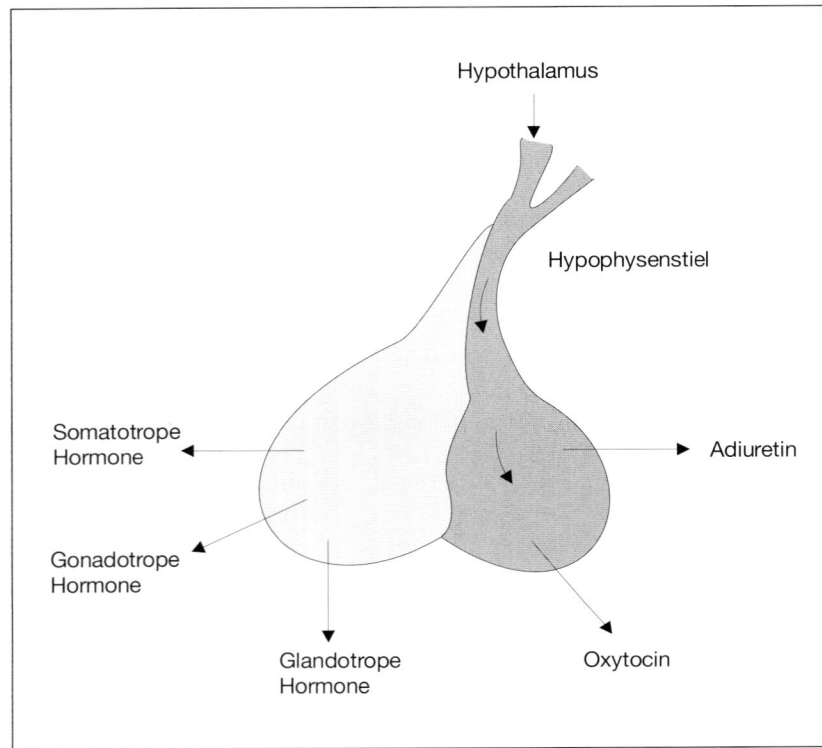

Abb. 59: Die Hypophyse und ihre wichtigsten Hormone (nach Faller 1984) [66]

Neurohypophyse

Dieser Teil der Hypophyse stellt selbst keine eigenen Hormone her, sondern speichert nur die im Hypothalamus gebildeten Hormone *Adiuretin* und *Oxytocin*. Je nach Bedarf werden die Hormone ins Blut abgegeben und entfalten in den entsprechenden Organen ihre Wirkungen. Das Adiuretin, das auch als *Vasopressin* bezeichnet wird, beeinflußt vor allem die Nierenfunktion. Das Oxytocin wirkt insbesondere auf die glatte Muskulatur und hat seine Hauptaufgabe bei der Geburt, indem es die Wehentätigkeit und das Einschießen der Milch in den Brustdrüsen fördert. Es wird aber auch während des Geschlechtsaktes ausgeschüttet (siehe auch S. 142).

Adenohypophyse

Dieser auch als Vorderlappen bezeichnete Teil der Hypophyse produziert zahlreiche eigene Hormone, steht aber unter dem Kommando hypothalamischer Zentren, die über Steuerungshormone (*Liberine* und *Statine*) die Hormonproduktion und -abgabe der Adenohypophyse regulieren. Nur drei Hormone, die von der Adenohypophyse gebildet werden, wirken direkt auf

Erfolgsorgane ein und werden deshalb *Effektorhormone* genannt: Das *Wachstumshormon (Somatotropin)* fördert wie schon sein Name vermuten läßt das Körperwachstum. *Melanotropin* steuert vor allem die Pigmentierung der Haut, während *Prolactin* die Brustdrüse während der Schwangerschaft und der Stillzeit stimuliert.

Die übrigen Hormone der Adenohypophyse werden als *glandotrope Hormone* bezeichnet, weil sie keine direkten Effekte im Organismus auslösen, sondern die Funktion peripherer Hormondrüsen steuern. Diese Hormongruppe kann man nochmals in gonadotrope und nichtgonadotrope Hormone unterteilen. Die gonadotropen Hormone, die man auch als *Gonadotropine* bezeichnet, haben als Wirkort die Gonaden, also Hoden und Eierstock. Die nichtgonadotropen Hormone steuern die Schilddrüse und die Nebennierenrinde, die beide lebenswichtige Hormondrüsen darstellen. Neben vielen anderen Funktionen haben sie indirekt auch Einfluß auf sexuelle Vorgänge [42].

Gonadotropine

Diese Gruppe von Hormonen soll wegen ihrer entscheidenden Bedeutung für die Funktion der männlichen und weiblichen Keimdrüsen ausführlicher besprochen werden. Es gibt zwei verschiedene Gonadotropine, die aber nicht geschlechtsspezifisch sind, sondern auf männliche und weibliche Gonaden einwirken. Ihre Produktion in der Hypophyse wird durch spezialisierte Nervenzellen gesteuert, die im mittleren Hypothalamus liegen. Sie bilden ein Steuerungshormon, das *Gonadoliberin* oder auf englisch *Gonadotropin Releasing Hormone (GnRH)* genannt wird. Die Ausschüttung des GnRH vollzieht sich nicht kontinuierlich, sondern schubweise in Abständen von 1 bis 4 Stunden. Der Pulsgenerator wird im mediobasalen Hypothalamus vermutet. Das GnRH gelangt über ein spezielles Gefäßsystem (*Pfortadersystem*) in die Hypophyse und bindet dort an die Rezeptoren der gonadotropen Zellen, die Gonadotropine produzieren. Dort wirkt es nur für wenige Minuten stimulierend, bevor es aufgespalten und damit inaktiviert wird.

Wie schon erwähnt gibt es nur ein GnRH, aber zwei verschiedene Gonadotropine (FSH = follikelstimulierendes Hormon und LH = luteinisierendes Hormon): Es ist noch nicht eindeutig geklärt, auf welche Weise die getrennte Regulierung der beiden Gonadotropine erfolgt. Vermutlich spielt das Pulsmuster der GnRH-Abgabe eine entscheidende Rolle. Aufgrund der pulsartigen Ausschüttung des GnRH werden auch in der Hypophyse die gonadotropen Hormone schubweise abgegeben. Dabei ist wichtig, daß die Ausschüttung in einem physiologischen Pulsmuster erfolgt. Bei Abweichungen von diesem Muster gerät das hochkomplizierte Gesamtsystem durcheinander, was z.B. bei der Frau zu Zyklusstörungen führen kann [75].

Die Ausschüttung der Gonadotropine verläuft bei männlichen und weiblichen Individuen sehr verschieden: Der Modus wird wahrscheinlich bereits im Embryonalzustand festgelegt, wobei vermutlich die Prägung bestimmter Gehirnregionen durch Androgene die ausschlaggebende Rolle spielt (siehe auch S. 89). Das durch hohe Androgenkonzentrationen männlich geprägte Gehirn induziert mit Einsetzen der Pubertät in 2- bis 4stündigen Intervallen eine pulsartige GnRH-Ausschüttung. Im weiblichen Gehirn, das keinen hohen Androgenmengen ausgesetzt war, entstehen nach der Geschlechtsreife verschiedene Impulsmuster für die Gonadotropinabgabe. In der ersten Zyklushälfte erfolgt etwa alle 90 Minuten ein GnRH-Puls, in der zweiten Zyklushälfte nur ca. alle 3 Stunden.

In ihrem chemischen Aufbau sind sich die Gonadotropine zwar sehr ähnlich, aber sie haben trotzdem recht verschiedene Wirkungen:

Das *follikelstimulierende Hormon (FSH)*, das in der neueren Literatur auch *Follitropin* genannt wird, ist beim Mann für die Entwicklung der Spermien im Hoden notwendig. Bei der Frau fördert FSH vor allem die Reifung der Follikel im Eierstock.

Das *luteinisierende Hormon (LH)*, das neuerdings auch als *Lutropin* bezeichnet wird, induziert bei männlichen Individuen in den Leydigschen Zwischenzellen des Hodens die Testosteronproduktion. LH wird deshalb beim Mann auch *ICSH (Interstitial Cell Stimulating Hormone)* genannt.

Bei der Frau bewirkt das LH im Zusammenwirken mit FSH den Eisprung. Die dabei ablaufenden Vorgänge sind noch nicht im einzelnen erforscht. Sie führen aber dazu, daß der fast 1 cm große stark vorgewölbte Follikel platzt und die Eizelle in den Eileiter entläßt. In der freigewordenen Follikelhöhle entsteht der Gelbkörper, der das Gelbkörperhormon (Progesteron) herstellt [25].

Welche Hormone werden von den Gonaden produziert?

Die von den Gonaden produzierten Hormone stellen die Geschlechtshormone im engeren Sinne dar. Sie haben drei verschiedene Wirkungsbereiche:
- Entwicklung der Geschlechtsorgane und der sekundären Geschlechtsmerkmale
- Steuerung der Reproduktionsvorgänge
- Beeinflussung zahlreicher Stoffwechselprozesse.

Alle Geschlechtshormone sind chemisch sehr ähnlich aufgebaut. Sie werden auch *Sexualsteroide* genannt, weil allen ein Steroidskelett zugrunde liegt, das sich vom Steran herleitet. Die Grundsubstanz, aus der alle Sexualhormone hergestellt werden, ist das hauptsächlich aus vier Kohlenstoffringen bestehende Cholesterin. Der Umbau des Cholesterins erfolgt über mehrere Stufen, die durch Enzyme reguliert werden (siehe Abb. 60 und 61).

Je nach Anzahl der vorhandenen Kohlenstoffatome entstehen C21-Steroide (*Gestagene*), C19-Steroide (*Androgene*) und C18-Steroide (*Östrogene*). Üblicherweise bezeichnet man Gestagene und Östrogene als weibliche und Androgene als männliche Sexualhormone. Diese Unterscheidung ist

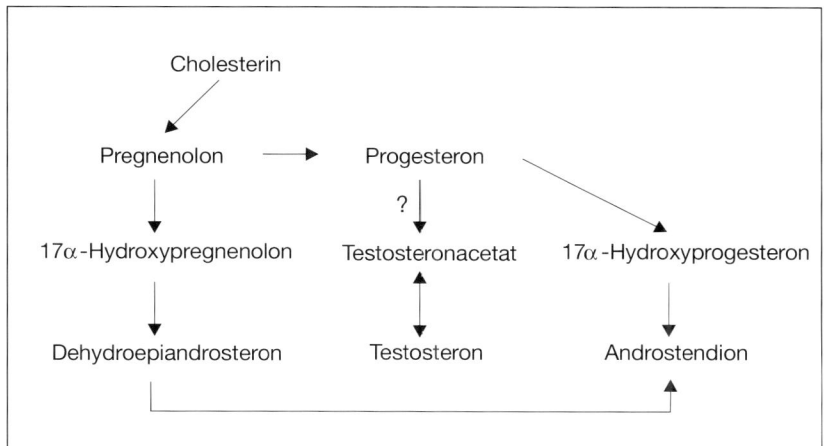

Abb. 60: Der Synthese-
weg der Androgene
(nach Nelson 1994) [25]

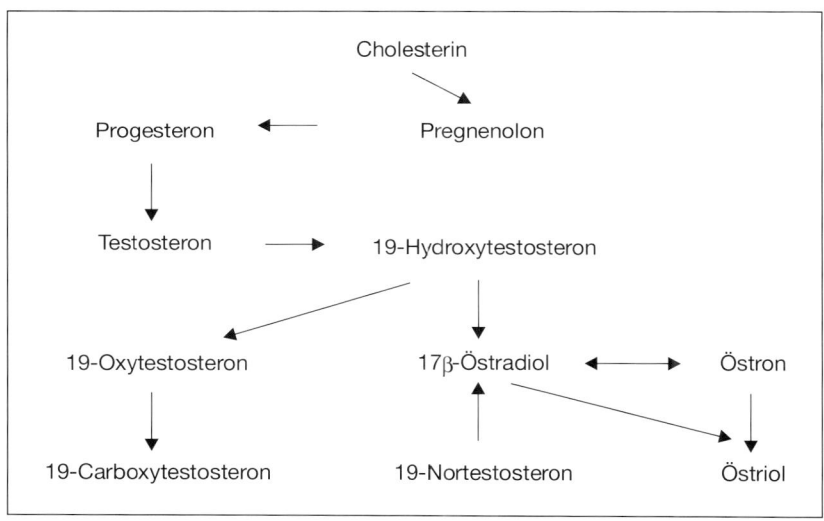

Abb. 61: Der Synthese-
weg der Östrogene
(nach Nelson 1994) [25]

aber nur eingeschränkt richtig, denn die verschiedenen Sexualsteroide kommen in beiden Geschlechtern vor, allerdings in sehr unterschiedlichen Mengen. Wegen ihrer großen chemischen Ähnlichkeit können die Steroide auch leicht ineinander umgewandelt werden. Insbesondere Androgene und Östrogene können in den männlichen und weiblichen Gonaden, aber auch in verschiedenen anderen Geweben (z.B. Leber, Haut, Fettgewebe, Gehirn, Nebenniere) konvertiert werden. Die Umwandlung der Geschlechtshormone außerhalb der Gonaden wird *periphere Konversion* genannt. Etwa 50% des bei Frauen nachweisbaren Testosterons und fast 90% des bei Männern vorhandenen Östrogens stammen aus der peripheren Hormonkonversion [76].

Gestagene

Man kennt etwa 40 natürlich vorkommende Gestagene. Das wichtigste von ihnen ist das *Progesteron*, das vor allem der Gelbkörper des Eierstocks bildet, weshalb es auch *Gelbkörperhormon* genannt wird. Der Name Progesteron leitet sich von dem lateinischen Ausdruck „pro gestationem" ab, was soviel bedeutet wie „für die Schwangerschaft". Die Entdecker (zu denen auch der deutsche Nobelpreisträger Adolf Butenandt gehörte) haben 1935 diesen Namen gewählt, um damit die Hauptfunktion dieses Hormons, nämlich die schwangerschaftserhaltende Wirkung hervorzuheben.

Der Eierstock produziert das Progesteron hauptsächlich in der zweiten Zyklushälfte im Gelbkörper, kleinere Mengen entstehen aber auch schon vor der Gelbkörperbildung in anderen Eierstockbereichen. Während des Menstruationszyklus hat das Progesteron hauptsächlich die Aufgabe, die Uterusschleimhaut aus der Proliferationsphase in die Sekretionsphase zu überführen und damit auf die Einnistung der befruchteten Eizelle vorzubereiten (siehe auch S. 110). Außerdem hemmt Progesteron die Muskelkontraktionen in der Gebärmutter und die Schleimbildung im Gebärmutterhals (Cervix). Unter Progesteroneinfluß ergibt sich in der zweiten Zyklushälfte auch eine Steigerung der Körpertemperatur um etwa 0,4°C, die für die Bestimmung des Ovulationstermins genutzt werden kann (siehe auch Abb. 62).

Abb. 62: Verlauf der Basaltemperaturkurve der Frau während des Zyklus (nach Zankl 1980) [32]

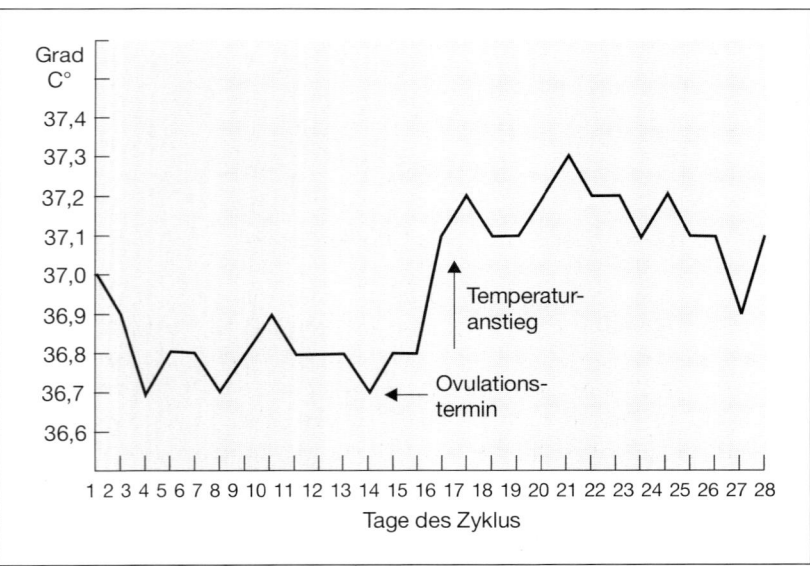

Beim Eintritt einer Schwangerschaft vergrößert sich der Gelbkörper und bildet besonders viel Progesteron, wodurch sichergestellt wird, daß sich der Embryo im Uterus weiterentwickeln kann. In späteren Stadien der Schwangerschaft wird der Gelbkörper allerdings zurückgebildet und die Progesteronproduktion geht auf die Plazenta über. Progesteron kommt außerdem in der Nebennierenrinde und im Hoden als wichtiges Zwischenprodukt bei der Bildung anderer Steroidhormone vor.

Gestagene werden in sehr kleinen Mengen auch als Mittel zur Schwangerschaftsverhütung eingesetzt (sog. Mini-Pille). Im Gegensatz zu der normalen Pille, die ein Gestagen-Östrogen-Gemisch enthält, unterdrückt die Mini-Pille nicht den Eisprung. Sie wirkt vielmehr dadurch, daß sie die Verflüssigung des Cervixschleims verhindert, so daß die Spermien nicht in den Uterus und von dort in den Eileiter gelangen können. Außerdem wird der Aufbau der Uterusschleimhaut gestört, wodurch die Einnistung des Eies verhindert wird. Heute kann man auch Antigestagene herstellen, die das Progesteron unwirksam machen und deshalb zu einer Fehlgeburt (*Abort*) führen. In Deutschland sind solche Medikamente allerdings noch nicht zugelassen [77].

Östrogene

Die Gruppe der Östrogene (oder in Anlehnung an die englische Schreibweise: Estrogene) umfaßt beim Menschen etwa 20 ähnlich wirkende Hormone. Auch bei dieser Gruppe wurde der Name entsprechend der Hauptwirkung gewählt: Diese Hormone lösen bei weiblichen Tieren Brunsterscheinungen und Paarungsbereitschaft aus, was in der Wissenschaft als Östrus (abgeleitet von dem griechischen Wort oistros) bezeichnet wird. Soweit man heute weiß, spielen von den etwa 20 nachgewiesenen Östrogenen vor allem das Östradiol und dessen Abbauprodukte Östron und Östriol eine wichtige Rolle.

Die Östrogene entstehen im Eierstock in einer Zellschicht, die den Follikeln direkt anliegt (Abb. 63). Sie werden wegen ihres granulierten Zellplasmas *Granulosazellen* genannt. Bei der Östrogenbildung handelt es sich aber nicht um eine echte Neusynthese, sondern lediglich um einen Umbau von Androgenen, die in einer zweiten Schicht von Bindegewebszellen, den sog. *Thekazellen*, gebildet werden und von dort in die Granulosazellen gelangen. Die Androgene entstehen wiederum aus Progesteron, das in den Thekazellen produziert und enzymatisch umgewandelt wird. Normalerweise werden die Androgene so schnell in Östrogen umgewandelt, daß sie keine wesentlichen eigenen Wirkungen entfalten. Es kann aber vorkommen, daß die Umwandlung z.B. wegen Enzymmangels nicht schnell genug oder nicht vollständig erfolgt. In solchen Fällen gelangen Androgene in den Blutkreislauf und können eine mehr oder minder starke Vermännlichung des weiblichen Organismus hervorrufen (siehe auch S. 160).

Die Östrogene fördern während der Entwicklung vor allem das Wachstum der weiblichen Geschlechtsorgane und die Ausprägung der sekundären Geschlechtsmerkmale. Gegen Ende der Pubertät bewirken Östrogene den Schluß der Epiphysenfugen in den langen Röhrenknochen und leiten damit die Beendigung des Längenwachstums ein. Außerdem wird unter Östrogenwirkung vermehrt Fett in die Unterhaut eingelagert, wodurch die

Abb. 63: Schema-
tischer Schnitt durch
einen Eierstock mit
vergrößerter Darstel-
lung der Follikelwand
(nach Nelson 1994) [25]

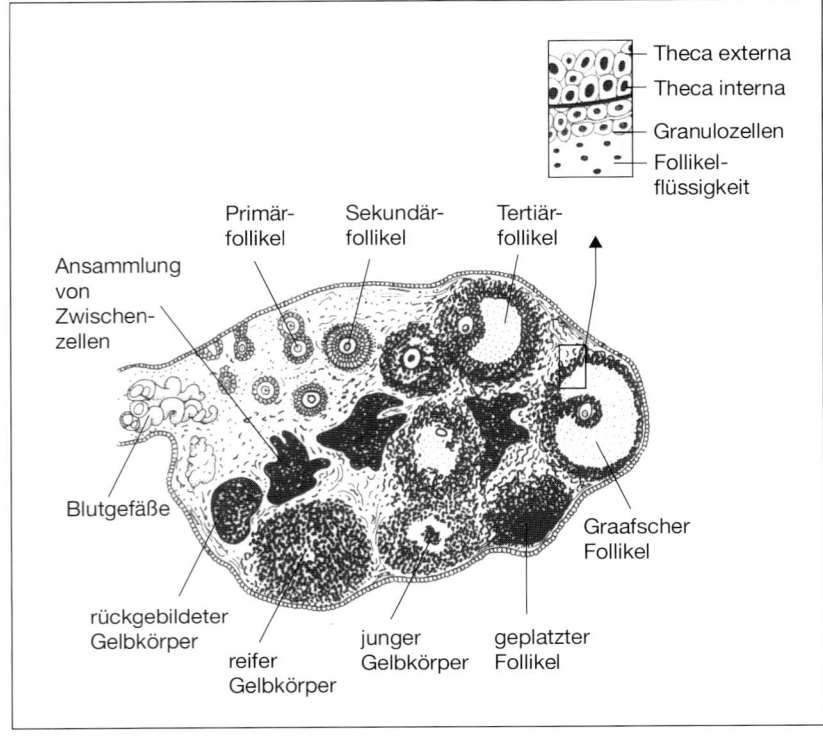

Abb. 63: Schematischer Schnitt durch einen Eierstock mit vergrößerter Darstellung der Follikelwand (nach Nelson 1994) [25]

abgerundeten weiblichen Körperformen entstehen. Die Talgproduktion in der Haut wird reduziert und die Calciumeinlagerung in den Knochen gesteigert.

Während des Menstruationszyklus werden die Östrogene in sehr unterschiedlichen Mengen gebildet (siehe auch Abb. 64). Zu Beginn des Menstruationszyklus bewirken Östrogene vor allem den Aufbau der Uterusschleimhaut und die Verflüssigung des Cervixschleims. Im späteren Stadium haben Östrogene Einfluß auf den Eisprung und die Reifung des Gelbkörpers. Außerdem beeinflussen die Östrogene bei weiblichen Tieren auch das Sexualverhalten (siehe auch S. 122). Bei Frauen scheinen die Östrogene allerdings in dieser Hinsicht wenig Einfluß zu haben [78].

In der Schwangerschaft werden Östrogene auch von der Plazenta gebildet. Die Produktion nimmt vor allem gegen Ende der Schwangerschaft stark zu. Hohe Östrogenspiegel sind zu dieser Zeit notwendig, um über eine Gewebsauflockerung im Bereich des Geburtskanals eine starke Dehnbarkeit zu erreichen. Erst dadurch wird der Durchtritt des Kindes ohne Gewebszerreißungen möglich. Außerdem sensibilisiert Östrogen die glatte Muskulatur sowohl in der Gebärmutter als auch in der Brustdrüse für die Wirkung des Hypophysenhormons Oxytocin. Das ist notwendig, um im Uterus die Wehen auszulösen und in der Brustdrüse das Einschießen der Milch zu ermöglichen (siehe auch S. 148).

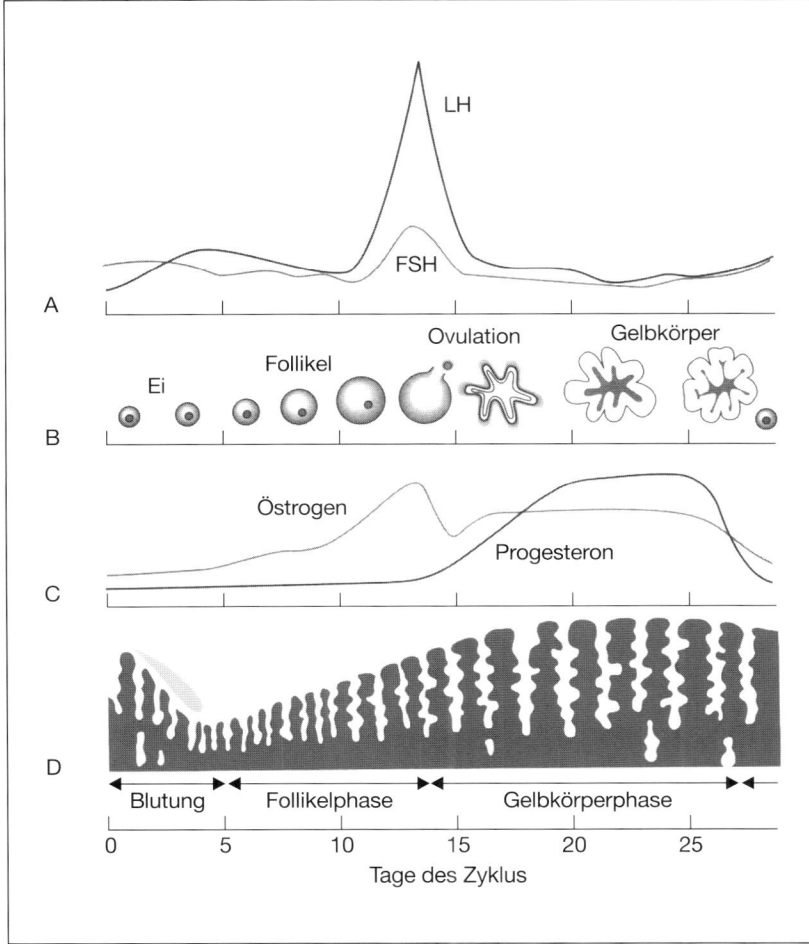

Abb. 64: Darstellung
der verschiedenen Ebe-
nen des Menstrua-
tionszyklus
A Verlauf der Gona-
   dotropin-Sekretion
B Follikelreifung und
   Gelbkörper-
   entwicklung
C Verlauf der Steroid-
   Sekretion
D Umbau der Gebär-
   mutterschleimhaut
(nach Nelson 1994) [25]

Östrogenhaltige Medikamente werden auch für die hormonelle Antikonzeption eingesetzt (siehe S. 186). Außerdem spielen sie eine wichtige Rolle
bei der Behandlung klimakterischer Beschwerden, die bei Frauen etwa ab
dem 50. Lebensjahr auftreten. Sie entstehen, weil im Eierstock die Follikel-
bildung nachläßt und deshalb weniger Östrogene gebildet werden. Der
Mangel an Östrogenen ruft recht verschiedene Störungen hervor: Es
kommt zu beschleunigtem Knochenschwund (Osteoporose) und zu verstärkter Arterienverkalkung (Arteriosklerose). Außerdem treten vegetative
Beschwerden wie z.B. Hitzewallungen und Schlafstörungen auf. Östrogengaben können diese Erscheinungen insgesamt günstig beeinflussen. Es ist
allerdings nicht ganz auszuschließen, daß eine jahrelange Östrogentherapie zu einem erhöhten Krebsrisiko (insbesondere für Brustkrebs) führt.
Deshalb wird heute in aller Regel eine kombinierte Östrogen-Gestagen-
Behandlung durchgeführt.

Inzwischen sucht man gezielt nach Östrogenen, die auch bei Männern eingesetzt werden können. Bei ihnen entfalten Östrogene nämlich ebenfalls zum Teil sehr günstige Wirkungen: Das Risiko für Bluthochdruck und Herzinfarkte kann beispielsweise deutlich gesenkt werden, weil das Fortschreiten der Arteriosklerose gehemmt wird. Allerdings verursachen normale Östrogene beim Mann ein verstärktes Wachstum der Brustdrüsen und eine Störung der Hodenfunktionen. Bei chemisch leicht modifizierten Östrogenen konnte man aber bereits feststellen, daß diese unerwünschten Nebenwirkungen weniger stark oder gar nicht auftreten [79].

Androgene

In dieser Gruppe von Sexualsteroiden werden alle Hormone zusammengefaßt, die eine androgene, d.h. vermännlichende Wirkung haben. Sie entstehen unter Einwirkung spezifischer Enzyme aus Progesteron bzw. Pregnenolon (siehe Abb. 64). Biologisch besonders wichtige Androgene sind *Testosteron* und *5-Dihydrotestosteron* sowie die Abbauprodukte *Androstendion* und *Androsteron*. Sie werden hauptsächlich in den Leydigschen Zwischenzellen des Hodens produziert. Für den Transport im Blut ist eine Bindung der Androgene an einem Eiweißkörper nötig, der in den Sertolizellen des Hodens gebildet wird. Aus den Sertolizellen stammt auch ein Peptidhormon, das als *Inhibin* bezeichnet wird, weil es die Freisetzung von follikelstimulierendem Hormon (FSH) aus dem Hypophysenvorderlappen hemmt.

Die Produktion und Freisetzung von Androgenen (insbesondere Testosteron) in den Leydigzellen wird durch den Hypothalamus gesteuert. Er setzt alle 2 bis 4 Stunden pulsartig Gonadotropin-Releasing-Hormon (GnRH) frei. Nachts und früh morgens treten die Ausschüttungen häufiger auf als über Tag. Die relativ gleichmäßigen GnRH-Pulse bewirken in der Hypophyse eine nichtzyklische Ausschüttung der Gonadotropine FSH und LH (siehe auch S. 101). LH, das beim Mann auch ICSH genannt wird (siehe S. 102), stimuliert die Androgenproduktion in den Leydigzellen, während FSH die Spermienbildung in den Hodenkanälchen anregt. Ein hoher Testosteronanstieg im Blut wirkt über eine Rückkopplung hemmend auf Hypothalamus und Hypophyse ein, während ein sinkender Testosteronspiegel anregend wirkt. Auf diese Weise wird vor allem die LH-Ausschüttung reguliert. Die FSH-Sekretion wird dagegen hauptsächlich über das Hormon Inhibin gesteuert.

Ein Teil der im Hoden produzierten Androgene wird in Östrogene umgewandelt. Das ist notwendig, um die Ausreifung der Spermien sicherzustellen [80].

Die Wirkungen der Androgene sind vielfältig: Bereits während der Embryonalentwicklung fördern sie die Ausbildung der äußeren männlichen Geschlechtsorgane und der inneren Geschlechtsgänge samt akzessorischer Geschlechtsdrüsen. Außerdem wirken sie bei der Prägung der Sexualzentren im Gehirn mit. Während der Pubertät bilden sich durch die gesteigerte

Androgenproduktion auch die sekundären männlichen Geschlechtsmerkmale (z.B. Körperbehaarung, tiefe Stimme) aus und die Spermienbildung wird gefördert. Auch das Verhalten wird durch Androgene deutlich beeinflußt (siehe auch S. 89ff.). Gegen Ende der Pubertät bewirken Androgene den Schluß der Epiphysenfugen und damit das Ende des körperlichen Längenwachstums.

Androgene entfalten auch eine *anabole Wirkung*. Darunter versteht man, daß durch die Beeinflussung des Eiweißstoffwechsels eine größere Muskelmasse gebildet wird. Wegen dieses Effektes werden androgen wirksame Medikamente als Doping-Mittel bei Sportwettkämpfen mißbraucht. Da aber auch die Zellen vieler Organe (z.B. Herz, Lunge, Leber) Androgenrezeptoren haben, kann ein chronischer Androgenmißbrauch zu schweren Gesundheitsschäden führen. Auch Auswirkungen auf die sexuelle Orientierung sind zu befürchten, wenn bereits vor der Pubertät mit dem Androgen-Doping begonnen wird [25].

Wie wird der weibliche Sexualzyklus gesteuert?

Der Monatszyklus der Frau hat eine komplizierte Steuerung, die sich auf drei Ebenen vollzieht, die eng miteinander in Verbindung stehen (siehe auch Abb. 64):

- Hypothalamus-Hypophysen-Ebene
- Ovarialebene
- Uterusebene

Die *Hypothalamus-Hypophysen-Ebene* sorgt durch eine pulsatile Ausschüttung des Gonadotropin-releasing-Hormons für die zyklische Abgabe der Gonadotropine FSH und LH. Die GnRH-Pulse erfolgen in der ersten Hälfte des Zyklus ungefähr im 90-Minuten-Takt, in der zweiten Zyklushälfte verlängert sich der Pulszyklus auf 3 bis 4 Stunden. Unter dieser Steuerung steigt der FSH-Spiegel in den ersten Zyklustagen schnell an und fällt dann wieder etwas ab. Etwa zur Zyklusmitte kommt es nochmals zu einem kurzen FSH-An- und -Abstieg. Danach bleibt die FSH-Konzentration bis zum Zyklusende etwa auf gleichem niedrigen Niveau. Die LH-Abgabe steigt anfangs nur langsam an, erreicht aber zur Zyklusmitte einen steilen Gipfel, von dem sie schnell wieder auf ein niedriges Niveau abfällt, das bis Zyklusende beibehalten wird.

Hypothalamus-Hypophysen-Ebene

Auf der *Ovarialebene* bewirkt das anfangs verstärkt ausgeschüttete FSH die Reifung einiger Follikel, in denen zunehmend Östrogene gebildet werden. Der Östrogenspiegel steigt deshalb zunächst steil an, fällt kurz vor der Zyklusmitte wieder stark ab, erreicht aber um den 22. Tag noch einmal relativ hohe Werte, bevor er gegen Ende des Zyklus wieder deutlich zurückgeht. Nach der Ovulation wird der geplatzte Follikel zum Gelbkörper umgebildet, der etwa bis zum 22. Zyklustag zunehmend Progesteron bildet, bevor die Produktion dann bis zum Zyklusende wieder steil abfällt.

Ovarialebene

Uterusebene

Auf der *Uterusebene* reagiert vor allem die Schleimhaut der Gebärmutter auf die Hormonausschüttungen des Ovars: Die hohen Östrogenkonzentrationen in der ersten Zyklushälfte bewirken eine starke Schleimhautwucherung, wobei insbesondere die darin vorkommenden Schleimdrüsen erheblich wachsen. Deshalb wird in diesem Stadium von der *Proliferationsphase* gesprochen. Außerdem wird der Cervixschleim verflüssigt und vermehrt Wasser ins Gewebe eingelagert. In der zweiten Zyklushälfte führt vor allem der hohe Progesteronspiegel dazu, daß sich die Uterusschleimhaut auflockert und die Drüsen reichlich schleimhaltiges Sekret produzieren. Dementsprechend spricht man von der *Sekretionsphase*. Sie ermöglicht die Einnistung (*Implantation*) einer befruchteten Eizelle in die Schleimhaut. Der steile Abfall der Hormonproduktion im Eierstock gegen Ende des Zyklus bewirkt, daß die oberen Schichten der Schleimhaut absterben und abgestoßen werden. Da hierbei kleine Blutgefäße eröffnet werden, tritt auch etwas Blut aus, das zusammen mit den Schleimhautresten nach außen abgegeben wird. Der Ausdruck *Menstruationsblutung* ist daher nicht ganz korrekt, weil die Blutung bei dem Gesamtvorgang eine eher untergeordnete Rolle spielt.

Bei der Steuerung des Zyklus spielen Hormone zweifellos eine ausschlaggebende Rolle. Aufgrund der engen Beziehungen zwischen der Hypothalamus-Hypophysen-Ebene und verschiedenen Gehirnregionen wird der Zyklusablauf aber auch stark von Sinnesreizen und psychischen Faktoren beeinflußt [81].

Welche Bedeutung hat die Zirbeldrüse (Epiphyse) für die Sexualität?

Sexualität und Jahreszeit

Bei vielen Tierarten ist ein deutlicher Zusammenhang zwischen Jahreszeit und sexueller Aktivität nachweisbar. Dadurch wird sichergestellt, daß der Nachwuchs in der Jahreszeit geboren wird, die ihm optimale Überlebenschancen bietet. Insbesondere bei Tieren, die nahe am Süd- bzw. Nordpol leben, ist das „Timing" der Paarung sehr wichtig, weil auf jeden Fall verhindert werden muß, daß die Zeit der Geburten in den extrem unwirtlichen Polarwinter fällt. So werden beispielsweise bei einer arktischen Rentierart alle Jungen im späten Frühjahr innerhalb einer einzigen Woche geboren. Schon bei einer nur um wenige Tage verzögerten Geburt besteht die Gefahr, daß die Jungen nicht genügend Fett ansammeln können, um den nächsten Winter zu überstehen.

Für die jahreszeitliche Steuerung der Sexualaktivität ist bei den meisten Säugetieren vor allem die *Zirbeldrüse* zuständig. Diese Drüse, die auch *Epiphyse* oder *Corpus pineale* genannt wird, entsteht ähnlich wie ein Teil der Hypophyse aus einer Ausstülpung des Zwischenhirns. Die Epiphyse ist eine

sehr kleine Drüse, die beim Menschen nur ca. 0,5 g wiegt und als zapfenför-
miges Gebilde an der Hinterwand des dritten Ventrikels über der Vierhügel-
platte lokalisiert ist (siehe Abb. 65).

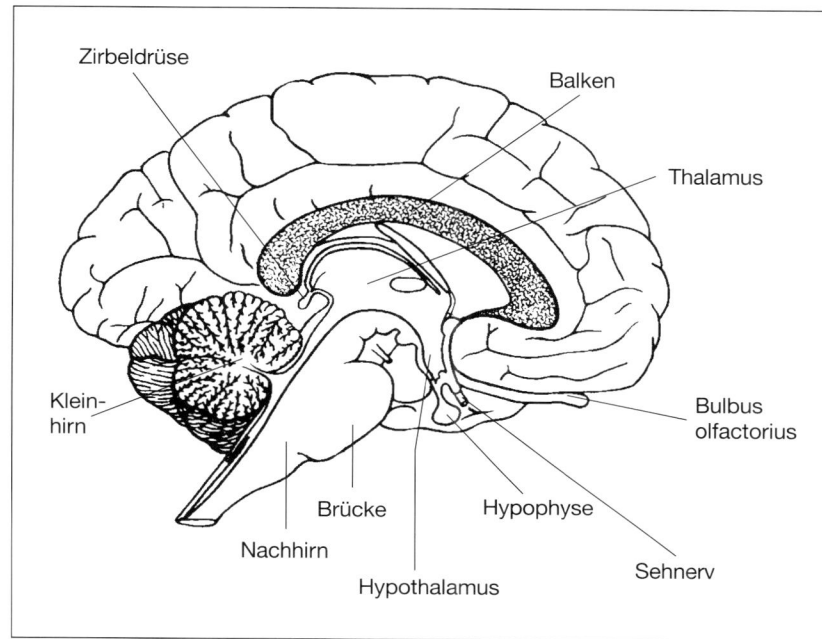

Zirbeldrüse

Balken

Thalamus

Klein-
hirn

Bulbus
olfactorius

Brücke   Hypophyse

Nachhirn

Sehnerv

Hypothalamus

Abb. 65: Medianer
Längsschnitt durch
das Gehirn
(nach Zankl 1980) [32]

Entwicklungsgeschichtlich stammt die Epiphyse von einer dritten Au-
genanlage ab, aus der beispielsweise bei der Brückenechse das Stirnauge
hervorgeht, das im Schädeldach sitzt und ein spezialisiertes Lichtsinnesor-
gan darstellt. Bei den Säugetieren schließt sich das Schädeldach über der
Epiphyse. Dementsprechend werden keine Lichtsinneszellen mehr ausgebildet, sondern die Epiphyse wird zu einer Drüse umfunktioniert, die über
sympathische Nervenfasern mit den Augen in Verbindung tritt. Die Hormonproduktion wird über Lichtreize gesteuert, wobei viel Licht die Drüsen-
aktivität hemmt, während Dunkelheit eine verstärkte Hormonbildung bewirkt. Das wichtigste Epiphysenhormon ist das *Melatonin*, das vor allem die
GnRH-Ausschüttung im Hypothalamus hemmt und damit die Gonadenfunktionen bremst [67].

Durch die Hell-Dunkel-Abhängigkeit ist die Epiphyse gut geeignet, die
jahreszeitliche Steuerung der sexuellen Aktivität zu übernehmen. Im Frühjahr, wenn die Tage länger werden, hemmt das verstärkte Lichtangebot die
Epiphyse. Dadurch wird vermehrt GnRH gebildet, so daß über eine erhöhte
Gonadotropinausschüttung die Gonaden aktiviert werden. Im Herbst regt
das rückläufige Lichtangebot die Epiphyse wieder zur vermehrten Hormonproduktion an, wodurch die Gonadenfunktionen infolge verminderter Gonadotropinbildung reduziert werden.

Beim Menschen sind keine so eindeutigen Zusammenhänge zwischen Sexualität und Jahreszeit zu beobachten wie bei vielen Tierarten. Das hängt vermutlich damit zusammen, daß die menschliche Fortpflanzung durch eine recht lange Schwangerschaftsdauer und eine noch viel längere Periode der intensiven Nachkommensbetreuung charakterisiert ist. Diese sehr energieaufwendigen Reproduktionsphasen dauern zusammen wesentlich länger als ein Jahr, so daß durch eine jahreszeitliche Steuerung der Sexualität nur relativ geringe Vorteile zu erzielen sind. Es ergab sich deshalb in der menschlichen Evolution kein so starker Selektionsvorteil für eine jahreszeitliche Begrenzung der sexuellen Aktivität wie bei Tieren mit kurzen Fortpflanzungszyklen.

Trotz dieser Einschränkungen sind aber auch beim Menschen noch gewisse jahreszeitliche Einflüsse auf Sexualität und Fortpflanzung zu erkennen. Die saisonalen Effekte werden um so deutlicher, je mehr man sich den Erdpolen nähert, weil dort die jahreszeitlichen Änderungen der Tageslänge besonders stark ausgeprägt sind. So gibt es am Polarkreis eine etwa achtwöchige Sommerperiode, in der die Sonne nicht vollständig untergeht. In dieser Zeit werden dort signifikant mehr Frauen schwanger als in anderen Jahreszeiten. Der Effekt war vor 1930 noch wesentlich deutlicher als heute. Man vermutet, daß unter anderem die verstärkte Einführung von elektrischem Licht auch in diesen Regionen die jahreszeitlichen Schwankungen der Reproduktivität verringert hat.

Unter besonders schwierigen Lebensbedingungen scheint die Sexualität besonders stark von der Jahreszeit abzuhängen. Das berichtete jedenfalls der Polarforscher und Arzt Frederick Albert Cooke, der gegen Ende des 19. Jahrhunderts eine Expedition zu den Eskimos durchgeführt hatte. Er beobachtete während seines langen Aufenthaltes in einem Eskimodorf in Grönland, daß die Frauen während der dunklen Wintermonate keinen Menstruationszyklus hatten und dementsprechend auch nicht schwanger wurden. Bei beiden Geschlechtern war die sexuelle Aktivität in der Winterzeit stark reduziert und steigerte sich mit zunehmender Tageslänge [67].

Aber auch heute lassen sich beim Menschen noch saisonale Veränderungen nachweisen, die in einem mehr oder minder deutlichen Zusammenhang zur Sexualität stehen. Finnische Forscher haben beispielsweise 1992 ein Jahr lang die nächtliche Melatoninproduktion bei einer großen Gruppe von Frauen in Nordfinnland gemessen. Sie konnten feststellen, daß der Melatoninspiegel in den Sommermonaten deutlich niedriger war als während des Winters. Dadurch erklärt sich vermutlich auch die erhöhte Fruchtbarkeit in den Sommermonaten, die sich, wie bereits erwähnt, in der Zahl der in dieser Zeit entstehenden Schwangerschaften widerspiegelt. Dabei steigt vor allem die Häufigkeit von Mehrlingsschwangerschaften besonders stark an (siehe Abb. 66). Wahrscheinlich führt der schnell absinkende Melatoninspiegel zu einer verstärkten Gonadotropinausschüttung und damit zu häufigeren Mehrfachovulationen [82].

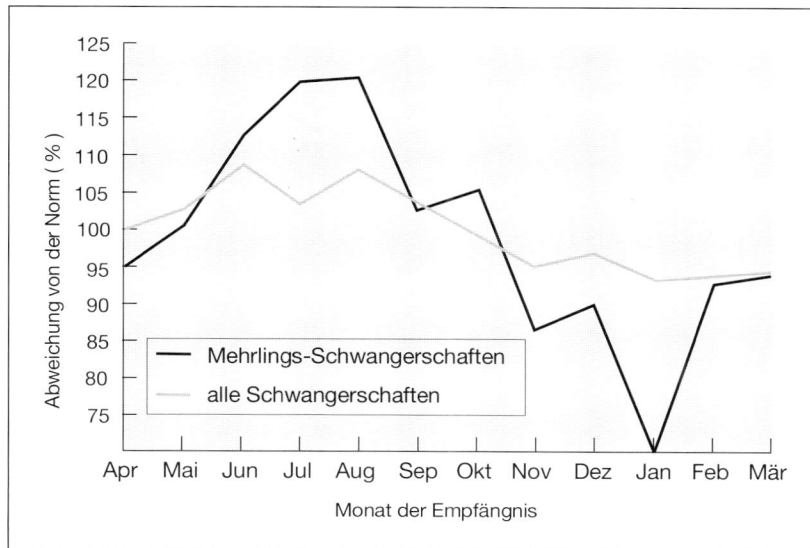

Abb. 66: Jahreszeit-
liche Änderungen
der Schwangerschafts-
häufigkeiten in
Finnland
(nach Reiter 1995) [67]

Einfluß auf den Pubertätsbeginn

Bei beiden Geschlechtern bestimmt das Melatonin den Beginn der Pubertät wesentlich mit. Die ersten Hinweise dafür ergaben sich bei Kindern, deren Epiphyse durch einen Tumor zerstört worden war. Sie zeigten ein deutlich zu frühes Einsetzen der Pubertät. Daraus ergab sich die Vermutung, daß Melatonin normalerweise eine Hemmung der Geschlechtsreifung verursacht. Bei den betroffenen Kindern konnte diese hemmende Wirkung nicht eintreten, weil bei ihnen die Epiphyse nicht mehr in der Lage war, ausreichend Melatonin zu produzieren [83].

Daß eine zu hohe Melatoninsynthese den Eintritt der Pubertät verzögern kann, wurde erstmals bei einem männlichen Patienten festgestellt, der im Alter von 20 Jahren noch keine vollständige Geschlechtsreifung erreicht hatte. Nachdem bei ihm die üblichen Hormonbehandlungen keinen Erfolg gebracht hatten, veranlaßte sein Arzt eine Untersuchung des Melatoninspiegels. Dabei stellte sich heraus, daß der Patient eine fünffach erhöhte Menge von Melatonin im Blut aufwies. Nach der Rückführung dieses viel zu hohen Wertes trat spontan die Pubertät ein, und inzwischen hat der Mann geheiratet und ist Vater eines gesunden Kindes. Dieser Fall veranlaßte einige Wissenschaftler bei einer größeren Gruppe von Jugendlichen mit verzögerter Pubertät den Melatoninspiegel zu bestimmen. Sie hatten fast alle deutlich höhere Melatoninkonzentrationen im Blut als eine Vergleichsgruppe mit normaler Pubertät. Umgekehrt wurden bei Jugendlichen mit vorzeitiger Geschlechtsreife zu niedrige Melatoninwerte gefunden. Auf diese Weise konnte der Einfluß des Epiphysenhormons auf den Pubertätseintritt eindeutig nachgewiesen werden [84].

Einfluß auf das weibliche Geschlecht

Bei geschlechtsreifen Frauen wurde festgestellt, daß der nächtliche Melatoninspiegel im Blut sich deutlich mit dem Verlauf des Menstruationszyklus verändert: Nach der Menstruation fällt die Melatoninkonzentration deutlich ab, erreicht ihren niedrigsten Wert zum Zeitpunkt der Ovulation und steigt dann wieder an (siehe auch Abb. 67). Einige Wissenschaftler vermuten, daß dieses Melatonintief in der Zyklusmitte für die Auslösung des Eisprungs mitverantwortlich ist.

Auch bei der Entstehung von Zyklusstörungen und Unfruchtbarkeit scheint Melatonin eine wichtige Rolle zu spielen: Darauf weisen jedenfalls Untersuchungen an Sportlerinnen hin, bei denen kein Menstruationszyklus auftrat: Es zeigte sich, daß diese Frauen einen etwa doppelt so hohen Melatoninspiegel aufwiesen wie Sportlerinnen, die keine Zyklusstörungen hatten. Daß Frauen, die Leistungssport betreiben und sehr intensiv trainieren, oft azyklisch werden, ist schon seit längerem bekannt. Über die Ursachen für diese Störung weiß man bisher allerdings noch wenig. Es ist anzunehmen, daß ein hoher Melatoninspiegel dafür zumindest mitverantwortlich ist [85].

Abb. 67: Veränderungen des Melatoninspiegels während des Menstruationszyklus (nach Reiter 1995) [67]

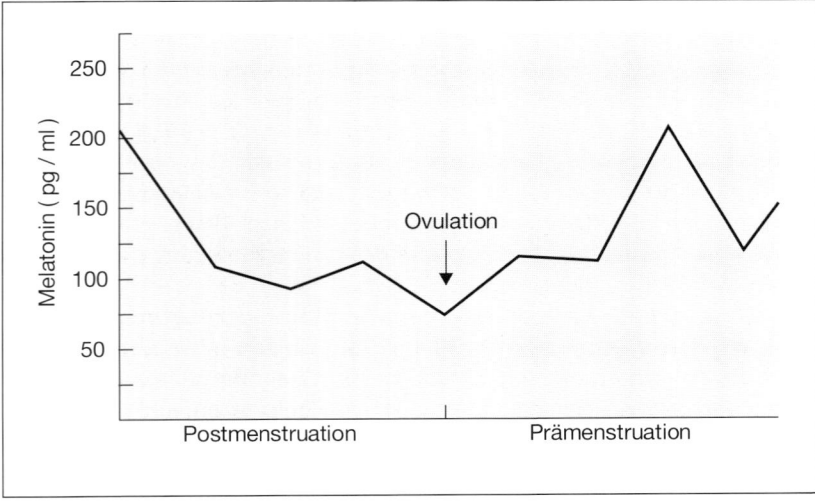

Ähnliches gilt wahrscheinlich auch für Zyklusstörungen, die im Rahmen von Flugreisen besonders dann gehäuft auftreten, wenn mehrere Zeitzonen überflogen werden. Die dadurch hervorgerufene Verschiebung des TagNacht-Rhythmus beeinflußt die Melatoninproduktion erheblich, wodurch nicht nur Störungen des Zyklus, sondern auch viele andere Erscheinungen des sog. „Jet-Lags" entstehen dürften. Für solche Zusammenhänge spricht auch die Tatsache, daß die Einnahme von Melatonin ein Auftreten von Zyklusstörungen und anderen Jet-Lag-Beschwerden zumindest teilweise verhindern kann.

Nachdem bekannt war, daß Melatonin den Zyklus der Frau hemmen kann, wurden Versuche unternommen, auf der Basis dieses Hormons eine neue Art der Antibabypille zu entwickeln. Es zeigte sich allerdings, daß mit Melatonin allein keine ausreichend sichere Empfängnisverhütung erzielt werden konnte. Deshalb wurde Melatonin mit kleinen Mengen von Progesteron kombiniert. Dieses Kombinationspräparat ist in den USA bereits auf dem Markt. Es hat unter anderem den Vorteil, daß es keine Östrogene enthält, die für manche unerwünschten Nebenwirkungen der normalen Antibabypille verantwortlich sind. Außerdem eignet sich die Melatoninpille besonders gut für die Unterdrückung prämenstrueller Störungen, unter denen viele Frauen leiden. Dabei treten mehr oder minder kurz vor der Regelblutung zahlreiche Beschwerden, wie Kopfschmerzen, Schlaflosigkeit und Reizbarkeit auf, wobei zu beobachten ist, daß diese Symptome mit dem Alter zunehmen. Hormonuntersuchungen haben gezeigt, daß Frauen mit starken prämenstruellen Beschwerden nachts einen sehr viel geringeren Melatoninanstieg aufweisen als beschwerdefreie Frauen [86].

Interessanterweise konnten bei prämenstruellen Beschwerden ähnlich gute Ergebnisse wie mit der Melatoninpille auch dadurch erzielt werden, daß die betroffenen Frauen etwa eine Woche vor der Regelblutung jeden Abend einer intensiven Lichtbestrahlung ausgesetzt wurden. Wahrscheinlich bewirkt diese Bestrahlung zunächst eine Hemmung der Melatoninabgabe, die dann nachts durch eine Gegenregulierung zu einer erhöhten Melatoninfreisetzung führt. Die günstige Wirkung einer Lichttherapie ist schon seit längerem bei einer bestimmten Form der psychischen Depression bekannt, die vor allem in der Winterzeit verstärkt vorkommt.

Auch das Eintreten der Wechseljahre (*Klimakterium*), das bei Frauen meist im Alter von 45 bis 55 Jahren das Ende des reproduktionsfähigen Lebensabschnitts anzeigt, wird wahrscheinlich von Melatonin beeinflußt. Dafür spricht, daß in diesem Alter ein starker Rückgang der Melatoninproduktion auftritt, der vermutlich mit dazu beiträgt, daß in den Eierstöcken keine Follikel mehr heranreifen. Viele klimakterische Beschwerden, die bei Frauen in den Wechseljahren auftreten, werden ebenfalls mit dem Melatoninabfall in Verbindung gebracht. Deshalb wird dieses Hormon zunehmend bei der Bekämpfung der Klimakteriumsbeschwerden eingesetzt. Allerdings wird Melatonin meist mit Östrogenen kombiniert, so daß die Wirkungen der beiden Hormone nicht klar voneinander getrennt werden können [87].

Einfluß auf das männliche Geschlecht

Bei geschlechtsreifen Männern konnte bisher kein eindeutiger Effekt von Melatonin auf die Gonadenfunktionen festgestellt werden. Aus Untersuchungen an männlichen Ratten ist allerdings bekannt, daß der altersabhängige Abfall der Testosteronproduktion in den Hoden durch Melatoningaben verlangsamt werden kann. Es wird auch diskutiert, ob Melatonin die Erekti-

onsfähigkeit verbessert und ob die Beweglichkeit der Spermien positiv beeinflußt wird. Eindeutige Ergebnisse liegen aber in dieser Hinsicht noch
nicht vor [88].

Welche sonstigen Hormone haben Einfluß auf die Sexualität?

Schilddrüsenhormone

Die Schilddrüse (*Glandula thyreoidea*) leitet ihren Namen von ihrer Lage
her: Sie liegt nämlich mit ihren oberen Abschnitten beidseitig dem Schild-
knorpel des Kehlkopfes an. Die zwei Schilddrüsenlappen sind durch eine
Querspange verbunden, die sich über den Anfangsteil der Luftröhre er-
streckt (siehe Abb. 57).

Die Schilddrüse produziert hauptsächlich die jodhaltigen Hormone *Tetra-
jodthyronin (Thyroxin)* und *Trijodthyronin*, die eine sehr komplexe stoff-
wechselanregende Wirkung haben. In anderen Zellen der Schilddrüse entsteht das nichtjodhaltige *Thyrocalcitonin*, das für die Calciumeinlagerung
im Knochen wichtig ist.

Die Produktion der jodhaltigen Schilddrüsenhormone wird ähnlich wie
die Synthese der Geschlechtshormone durch das Hypothalamus-Hypophysen-System gesteuert. Zwischen dem *Thyreotropen Hormon (TSH)*, das vom
Hypophysenvorderlappen gebildet wird, und den *Gonadotropinen*, die auch
aus dem Vorderlappen der Hypophyse stammen, bestehen bemerkenswer-
te Ähnlichkeiten: Der Eiweißanteil dieser Hormone ist aus zwei Unterein-
heiten aufgebaut, wobei eine Untereinheit völlig identisch ist. In der zweiten Untereinheit besteht eine relativ kleine Differenz, die dafür sorgt, daß
TSH nur auf die Schilddrüse wirkt, während die Gonadotropine LH und FSH
die Gonaden beeinflussen.

Störungen der Schilddrüsenfunktion haben einen relativ großen Einfluß
auf die weiblichen Sexualfunktionen, während das männliche Geschlecht
vergleichsweise wenig beeinflußt wird.

Bei einer Überfunktion der Schilddrüse (*Hyperthyreose*) kommt es meist
zu einer verkürzten Regelblutung und bei längerer Dauer der Störung auch
zu einem völligen Ausbleiben der Menstruation (*Amenorrhoe*). Eine Schild-
drüsenunterfunktion (*Hypothyreose*) führt dagegen zu einer verlängerten
Regelblutung (*Menorrhagie*) und zur Verhinderung des Eisprungs. Auf welcher Ebene die Störungen der Sexualfunktionen ausgelöst werden, ist noch
nicht endgültig geklärt. Wahrscheinlich wirken die Schilddrüsenhormone
vor allem auf die Bildung eines Transportproteins für die Sexualhormone
ein und können so den Gesamtöstrogenspiegel und vielleicht auch den
Gesamtandrogenspiegel verändern. Umgekehrt haben Östrogene auch
Einfluß auf das zirkulierende Transportprotein der Schilddrüsenhormone
[42].

Nebennierenrinden-Hormone

Die Nebennieren liegen kappenartig den oberen Nierenpolen auf, haben ansonsten aber keine Beziehungen zu den Nieren (Abb. 57). An den Nebennieren kann man einen Rinden- und einen Markanteil unterscheiden.

Die Hormone, die in der Nebennierenrinde gebildet werden, stehen ebenfalls unter der Kontrolle des Hypothalamus-Hypophysen-Systems. Die Nebennierenrinden-Hormone sind in ihrem Aufbau den Geschlechtshormonen sehr ähnlich. Sie gehören auch in die Gruppe der Steroide und leiten sich vom Cholesterin her.

In den drei histologisch unterscheidbaren Bereichen der Nebennierenrinde werden drei verschiedene Arten von Steroidhormonen gebildet:

- die *Glukocorticoide*, deren Hauptvertreter das *Cortisol* ist, wirken vor allem auf den Zuckerstoffwechsel ein,
- die *Mineralocorticoide*, von denen das Aldosteron die wichtigste Rolle spielt, beeinflussen hauptsächlich den Mineral- und Wasserhaushalt,
- die *Androgenvorstufen*, die vorrangig vom *Androstendion* und *Dehydroepiandrosteron* repräsentiert werden. Sie haben selbst keine deutliche virilisierende Wirkung, können aber in anderen Geweben in echte Androgene (insbesondere Testosteron) umgebaut werden.

Beim Mann spielen die aus der Nebennierenrinde stammenden Androgene unter normalen Umständen keine wesentliche Rolle, weil die im Hoden produzierten Hormonmengen um ein Vielfaches höher sind. Bei der Frau stammen aber etwa $\frac{2}{3}$ der im Blut zirkulierenden Androgene aus der Nebennierenrinde und ca. $\frac{1}{3}$ aus dem Ovar. Die Inaktivierung erfolgt zum großen Teil im Unterhautfettgewebe, wobei durch Aromatisierung Östrogen entsteht. Es kommt aber auch zu einem Umbau in der Leber, wodurch eine Ausscheidung über die Nieren möglich wird [25].

Die Mengen an Androgenvorstufen, die bei der Frau in der Nebennierenrinde gebildet werden, hängen stark von Alter, Ernährungszustand, Leberfunktion und genetischen Komponenten ab. Ein mäßig erhöhter Androgenspiegel im Blut kann bei Frauen Zyklusstörungen hervorrufen. Bei der Inaktivierung der Androgene im Unterhautfettgewebe entstehen nämlich vermehrt Östrogene. Infolge ihrer Rückkopplungswirkung auf die Hypophyse beeinflussen sie die Gonadotropinbildung negativ. Beim Vorliegen bestimmter Gendefekte oder beim Auftreten hormonaktiver Nebennierenrinden-Tumoren können Androgene in einem solchen Übermaß entstehen, daß eine mehr oder minder starke Virilisierung (Vermännlichung) des weiblichen Organismus eintritt (siehe auch S. 160).

Wachstumshormon und Wachstumsfaktoren

Das Wachstumshormon (*Somatotropin*) wird ebenfalls im Hypophysenvorderlappen gebildet und steht unter der Kontrolle des Hypothalamus. Wie schon der deutsche Name sagt, fördert das Somatotropin vor allem das Körperwachstum. Dementsprechend beeinflußt es zahlreiche Stoffwechselvorgänge und wirkt dabei mit vielen anderen Hormonen zusammen. Seit einiger Zeit ist bekannt, daß das Wachstumshormon die Bildung von peripheren Wachstumsfaktoren (*Somatomedine*) auslöst, die für viele Effekte verantwortlich sind, die man ursprünglich dem Somatotropin zugeschrieben hat. Die Somatomedine werden vor allem in der Leber gebildet, kommen aber auch in den Nieren und im Bindegewebe vor. Da sie sich zum Teil an Insulinrezeptoren binden können und insulinähnliche Wirkungen entfalten, werden sie auch *Insulin-Like Growth-Factors (IGF)* genannt. In den letzten Jahren wurden Somatomedine auch im Eierstock nachgewiesen. Sie scheinen eine Erhöhung der Progesteronsynthese in den Granulosazellen zu bewirken. Die meisten Untersuchungsergebnisse stammen allerdings bisher aus Tierversuchen und Gewebekulturanalysen, so daß noch ungeklärt ist, inwieweit die Somatomedine auch für die normale Funktion der menschlichen Gonaden wichtig sind [76].

Prolaktin

Das Prolaktin wird auch als laktotropes bzw. mammotropes Hormon bezeichnet. Es wird aufgrund des ähnlichen Aufbaus von vielen Autoren mit dem Wachstumshormon zur sog. *Prolaktin-Wachstumshormon-Familie* zusammengefaßt. Beide Hormone werden im Hypophysenvorderlappen gebildet und wirken direkt auf periphere Gewebe ein. Das Hauptzielorgan des Prolaktins ist bei den meisten Säugetieren und beim Menschen die weibliche Brustdrüse. Bei der Wachstumssteuerung dieser Drüse wirken Prolaktin und Somatotropin eng mit Östrogenen und Gestagenen zusammen. In der Brustdrüse geschlechtsreifer Frauen bewirkt Prolaktin das Einsetzen der Milchproduktion, was als *Laktogenese* bezeichnet wird. Normalerweise kommt die Laktogenese nur während der Schwangerschaft in Gang, weil in dieser Zeit die Prolaktinsynthese der Hypophyse stark ansteigt. Zusätzlich wird von der Plazenta ein prolaktinähnliches Hormon, das *Laktogen* gebildet. Nach der Geburt führt vor allem der Saugreiz des neugeborenen Kindes zu einer starken Ausschüttung von Prolaktin, das zusammen mit dem Hypophysenhinterlappenhormon *Oxytocin* dafür sorgt, daß ausreichend Milch für die Ernährung des Kindes zur Verfügung gestellt wird.

Im Tierexperiment konnte gezeigt werden, daß Prolaktin auch eine fördernde Wirkung auf die Gestagenproduktion des Gelbkörpers hat. Deshalb wird Prolaktin manchmal als *luteotropes Hormon* bezeichnet. Ob diese Wirkung auch beim Menschen vorhanden ist, konnte allerdings noch nicht sicher nachgewiesen werden.

Eine erhöhte Prolaktinkonzentration hemmt die Gonadotropinbildung der Hypophyse, wodurch die Eireifung unterbleibt und der Menstruationszyklus zum Erliegen kommt. Dieser Vorgang tritt regelmäßig während der Stillzeit ein und bewirkt die sog. *Laktationssterilität*, die den weiblichen Organismus vor der Belastung durch eine neue Schwangerschaft schützt. Hohe Prolaktinspiegel treten auch manchmal außerhalb der Schwangerschaft oder Stillzeit auf und können die Ursache für Zyklusstörungen und Unfruchtbarkeit sein [42].

Zumindest bei Tieren ist nachgewiesen, daß Prolaktin auch einen deutlichen Einfluß auf das mütterliche Brutpflegeverhalten hat. Die Wirkungen von Prolaktin beim Mann und bei der nichtschwangeren bzw. nichtstillenden Frau sind noch weitgehend unbekannt. Da spezifische Abwehrzellen viele Prolaktinrezeptoren aufweisen, nimmt man an, daß Prolaktin die Immunabwehr des Körpers steigern kann. Dafür spricht auch, daß der Prolaktinspiegel bei Abstoßungsreaktionen nach einer Organtransplantation deutlich ansteigt [25].

Insulin

Das Hormon Insulin zählt zur Gruppe der Eiweißhormone, weil es aus Aminosäureketten aufgebaut ist. Das Insulin wird in den sog. Langerhansschen Inseln der Bauchspeicheldrüse (*Pankreas*) gebildet (Abb. 57). Paul Langerhans entdeckte 1869 als 21jähriger Medizinstudent die inselartigen Zellkomplexe im Pankreasgewebe. Ihre Bedeutung als Hormondrüse wurde aber erst wesentlich später erkannt. Der Hormonname „Insulin" wurde geprägt, um die Herkunft aus den Langerhansschen Inseln zu verdeutlichen, die in ihrer Gesamtheit auch als *Inselapparat* bezeichnet werden.

Die Hauptaufgabe des Insulins ist darin zu sehen, daß unter seiner Wirkung Traubenzucker (*Glukose*) aus dem Blut in die Zellen der Gewebe übertreten kann. Außerdem fördert es den Aufbau des Reservekohlenhydrats Glykogen in Leber- und Muskelzellen. Auch die Bildung von Fett und Eiweiß wird durch Insulin gefördert.

Alle diese Stoffwechselvorgänge führen dazu, daß der Blutglukosespiegel sinkt. Wenn nicht ausreichend Insulin gebildet wird oder das Hormon nicht voll wirksam werden kann, steigt die Blutzuckerkonzentration im Blut und in den Geweben entsteht gleichzeitig ein Zuckermangel. Man nennt diese Störung Zuckerkrankheit (*Diabetes mellitus*). Wenn die Erkrankung nicht rechtzeitig erkannt wird, kann sie zum Tode führen [75].

Daß das Insulin auch Auswirkungen auf die Sexualfunktionen haben kann, wurde vor allem an Diabetespatienten erkannt. Bei Diabetikern treten Potenzstörungen auf, während Diabetikerinnen vor allem Störungen des Sexualzyklus zeigen. Besondere Probleme entstehen während der Schwangerschaft, weil vermehrt Fehlgeburten und Fehlbildungen auftreten. Außerdem regt der hohe Zuckergehalt im mütterlichen Blut die Inselzellen des Kindes zu einer erhöhten Insulinproduktion an. Dadurch strömen große Zuckermengen in die kindlichen Zellen, so daß eine Überernährung stattfindet und das heranwachsende Kind geradezu gemästet wird. Wegen des starken Übergewichts kommt es dann bei der Geburt häufig zu Komplikationen und zu einer erhöhten Sterblichkeit der Neugeborenen.

Auf welchem Weg das Insulin die Sexualfunktionen beeinflußt, ist noch weitgehend unbekannt. Vor allem durch Untersuchungen an Tiermodellen wurden Hinweise auf eine direkte Beeinflussung des Hypothalamus gefunden. Insulin scheint für die Ausbildung der Östrogenrezeptoren in diesem Gehirnareal wichtig zu sein. Dementsprechend sinkt bei Insulinmangel die Zahl der Rezeptoren deutlich ab, wodurch der Hypothalamus gegenüber Östrogen unempfindlicher wird. So entstehen wahrscheinlich Störungen der Rückkopplungsmechanismen zwischen den Gonaden und dem Hypothalamus.

Neben diesen hypothalamischen Störungen dürfte Insulinmangel aber auch durch die Veränderungen des Energiestoffwechsels negative Auswirkungen auf die Sexualfunktionen haben.

Wie beeinflussen Sexualhormone die Psyche?

Viele Erkenntnisse über die physiologischen Wirkungen der Sexualhormone beruhen auf Tierversuchen, deren Ergebnisse sich größtenteils auch für den Menschen als gültig erwiesen haben. Im Bereich der psychischen Effekte ist dieser Weg der Erkenntnisgewinnung jedoch weitgehend versperrt, weil bei Tieren entsprechende Reaktionen oft nicht nachweisbar sind. Da Experimente in aller Regel nicht durchgeführt werden können, ist man in diesem Forschungsbereich auf Verhaltensbeobachtungen und Befragungen angewiesen.

Außerdem lassen sich psychische Reaktionen nur selten auf eine einzige Ursache zurückführen. Meistens liegt eine Vielzahl innerer und äußerer Faktoren vor, die auf die Psyche einwirken können. Deshalb ist das Wissen über die Beeinflussung psychischer Reaktionen durch die Sexualhormone beim Menschen noch sehr begrenzt. Im folgenden werden daher nur einige Beispiele aufgeführt, bei denen hormonelle Effekte relativ deutlich sind [25].

Prämenstruelles Syndrom (PMS)

Unter dieser Bezeichnung werden überwiegend psychische Beschwerden zusammengefaßt, die bei vielen Frauen 7 bis 10 Tage vor der Menstruationsblutung auftreten. Die Ausprägung ist individuell sehr unterschiedlich, so daß der Begriff „Syndrom", der eigentlich nur für Krankheiten verwendet wird, nicht ganz zutreffend ist. Lediglich bei ca. 5% aller Frauen sind die PMS-Symptome so stark ausgeprägt, daß sie behandlungsbedürftig werden.

Die folgenden Erscheinungen stehen im Vordergrund: Stimmungslabilität, Reizbarkeit, Angstgefühle, depressive Stimmungslage, verminderte Aktivität, schnelle Ermüdbarkeit, Konzentrationsschwierigkeiten, Veränderungen des Appetits, Schlafprobleme, Schmerzempfindungen und Unlustgefühle.

Als hormonelle Ursache für die prämenstruellen Beschwerden wurde früher vor allem der hohe Progesteronspiegel verantwortlich gemacht, der in der zweiten Zyklushälfte nachweisbar ist. Allerdings konnte kein klarer Zusammenhang zwischen der Symptomstärke und der Progesteronkonzentration im Blut festgestellt werden.

Deshalb wird heute vermutet, daß vor allem der erniedrigte Östrogenspiegel während der zweiten Zyklushälfte die PMS-Symptome auslöst. Dafür spricht, daß Östrogengaben die Störungen relativ oft positiv beeinflussen. Bei einem nicht unerheblichen Teil betroffener Frauen bleibt eine Östrogentherapie allerdings wirkungslos. Auch das Epiphysenhormon Melatonin scheint Einfluß zu haben (siehe auch S. 111). Heute weiß man, daß die PMS-Symptome am besten dadurch verhindert werden können, daß die Hormonschwankungen während des Zyklus möglichst vollständig unterdrückt werden. Diese Beobachtung spricht dafür, daß nicht so sehr die Konzentration eines einzelnen Hormons, sondern vielmehr starke Hormonschwankungen für die prämenstruellen Beschwerden verantwortlich sind [90].

Zur Begründung dieser Hypothese wird auch angeführt, daß sich das Menstruationsgeschehen in unserer zivilisierten Welt stark verändert hat. Früher waren Frauen im gebärfähigen Alter überwiegend schwanger oder sie befanden sich in der Stillzeit, wodurch der Zyklus unterdrückt wurde. Man schätzt, daß Frauen vergangener Zeiten in etwa 20 reproduktionsfähigen Jahren nur ca. 10 bis 20 Menstruationszyklen erlebten. Heute finden in dieser Zeit mehrere hundert Zyklen statt. Deshalb wird vermutet, daß die heute so häufigen prämenstruellen Beschwerden vor allem darauf zurückzuführen sind, daß der weibliche Organismus biologisch eigentlich nicht auf solche laufend wiederkehrenden Hormonschwankungen eingerichtet ist. Diese Theorie wird gestützt durch Beobachtungen an heute noch lebenden Naturvölkern. Bei ihnen haben Frauen wegen häufiger Schwangerschaften und langer Stillzeiten nur relativ selten einen Menstruationszyklus. Prämenstruelle Beschwerden werden dabei fast nie beobachtet [91].

Depressionen

Eine psychische Depression ist vor allem gekennzeichnet durch tiefe Traurigkeit, Antriebslosigkeit, Gefühle der Wertlosigkeit, allgemeines Schwächegefühl sowie Störungen des Schlafs, der Nahrungsaufnahme und des Sexuallebens.

Depressive Zustände können durch verschiedene Hormone beeinflußt werden: Eine erniedrigte Konzentration des Schilddrüsenhormons kann Depressionen ebenso auslösen wie erhöhte Mengen von Nebennierenrinden-Hormonen, insbesondere Cortisol. Auch hohe Prolaktinkonzentrationen im Blut werden bei depressiven Patientinnen recht häufig beobachtet. Von den Sexualhormonen scheinen vor allem die Östrogene Depressionen zu beeinflussen. Östrogenmangel verstärkt depressive Zustände. Durch Östrogengaben kann der Zustand in vielen Fällen deutlich gebessert werden.

Die *nachgeburtliche Depression* ist eine recht häufige Sonderform der Depression. Sie befällt viele Frauen kurz nach der Geburt. Man bringt sie mit den starken hormonellen Umstellungen in Zusammenhang, die nach der Geburt durch den Wegfall der Hormonproduktion in der Plazenta auftreten. In der Regel verschwindet die depressive Verstimmung schon nach wenigen Tagen ohne Behandlung. Östrogengaben zeigen häufig eine positive Wirkung [25].

Mütterliches Verhalten

Über hormonelle Einflüsse auf die Entwicklung mütterlicher Gefühle und Verhaltensweisen ist für den Menschen sehr wenig bekannt. Das hängt sicher damit zusammen, daß keine experimentellen Untersuchungen möglich sind und daß es keine eindeutige Definition dafür gibt, was unter einem normalen mütterlichen Verhalten zu verstehen ist.

Bei anderen Säugetieren ist allerdings eine deutliche Abhängigkeit des Brutpflegeverhaltens vom Hormonstatus des Muttertieres festzustellen. Ein starker Abfall des Progesteronspiegels in Kombination mit hohen Konzentrationen von Östrogen, Prolaktin und wahrscheinlich auch Oxytocin ruft beispielsweise bei Ratten typische Betreuungsreaktionen gegenüber Neugeborenen hervor.

Es ist daher zu vermuten, daß auch beim Menschen die Hormone in dieser Hinsicht eine gewisse Rolle spielen. Die Effekte werden allerdings von anderen Faktoren wie z.B. taktile und visuelle Reize stark überlagert [25].

Klimakterische Beschwerden

In der Zeit der Wechseljahre (*Klimakterium*) treten bei vielen Frauen ähnliche Beschwerden auf, wie sie für das prämenstruelle Syndrom bereits beschrieben wurden. Es fehlt jedoch die Beschränkung auf wenige Tage im Monat, sondern die Störungen sind für mehr oder minder lange Zeit dauerhaft vorhanden. Dafür wird vor allem ein starker Abfall der Östrogenproduktion in den Eierstöcken verantwortlich gemacht, der auch Rückwirkungen auf das Hypothalamus-Hypophysen-System hat. Allerdings spielen vermutlich auch noch andere Hormone (insbesondere das Melatonin) sowie psychische Faktoren eine nicht unwichtige Rolle [77].

Klimakterium virile

Unter diesem Begriff werden vor allem psychische Beschwerden zusammengefaßt, die gehäuft bei Männern etwa ab dem 50. Lebensjahr auftreten. Im Vordergrund stehen ähnlich wie bei der Frau depressive Verstimmungen, verminderte Aktivität, allgemeine Nervosität und Reizbarkeit.

Diese Erscheinungen werden unter anderem auch mit dem Absinken des Testosteronspiegels in Zusammenhang gebracht. Allerdings geht die Hormonproduktion der Hoden deutlich langsamer zurück als die der Eierstöcke, weshalb sich beim Mann für die Beschwerden keine so klare zeitliche Zuordnung ergibt wie bei der Frau. Die männliche Fortpflanzungsfähigkeit kann bis ins Greisenalter erhalten bleiben [77].

Psychische Störungen durch Steroide mit androgener Wirkung

Das Auftreten psychischer Störungen durch zuviel Androgene wurde vor allem bei Sportlern beobachtet, die entsprechende Hormonpräparate einnahmen, um einen vermehrten Muskelansatz zu erzielen. Diese sog. anabolen Steroide haben auch eine mehr oder minder starke androgene Wirkung. Sie verursachen in hohen Dosen, neben Schäden an Leber und Nieren, relativ oft ein extrem aggressives Verhalten mit Tobsuchtsanfällen, die mit Mord und Totschlag enden können. Auch manische Episoden wurden beobachtet [92]. In der Literatur wird beispielsweise von einem Collegestudenten berichtet, bei dem durch den Mißbrauch von Androgenen ein Unsterblichkeitswahn entstanden war. Er setzte sich ins Auto und fuhr mit hoher Geschwindigkeit gegen einen Baum. Die Todesfahrt wurde von einem Freund gefilmt [93].

Seit einigen Jahren mehren sich die Hinweise, daß androgen wirksame Steroide auch ein erhebliches Suchtpotential besitzen. Bei plötzlichem Absetzen der Hormone treten oft deutliche Entzugssymptome auf. Es sind inzwischen mehrere Fälle bekannt geworden, wo Jugendliche nach plötzlichem Androgenentzug Selbstmord begingen [94].

6

Apollos Pfeile

Sexualverhalten und Geschlechterrollen

Wie hat sich das menschliche Sexualverhalten entwickelt?

Frühe stammesgeschichtliche Grundlagen

Die Sexualität hat wie andere menschliche Verhaltensweisen zweifellos weit zurückreichende stammesgeschichtliche Grundlagen, die auch in der Gegenwart noch mehr oder minder starken Einfluß nehmen. So ist die Sexualität des Mannes auch heute noch mehr oder minder deutlich mit aggressivem Dominanzverhalten verknüpft, während weibliche Sexualität stärker von passiv-duldenden Verhaltensweisen geprägt ist. Die evolutive Basis dieser bei uns nur noch eingeschränkt vorhandenen Verhaltenstendenzen findet sich bei den Reptilien, die meist eine Dominanz-Unterwerfungs-Sexualität in Reinform betreiben. Das sexuelle Werbeverhalten der Männchen besteht z.B. bei verschiedenen Echsenarten in einem Drohimponieren. Wenn Weibchen paarungswillig sind, antworten sie darauf mit typischem Unterwerfungsverhalten, indem sie sich flach auf den Bauch legen. Wenn sie nicht zur Kopulation bereit sind, reagieren sie mit Gegendrohen, wodurch der Geschlechtstrieb des Männchens in der Regel schnell unterdrückt wird. Von einigen Autoren wird dieses Sexualverhalten deshalb auch als „Reptiliensexualität" oder „archaische Dominanzsexualität" bezeichnet [51].

Aber auch bei den Säugetieren ist das Sexualverhalten noch häufig von aggressiven Tendenzen geprägt: Zum Beispiel greift ein brünftiger Hirsch weibliche Tiere, die nicht sofort die Begattung zulassen, ähnlich heftig mit dem Geweih an wie männliche Nebenbuhler. Ein Eselhengst beißt und schlägt die Stute beim Bespringen oft blutig. Dieses aggressive Ritual ist im Wesen der Tiere so fest verankert, daß ein Abweichen davon die Begattung meist unmöglich macht. So läßt sich beispielsweise eine Eselstute von einem Pferdehengst normalerweise nicht bespringen, weil er das schmerzhafte Vorspielzeremoniell nicht einhält.

Freundliche Partnerschaftsbeziehungen zwischen den Geschlechtspartnern bildeten sich vermutlich im Zusammenhang mit einer verstärkten Brutpflege heraus. Die dabei entwickelten Verhaltensweisen und Motivationen wurden wahrscheinlich auf den Sexualpartner übertragen. Ein charakteristisches Merkmal für solche Beziehungen ist das Verlangen nach Nähe des Partners, dem gegenüber ein freundlich-verträgliches Verhalten geäußert wird, während andere erwachsene Artgenossen bei Annäherung oft attackiert werden. Typisch sind auch bindungsstabilisierende Verhaltensweisen, die nur im Zusammenspiel mit dem Sexualpartner ausgelebt werden. Beispielsweise kann man bei einigen Vogelarten ein sog. Duettsingen beobachten, das maßgeblich ist für die oft lebenslange Bindung zwischen den Partnern. Auch das von Konrad Lorenz eindrucksvoll beschriebene „Triumphgeschrei" der Graugänse hat eine solche bindungsstabilisierende Funktion [51].

Sexualverhalten bei tierischen Primaten

Bei den nächsten zoologischen Verwandten des Menschen, den Affen und Halbaffen (Primaten) ist eine lang andauernde Zweierbeziehung zwischen männlichen und weiblichen Individuen nur eine von mehreren Möglichkeiten. Die folgenden Formen der Sexualität sind bisher bei tierischen Primaten beobachtet worden:

- *Polygynie (Vielweiberei)*, bei der ein Männchen mehrere Weibchen als Sexualpartner hat (z.B. Mantelpaviane, Gorillas)
- *Polyandrie (Vielmännerei)*, bei der ein Weibchen mehrere Männchen als Sexualpartner hat (vermutlich einige Krallenaffen)
- *Polygynandrie (Gruppenehe, Promiskuität)*, bei der innerhalb einer Gruppe sexuelle Freizügigkeit herrscht, die allerdings nach Alter und Rang oft deutlich abgestuft ist (z.B. Steppenpaviane und Schimpansen)
- *Monogamie (Einehe)*, bei der jeweils nur ein Männchen und ein Weibchen sexuell miteinander verkehren (z.B. Springaffen, Gibbons).

Die Monogamie findet sich nur bei einer Minderzahl der tierischen Primaten. Man schätzt, daß nur ca. 10% der heute noch lebenden 190 Arten dieser Fortpflanzungsstrategie folgen. Ein ähnlich niedriger Anteil findet sich auch bei vielen anderen Tierordnungen. Die geringe Verbreitung der Monogamie wird von soziobiologisch orientierten Wissenschaftlern durch eine Art Kosten-Nutzen-Rechnung erklärt, die für das männliche Geschlecht Polygynie (Vielweiberei) erfolgversprechender erscheinen läßt: Männchen können ohne großen Aufwand viele Spermien produzieren, so daß die Paarung mit möglichst vielen Weibchen eine relativ risikolose Steigerung des Reproduktionserfolgs verspricht. Demgegenüber sind die Fortpflanzungsmöglichkeiten der Weibchen begrenzt und erfordern großen Aufwand. Sie können deshalb die Verbreitung ihrer Gene vor allem dadurch optimieren, daß sie eine möglichst gute Versorgung ihrer Nachkommenschaft sicherstellen, um die Verluste so gering wie möglich zu halten. Als weibliche Fortpflanzungsstrategie ist deshalb die Monogamie durchaus sinnvoll, sie wird sich aber nur dann durchsetzen können, wenn die Polygynie-Tendenz der Männchen neutralisiert wird [19].

Sexualverhalten früher Hominiden

Über das Sexualverhalten der frühen Hominiden ist verständlicherweise wenig bekannt. Einige fossile Funde lassen aber zumindest einige indirekte Rückschlüsse darüber zu, wie sich unsere Vorfahren in dieser Hinsicht möglicherweise verhalten haben.

Die ältesten bisher bekannten Vertreter in unserer Ahnenreihe sind die sog. *Australopithecinen*. Die ersten Australopithecus-Formen sind vor etwa 5 Millionen Jahren aufgetreten und die letzten dürften wohl vor ca. 1 Million Jahren ausgestorben sein. Sie waren bereits aufrechtgehende Zweibeiner, ähnelten ansonsten aber wohl noch stark den Menschenaffen. Männliche und weibliche Australopithecinen unterschieden sich in der Körpergröße deutlich. Bei den heute lebenden Menschenaffen ist der Größenunterschied der Geschlechter vor allem bei Gorillas sehr auffällig. Ihr Sexualverhalten wird durch Polygynie geprägt, wobei ein Männchen meist einen relativ kleinen „Harem" hat, der intensiv betreut und verteidigt wird. Da polygynes Sexualverhalten und ein deutlicher Geschlechtsdimorphismus im Tierreich häufig gemeinsam auftreten, nimmt man an, daß auch die Australopithecinen vorwiegend polygyn gelebt haben. Vermutlich hatten sie ein ähnliches Haremsystem wie die Gorillas [95].

Auf der nächsten Stufe der menschlichen Stammesgeschichte wurden die Australopithecinen vor ca. 1 bis 2 Millionen Jahren von der Gruppe des *Homo habilis* abgelöst. Diese Hominiden, die auch als *Habilinen* bezeichnet werden, wurden der Gattung *Homo* zugeordnet, weil sie ein deutlich höheres Gehirnvolumen aufwiesen als die Australopithecinen und bereits Steinwerkzeuge herstellten. Diese Fähigkeit hat dem Hominidentyp auch den Beinamen „habilis" eingetragen, was im Lateinischen „handwerklich geschickt" bedeutet.

Da sich bei den Habilinen der Größenunterschied zwischen männlichen und weiblichen Individuen deutlich verringerte, wird angenommen, daß auch im Fortpflanzungsverhalten gravierende Änderungen eintraten. Es wird spekuliert, daß körperlich etwas schwächere, aber vielleicht geschicktere *Homo habilis*-Männer das Haremsystem der starken Männer dadurch aufbrachen, daß sie durch Werkzeugherstellung und -gebrauch einen größeren Nahrungsvorrat anlegen konnten und diesen als Tauschmittel gegen Sexualität einsetzten. Der Tausch Sex gegen Nahrung ist keinesfalls ungewöhnlich und kann heute noch bei unseren nächsten Verwandten, den Bonobos, beobachtet werden [96].

Die Nachfolger des *Homo habilis* waren die *Homo erectus*-Formen, die auch als *Archanthropinen* bezeichnet werden. Sie lebten bis vor etwa 200000 Jahren und verbreiteten sich über Afrika, Europa und Asien. Ihre Ernährung stellten sie durch Sammeln eßbarer Pflanzen, aber auch durch gemeinschaftliche Jagd sicher. Insbesondere die Jagd führte zu einem engen Zusammenleben in größeren Gruppen. Dadurch wurde vermutlich auch die sexuelle Promiskuität (Gruppenehe) verstärkt und die Haremsbildung erschwert. Promiskuität führt im Tierreich im allgemeinen dazu, daß die Männchen größere Hoden und Begattungsorgane entwickeln, um ihre Fortpflanzungschancen zu verbessern. Aus dieser Zeit stammen wahrscheinlich die im Vergleich zum Gorilla großen Genitalorgane des Mannes. Er ähnelt in dieser Hinsicht mehr dem Schimpansen, der ein weitgehend promiskuitives Sexualverhalten zeigt [97].

Wann und warum beim Menschen der Wandel zur monogamen Paarbildung eingesetzt hat, ist noch umstritten. Es spricht einiges dafür, daß eine geänderte weibliche Fortpflanzungsstrategie wesentlich dazu beigetragen hat. Möglicherweise war die Rückbildung der äußerlich sichtbaren weiblichen Brunstzeichen ausschlaggebend, die eine intensivere sexuelle Zuwendung der Männer notwendig machte (siehe auch S. 128). Eine gewisse Neigung zur Polygamie ist aber wohl bis heute bei den Männern erhalten geblieben.

Formen menschlichen Sexualverhaltens

Auch bei den verschiedenen heute lebenden Menschengruppen finden sich die auf S. 125 beschriebenen Formen des Sexuallebens. Ein großer Überblick über mehr als 800 menschliche Gesellschaften ergab, daß bei etwa 83% Polygynie erlaubt ist, während ca. 16% monogam leben; nur 1% zeigt polyandrische Lebensformen und nur vereinzelt kommt Polygynandrie vor. Das Überwiegen der Polygynie korrespondiert gut mit dem beim Menschen relativ deutlich ausgeprägten Geschlechtsdimorphismus. Wie schon auf S. 126 erwähnt, finden sich im Tierreich starke Unterschiede zwischen den Geschlechtern fast ausschließlich bei Arten mit polygynem Fortpflanzungssystem. Von einem großen Sexualdimorphismus wird gesprochen, wenn männliche Individuen im Vergleich zu weiblichen folgende Eigenschaften in besonders deutlicher Ausprägung zeigen: stärkeres Größenwachstum, größere Körperkraft, verzögerte Pubertät, verstärktes sexuelles Werbeverhalten, höherer Grad von Aggressivität und reduziertes Brutpflegeverhalten. Zweifellos finden sich einige dieser Eigenschaften in mehr oder minder deutlicher Form auch beim Mann [57].

Aus diesen Vergleichen könnte man ableiten, daß die Vielweiberei auch beim heutigen Menschen die biologisch adäquate Form des sexuellen Zusammenlebens ist. Wie bereits auf S. 126 beschrieben, dürften die frühen Hominiden auch so gelebt haben. Bei den derzeit existierenden polygynen Kulturen fällt allerdings auf, daß die meisten Männer zeitweilig nur mit einer Frau eng zusammenleben. Eine zweite Frau wird häufig im Rahmen einer sog. Versorgungsehe genommen. Zum Beispiel ist in einigen Kulturen ein Mann verpflichtet, die Witwe seines Bruders zu heiraten. Der polygynen Neigung des Mannes wird zum Teil auch in monogamen Gesellschaften dadurch Rechnung getragen, daß außereheliche Beziehungen der Männer gesellschaftlich geduldet werden. Auch die weltweit verbreitete Prostitution ist vermutlich in diesem Zusammenhang zu sehen. In manchen Kulturkreisen wird zwar keine Vielweiberei, wohl aber eine sukzessive Monogamie praktiziert. Darunter versteht man, daß ein Mann im Laufe seines Lebens mehrere Frauen hat. Früher ergab sich das oft durch die hohe Müttersterblichkeit, heute sorgen dafür die hohen Scheidungsraten, die in vielen Ländern zu beobachten sind. In Deutschland wird inzwischen jede 3. Ehe geschieden und oft ist der Scheidungsgrund die Untreue des Mannes [50].

Wenn also die lebenslange Monogamie beim Menschen auch keinesfalls die Regel ist, so kann man doch eine Neigung zu mehr oder minder dauerhaften Zweierbeziehungen feststellen, die bei den übrigen Primaten nur selten anzutreffen ist. Es bleibt daher zu fragen, welche Einflüsse diese Änderung im Sexualverhalten bewirkt haben könnten.

Eine der wichtigsten Veränderungen hat sich beim Menschen zweifellos dadurch ergeben, daß die bei den meisten Primaten übliche Beschränkung sexueller Aktivität auf die Brunstzeiten der Weibchen weggefallen ist. Eine gewisse Entkopplung von Sexualität und Brunst kann man bereits bei den Schimpansen feststellen. In besonderem Maße trifft das für die Zwergschimpansen (*Bonobos*) zu, die man heute zoologisch-systematisch als eine eigene Menschenaffenart einordnet und die mit dem Menschen besonders nah verwandt ist. Bei den Bonobos wird sexuelle Aktivität auch außerhalb der Brunstzeiten häufig beobachtet, wobei sie oft der Befriedung von Gruppenmitgliedern dient und damit eine wichtige soziale Funktion erhält [98, 99].

Beim Menschen ist eine Brunstzeit nicht mehr vorhanden, sondern es besteht bei Mann und Frau eine zeitlich unbefristete Begattungsbereitschaft. Dadurch wurde die menschliche Sexualität von der reinen Fortpflanzungsfunktion weitgehend unabhängig und konnte sich zu einem wichtigen partnerschaftsstabilisierenden Faktor entwickeln. Interessant ist in diesem Zusammenhang auch, daß bei der Frau auch die äußeren Merkmale weggefallen sind, die bei den meisten tierischen Primatenweibchen den Eisprung und damit die Zeit der höchsten Befruchtungschance für das Männchen erkennbar machen. Über den evolutionsbiologischen Sinn dieser *„verdeckten Ovulation"* der Frau ist viel spekuliert worden, weil das Phänomen auf den ersten Blick kontraproduktiv zu sein scheint, da es die Befruchtungschancen mindert. Am überzeugendsten erscheint die soziobiologisch orientierte Theorie, wonach die verdeckte Ovulation vor allem der verstärkten Partnerbindung dient, indem sie den Mann zu vermehrter sexueller Aktivität veranlaßt. Wäre der Eisprung für den Mann erkennbar, könnte er die Begattung auf diese kurze Zeit beschränken und hätte mehr Möglichkeiten, seinen polygynen Neigungen nachzugehen. In der ökonomisch geprägten soziobiologischen Terminologie wird das folgendermaßen ausgedrückt: „Die verdeckte Ovulation sorgt für ein höheres männliches Investment und dient damit der Optimierung der weiblichen Reproduktionsstrategie" [51].

Für die Entstehung einer intensiven Partnerbindung war zweifellos auch wichtig, daß sich die Form des Geschlechtsaktes beim Menschen wesentlich verändert hat. Bei den tierischen Primaten erfolgt die sexuelle Vereinigung meistens durch Aufreiten von hinten. Beim Menschen hat sich durch die anatomischen Veränderungen, die mit der Entwicklung des aufrechten

Gangs entstanden sind, die Möglichkeit ergeben, die sexuelle Vereinigung mit zugewandtem Gesicht auszuführen. Das fördert sicherlich die Entstehung einer intensiven individuellen Zweierbeziehung, die für eine dauerhafte Partnerschaft von großer Bedeutung ist. Die Ausbildung von besonderen sexuellen Signalen auf der Vorderseite des weiblichen Körpers (z.B. in Form der roten Lippen oder der sehr betonten Brüste) hat vermutlich wesentlich dazu beigetragen, daß diese Form des Geschlechtsaktes sich ausgebildet hat (siehe auch S. 130).

Eine dauerhafte Zweierbeziehung wird ohne Zweifel auch durch die Orgasmusfähigkeit beider Partner gefördert. Über die Fähigkeit von Tieren, Orgasmen zu erleben, ist wenig bekannt. Für männliche Tiere ist aufgrund der physiologischen Gegebenheiten beim Geschlechtsakt anzunehmen, daß ein orgasmusähnlicher Vorgang abläuft. Ob weibliche Tiere einen Orgasmus verspüren, wird bezweifelt. Beim Menschen sind zwar beide Geschlechter orgasmusfähig, aber die Abläufe sind recht unterschiedlich. Bei der Frau wird zwischen einem klitorisinduzierten und einem vaginalen Orgasmus unterschieden (siehe auch S. 142). Für die Partnerbindung wird vor allem dem weiblichen Orgasmus eine besondere Rolle zugeschrieben. Insbesondere beim vaginalen Orgasmus kommt es ähnlich wie bei der Geburt zur Ausschüttung von Oxytocin aus dem Hypophysenhinterlappen. Da man der Oxytocinausschüttung bei der Geburt eine wichtige Funktion für die Intensivierung der Mutter-Kind-Bindung zuspricht, nehmen einige Autoren an, daß Oxytocin auch bei der sexuellen Partnerbindung eine wichtige Rolle spielt [51].

Gestützt wird diese Theorie durch neuere Untersuchungen an einer monogam lebenden nordamerikanischen Wühlmausart (*Microtus ochrogaster*). Männchen und Weibchen finden bei dieser Art über den Geruch zusammen, wodurch auch die endgültige sexuelle Reifung des Weibchens induziert wird. Einen Tag nach ihrem Zusammentreffen beginnen die Tiere mit der Paarung. Sie kopulieren dabei über ein bis zwei Tage etwa stündlich. Der Eisprung erfolgt allerdings schon nach 12 Stunden, so daß die danach erfolgenden Begattungen für die Befruchtung unnötig sind. Sie scheinen aber für die Ausbildung einer dauerhaften Partnerbindung ausschlaggebend zu sein. Werden die Tiere nämlich schon kurz nach dem Eisprung getrennt, so verhalten sie sich bei einem erneuten Zusammentreffen wie fremde Tiere. Nach Abschluß der vollen Kopulationsphase erkennen sie sich auch nach längerer Trennung wieder, suchen engen Körperkontakt und helfen einander bei Auseinandersetzungen mit fremden Tieren.

Für die Auslösung dieser Reaktionen scheinen die chemisch sehr ähnlichen Peptidhormone Vasopressin und Oxytocin, die beide aus dem Hypothalamus-Hypophysen-System stammen, eine ausschlaggebende Rolle zu spielen. Das Vasopressin beeinflußt vor allem das männliche Verhalten, während das Oxytocin hauptsächlich die weiblichen Reaktionen steuert. Beispielsweise ruft eine Vasopressin-Injektion in das Gehirn bei Männchen eine intensive Kontaktaufnahme zu einem Weibchen hervor, auch wenn vorher nicht kopuliert wurde. Außerdem werden andere Tiere aggressiv abgewehrt und Brutpflegeverhalten tritt auf. Bei Blockade der Rezeptoren für Vasopressin verliert sich dagegen die Bevorzugung einer einzelnen Sexualpartnerin. Bei Weibchen kann durch Oxytocin-Injektion die Partnerbindung stark beschleunigt werden, während eine Oxytocin-Blockade den Aufbau einer Einzelbindung verhindert [100].

Wie sind sexuelle Körpersignale beim Menschen entstanden?

Die Sexualität des Menschen hat sich zwar auf Grund seiner Entwicklung zu einem denkenden und fühlenden Wesen weit von dem einfachen Schema eines Reagierens auf körperliche Reize entfernt, aber zweifellos spielen solche Signale auch heute noch eine nicht zu unterschätzende Rolle. Deshalb soll hier versucht werden, ihre stammesgeschichtliche Entwicklung zumindest in groben Zügen nachzuvollziehen.

Bei den tierischen Primaten hat vor allem der Gesäßbereich wichtige sexuelle Signalfunktionen. Während der Brunst verfärbt er sich bei Weibchen oft deutlich und schwillt stark an, so daß das Männchen daran die Begattungsbereitschaft ablesen kann. Diese Funktion ist beim Menschen zwar weggefallen, aber das Gesäß hat auch bei ihm durchaus seine sexuelle Attraktivität behalten. Im Rahmen der Aufrichtung des Menschen wurde allerdings der vom Gesäß umgebene weibliche Genitalbereich zwischen die Oberschenkel verlagert und damit von hinten weitgehend unsichtbar. Man nimmt an, daß das auf die Brunst befristete Signal der genitalbetonten Gesäßschwellung der tierischen Primaten sich beim Menschen in ein sexuelles Dauersignal gewandelt hat, das vor allem von der Gesäßform ausgeht (siehe auch Abb. 68). Es ist sicher auch kein Zufall, daß das weibliche Gesäß sehr oft auch modisch betont wird [50, 51].

Mit der menschlichen Aufrichtung kam es vermutlich auch zur Ausbildung sexuell attraktiver Geschlechtsmerkmale auf der Vorderseite des Körpers. Das gilt in besonderem Maße für die weibliche Brust. Bei den Menschenaffen schwillt die weibliche Brust nur während der Milchbildungsphase an und ist ansonsten weitgehend unauffällig. Die Brust der Frau ist dagegen vor allem durch Einlagerung von Fettgewebe deutlich hervorgehoben, obwohl diese Form für die Stillfunktion keinesfalls einen Vorteil bietet. Es wird daher angenommen, daß die auffällige Betonung der weiblichen Brust ein sexuelles Dauersignal darstellt, das vermutlich auch der Partnerbindung dient (siehe auch S. 85).

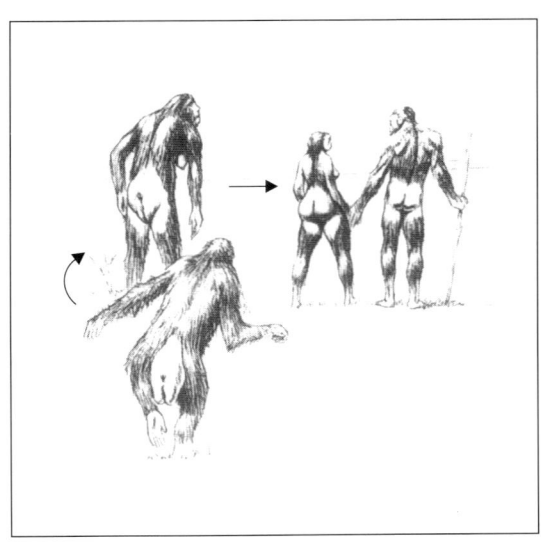

Abb. 68: Hypothetische Entwicklung der Gesäßregion zum sexuellen Dauersignal als Folge der menschlichen Aufrichtung (nach Eibl-Eibesfeldt 1995) [51]

Die sexuelle Funktion der weiblichen Brust kann man in fast allen menschlichen Gesellschaften nachweisen und sie wird auch durch die Bekleidungsmode in vielfältiger Weise hervorgehoben. Manche Autoren sehen in der Form der Brust Ähnlichkeiten mit dem Gesäß und vermuten, daß dessen sexueller Signalwert auch auf die Brust übertragen wurde. Morphologische Ähnlichkeiten in den Rundungen sind zweifellos vorhanden und sie werden durch das Anheben der Brust mit Hilfe eines Büstenhalters oft zusätzlich betont. Es ist auch auffällig, daß nicht nur die völlig entblößte Brust, sondern auch die Rundungen des Busens zwischen den Brüsten ein starkes visuelles Sexualsignal darstellen. Auch andere weibliche Rundungen, wie z.B. die Schultern und Knie, sind sexuell attraktiv, wobei ihr Signalwert aber deutlich geringer ist [50].

Als Hinweis auf eine Signalübertragung von der Gesäß- auf die Brustregion wird angeführt, daß auch bei einigen Affen eine solche Entwicklung nachweisbar ist. Besonders eindrucksvoll ist das bei den Dschelada-Affen (*Theropithecus djelada*) zu sehen. Sie werden auch als „Sitzaffen" bezeichnet, weil sie sehr viel auf ihrem Gesäß sitzen und es nur wenig zur Schau stellen. Dementsprechend ist es als sexuelles Signal nicht gut geeignet. Bei den Weibchen hat sich statt dessen eine Art Gesäßabbildung auf der Brust entwickelt. Die eng beieinanderstehenden roten Zitzen kann man als Kopie der Schamlippen auffassen, auf der übrigen Brustfläche ist ein Bereich durch weiße Warzen abgegrenzt, der in Größe und Form dem Gesäß durchaus ähnlich sieht (siehe Abb. 69).

Als ein wichtiges sexuelles Signal werden auch die roten Lippen angesehen. Sie sind beim Menschen viel deutlicher ausgeprägt als bei seinen nächsten zoologischen Verwandten. Da der auffälligen Form und Farbe beim Nahrungserwerb keine besondere Bedeutung zukommt, liegt es nahe, sie als Schausignal für das andere Geschlecht zu deuten. Frauen verstärken die Signalwirkung oft noch durch die Anwendung von Lippenstift. Form und Farbe der Lippen haben sogar zu der Hypothese geführt, daß sie als Nachahmung der Schamlippen aufzufassen sind [96].

Abb. 69: Die auffällig markierte Brust eines Dschelada-Weibchens (aus Wickler 1969) [68]

Bei Männern scheinen körperliche Merkmale mit sexuellem Signalwert nicht so stark ausgebildet zu sein. Das hängt vermutlich damit zusammen, daß Frauen sich in ihrer sexuellen Zuneigung meist weniger an äußerlichen Signalen orientieren, sondern mehr die Gesamtpersönlichkeit beurteilen. In Vergleichsstudien hat sich allerdings ergeben, daß auch beim Mann bestimmte Körpermerkmale wie z.B. ein kleines festes Gesäß, breite Schultern, schmale Hüften und ein insgesamt muskulöser Körper auf Frauen attraktiv wirken. Eines der auffälligsten männlichen Geschlechtsmerkmale, nämlich der Bartwuchs ist in seiner Wirkung umstritten. Während einige Autoren ihm durchaus eine sexuelle Attraktion zusprechen, sehen andere Forscher darin eher ein Imponiersignal, das sich mehr an die Adresse der männlichen Konkurrenten richtet [51].

Ein wichtiges Geschlechtssignal scheint auch die männliche bzw. weibliche Körpersilhouette zu sein, wobei hinsichtlich der Orientierung eine deutliche Altersabhängigkeit besteht (Abb. 70). Vor der Pubertät wird bei Attrappenwahlversuchen der eigengeschlechtliche Umriß bevorzugt, nach der Pubertät der des anderen Geschlechts [69].

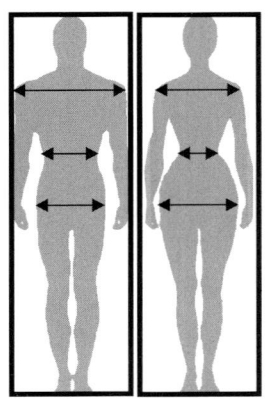
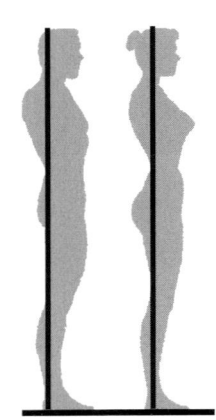
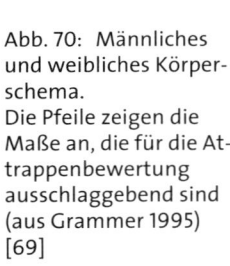

Abb. 70: Männliches und weibliches Körperschema.
Die Pfeile zeigen die Maße an, die für die Attrappenbewertung ausschlaggebend sind (aus Grammer 1995) [69]

Neben den sichtbaren Sexualsignalen gibt es vor allem auch noch geruchliche Faktoren, die allerdings noch unzureichend erforscht sind. Daß Riechen und Geruch viel mit Zu- bzw. Abneigung zu tun hat, ist eine tägliche Erfahrung und hat sich auch in der Redewendung „jemanden nicht riechen können" niedergeschlagen. Der Geruchssinn ist bei Frauen generell besser ausgebildet als bei Männern. Im Riechvermögen für bestimmte Substanzen unterscheiden sich Männer und Frauen besonders stark. Das weibliche Geruchsempfinden unterliegt auch während des Menstruationszyklus deutlichen Schwankungen. Im speziellen konnte nachgewiesen werden, daß Frauen bestimmte Moschussubstanzen deutlich besser wahrnehmen können als Männer. Das vor allem im männlichen Achselschweiß vorkommende Androstenol erinnert im Geruch an Moschus und wird von den meisten Frauen als angenehm empfunden, während Männer diesen Geruch eher als unangenehm einstufen. Androstenon, das durch Oxydation aus Androstenol entsteht, wird allerdings von beiden Geschlechtern hinsichtlich des Geruches als unangenehm bewertet. Frauen, die sich im Zyklus dem Eisprung nähern, stufen allerdings den Androstenongeruch oft nicht mehr als unangenehm ein [51, 101, 102].

Von besonderer Bedeutung für die erste Kontaktaufnahme der Geschlechter sind beim Menschen vor allem Signale mit Hilfe der Gesichtsmimik und der Körperhaltung. Insbesondere die Frauen verfügen über ein großes in seinen Grundzügen vermutlich angeborenes Repertoire an „Flirtsignalen", die den Mann ermutigen, einen Annäherungsversuch zu wagen. Insofern geht das erste Kontaktsignal sehr häufig von der Frau aus. Dabei spielt eine spezielle Form des Blickkontaktes und Lächelns eine wichtige Rolle, oft unterstützt durch entsprechende Kopf- und Körperbewegungen. Untersuchungen haben ergeben, daß sich meist schon in den ersten 30 Sekunden entscheidet, ob zwischen Frau und Mann ein Interesse füreinander entsteht, wobei anfangs die nichtverbalen Kontaktsignale eine ausschlaggebende Bedeutung zu haben scheinen. Dabei ist sicherlich von besonderem Vorteil, daß der Mensch über eine wesentlich differenziertere Gesichtsmimik verfügt als seine zoologischen Verwandten [96].

Bei Männern steht meist ein mehr oder minder starkes Imponiergehabe im Vordergrund, das nach der Kontaktaufnahme auch in sprachliche Selbstdarstellung einmündet. Nicht selten versuchen Männer die Aufmerksamkeit von Frauen auch dadurch zu erregen, daß sie mit ihren männlichen Geschlechtsgenossen in einen demonstrativen Wettbewerb treten. So manche Wirtshausrauferei und viele riskante Autorennen von Jugendlichen entstehen vermutlich auf dieser Basis. Ähnlichkeiten mit tierischen Ritualkämpfen im Wettstreit um Sexualpartner sind dabei sicherlich nicht zufällig. Denn auch für den Menschen gilt oft noch die Regel: Die Männer bewerben sich im Wettkampf und die Frauen wählen aus [50].

Wie entwickeln sich Geschlechtsidentität und Geschlechtsorientierung?

Unter *Geschlechtsidentität* versteht man das Zugehörigkeitsgefühl zu einem Geschlecht. Als *Geschlechtsorientierung* bezeichnet man die sexuelle Hinwendung zu einem Geschlecht, das in der Regel nicht das eigene ist. Die Geschlechtsidentifikation richtet sich normalerweise nach der Ausprägung der äußeren Genitalien. Auch homosexuelle Menschen identifizieren sich in der Regel mit ihrem anatomischen Geschlecht, ihre Geschlechtsorientierung ist jedoch auf Partner gleichen Geschlechts ausgerichtet, also homosexuell und nicht heterosexuell. Es gibt auch eine bisexuelle Geschlechtsorientierung, wo beide Geschlechter etwa gleich attraktiv sind (siehe auch S. 174). Nach der heute noch vorherrschenden Meinung resultiert die Geschlechtsidentität vor allem daraus, daß das Kind sich schon früh mit den eigenen Genitalien auseinandersetzt und dadurch ein Zugehörigkeitsgefühl zu diesem Geschlecht entwickelt. Der Vorgang wird zusätzlich verstärkt durch die Erziehung in der entsprechenden Geschlechtsrolle und durch andere soziale Einflüsse. Parallel dazu entwickelt sich die Geschlechtsorientierung mit dem entsprechenden Sexualverhalten.

Diese Vorstellungen wurden hauptsächlich in den sechziger Jahren in den USA entwickelt und beruhen insbesondere auf Untersuchungen, die an Menschen mit Nebennierenhyperplasie durchgeführt wurden (siehe auch S. 161). Aufgrund einer erhöhten Androgenproduktion entwickelten diese Patienten unklare äußere Genitalien, so daß die Eltern nicht erkennen konnten, in welcher Geschlechtsrolle sie die Kinder erziehen sollten. Deshalb wurde ein Teil der Kinder als Knaben erzogen, ohne daß untersucht wurde, welches genetische Geschlecht sie hatten. Als diese Untersuchung später nachgeholt wurde, stellte sich heraus, daß in vielen Fällen ein weibliches Chromosomengeschlecht vorlag. Trotzdem blieben die meisten dieser Patienten der männlichen Geschlechtsidentität treu, in der sie erzogen worden waren. Hinsichtlich der Geschlechtsorientierung gab es allerdings gewisse Auffälligkeiten.

Ein spektakulärer Unglücksfall, der sich damals in den USA ereignete, hat die Diskussion über die Entwicklung der Geschlechtsidentität besonders stark beeinflußt: Bei einem eineiigen Zwillingspaar wurde einem der beiden Knaben im Kleinkindesalter während der Vorhautbeschneidung durch einen Gerätedefekt der Penis zerstört. Da wegen dieses Unfalls ein männliches Sexualleben unmöglich schien, wurden dem Kind später auch die Hoden entfernt und operativ ein weibliches Genitale geschaffen. Die Erziehung erfolgte dementsprechend in der Mädchenrolle, die das Kind nach Aussage der Mutter problemlos annahm. Die Eltern und die betreuenden Ärzte und Psychologen schlossen aus dieser Entwicklung, daß die Geschlechtsumwandlung sowohl körperlich als auch psychisch gelungen war. Entsprechende Berichte wurden in verschiedenen wissenschaftlichen Zeitschriften publiziert und fanden große Beachtung [103]. Allerdings gab es eine zunächst nicht beachtete Unsicherheit: Die wissenschaftliche Beobachtung des Kindes endete noch vor der Pubertät. Eine Untersuchung nach weiteren 10 Jahren durch einen Psychiater ergab ein völlig anderes Bild. Inzwischen war bei dem Patienten eine starke Identitätskrise eingetreten. Mit 18 Jahren äußerte er den Wunsch nach einer erneuten Geschlechtsumwandlung, die auch vollzogen wurde. Heute lebt er als Mann und hat weibliche Geschlechtspartner [104, 105].

Dieser Fall, der ursprünglich als Beweis für die umweltgesteuerte Geschlechtsidentifizierung angeführt wurde, stützt heute also mehr die Ansicht, daß für die Entwicklung der sexuellen Identität auch interne Einflüsse eine wichtige Rolle spielen.

Auf solche inneren Faktoren weist auch die Existenz von Menschen hin, die ihr anatomisches Geschlecht mehr oder minder vollständig ablehnen und sich dem anderen Geschlecht zugehörig fühlen. Man spricht in diesen Fällen von *Transsexualität*. Ihre Geschlechtsorientierung ist zwar auf Personen ihres eigenen anatomischen Geschlechts ausgerichtet, das sie jedoch als fremd empfinden, so daß sie meist durchaus als heterosexuell einzustufen sind. Es fällt auf, daß es deutlich mehr transsexuelle Männer als Frauen gibt. Man schätzt, daß etwa jeder 12 000. Mann sich als Frau fühlt, während nur etwa eine von 30 000 Frauen das Gefühl entwickelt, dem männlichen Geschlecht anzugehören [52].

Bei voll ausgeprägter Transsexualität ist der Wunsch nach einer Geschlechtsumwandlung so stark, daß die Betroffenen auch vor Hormonbehandlungen und operativen Eingriffen nicht zurückschrecken. Männliche Transsexuelle behandeln sich beispielsweise mit Östrogenen, um die Brustentwicklung zu fördern, und beantragen nicht selten die Kastration und operative Umwandlung der äußeren Genitalien. Ziel ihrer Bemühungen ist es meist, für heterosexuelle Männer attraktiv zu werden. Allerdings gibt es auch andere sexuelle Orientierungen. Bei ihren Bemühungen, wie eine Frau zu leben und als solche anerkannt zu werden, geraten sie nicht selten mit dem Gesetz in Konflikt, weil sie zum Teil auch Ausweispapiere fälschen. Um die Möglichkeit eines rechtskonformen Lebens für Transsexuelle zu schaffen, wurde 1980 in Deutschland ein eigenes Transsexuellengesetz geschaffen. Darin ist geregelt, unter welchen Umständen eine Namensänderung und evtl. auch eine Geschlechtsumwandlung möglich ist [106].

Angesichts der Tatsache, daß Transsexuelle ihr anatomisches Geschlecht ablehnen, obwohl sie ganz normal ausgeprägte Genitalien aufweisen und deshalb auch in der entsprechenden Geschlechterrolle erzogen werden, scheinen Zweifel an der Sozialisationstheorie für die Geschlechtsidentität angebracht. Die Beobachtung, daß der Wunsch nach Geschlechtsumwandlung bei Transsexuellen oft erst relativ spät im Leben geäußert wird, erklärt sich vermutlich aus den starken gesellschaftlichen Vorbehalten gegenüber Normabweichungen im sexuellen Bereich. Welch extreme Entwicklungen möglich sind, belegt ein Ehepaar, das zunächst normal als Mann und Frau zusammenlebte. Etwa gleichzeitig kamen beide zu der Überzeugung, daß sie dem jeweils anderen Geschlecht zugehörig sind. Beide ließen eine Geschlechtsumwandlung durchführen und leben heute weiterhin als Eheleute – allerdings mit vertauschten Rollen – zusammen [57].

Auch bei Patienten mit 5α-Reduktase-Mangel (siehe auch S. 158) ergaben sich Hinweise auf eine interne Steuerung der Geschlechtsidentifizierung: Ein Gendefekt bewirkt bei männlichen Patienten, daß das Enzym 5α-Reduktase Testosteron nicht in das stärker wirksame Dihydrotestosteron umwandeln kann. Das zunächst nur in relativ geringen Mengen produzierte Testosteron reicht nicht aus, um die Entwicklung männlicher Genitalien zu gewährleisten, weshalb zunächst die weibliche Richtung eingeschlagen wird. Die Geschlechtsidentifizierung läuft deshalb anfangs ebenfalls in weiblicher Richtung. Mit Einsetzen der Pubertät kommt es aber durch verstärkte Testosteronbildung in den Hoden zu einer zunehmenden Vermännlichung, wobei unter anderem die Klitoris zu einem kleinen Penis heranwächst. Obwohl die Patienten sich über viele Jahre in der weiblichen Geschlechtsrolle entwickelt haben, wechseln sie mit der Pubertät fast alle in die männliche Geschlechtsrolle und bleiben ihr auch weitgehend treu. Bei der Geschlechtsorientierung entstehen allerdings manchmal Probleme.

Als Erklärung für diesen Wechsel wird angenommen, daß der 5α-Reduktase-Mangel zwar zunächst die Ausbildung eines männlichen Genitale verhindert, nicht aber die männliche Prägung des embryonalen Gehirns, für die eine Bildung von Dihydrotestosteron nicht nötig ist. Die Tatsache, daß die meisten Patienten nicht der weiblichen Geschlechtsrolle treu bleiben, in der sie aufgewachsen sind, spricht dafür, daß die interne Programmierung der Geschlechtsidentifizierung stärker ist als die Erziehungseinflüsse. Das bedeutet aber natürlich nicht, daß die Erziehung und die Erfahrungen mit dem eigenen Geschlecht ohne jeden Einfluß sind. Vermutlich führt beim Menschen ein kompliziertes Geflecht aus inneren und äußeren Komponenten zur Entwicklung der Geschlechtsidentifizierung und Geschlechtsorientierung. Dementsprechend können sowohl biologisch vorgegebene Faktoren als auch soziale Einflüsse zu einer mehr oder minder starken Veränderung der sexuellen Identifikation bzw. Orientierung beitragen [107].

Gemeinsam ans Ziel

Begattung und Befruchtung

7

Warum hat sich der Begattungsvorgang entwickelt?

Damit die vom Eierstock beim Eisprung abgegebenen Eizellen befruchtet werden, müssen sie mit den Samenzellen (Spermien) zusammengeführt werden. Dafür haben sich verschiedene Übertragungswege entwickelt. Bei vielen im Wasser lebenden Tieren werden die männlichen und weiblichen Geschlechtszellen in einem Laichvorgang ins Außenmedium abgegeben und finden durch die Wasserbewegungen und die Eigenmobilität der Spermien zueinander (sog. *äußere Besamung*). Die Effektivität dieser relativ primitiven Besamungsmethode wird in vielen Fällen durch eine zeitliche und räumliche Koordination der Abgabe von Eiern und Spermien verbessert. Zusätzlich können attraktiv wirksame Substanzen (*Pheromone*) das Zueinanderfinden erleichtern (siehe S. 28). Trotzdem ist die Verlustrate sehr groß und muß durch eine hohe Produktion von Geschlechtszellen ausgeglichen werden.

Bei Landtieren ist die äußere Besamung nicht ausreichend erfolgversprechend, weil das flüssige Medium fehlt, in dem die Spermien sich bewegen könnten und die Keimzellen schnell vertrocknen würden. Deshalb hat sich der körperliche Kontakt zwischen den Geschlechtspartnern in Form der Begattung entwickelt. Meist erfolgt die Spermaübertragung durch ein beim männlichen Individuum entwickeltes Kopulationsorgan, das in die weibliche Geschlechtsöffnung eingeführt wird. Bei dieser *inneren Besamung* genügt eine viel geringere Zahl von Keimzellen als beim Laichvorgang, um den gleichen Fortpflanzungserfolg zu erzielen.

Eine besondere Form des Spermientransfers stellt die Übertragung von sog. *Spermatophoren* dar. Dabei handelt es sich um einen Spermatropfen, der von einer Art Schutzhülle umgeben ist. Da hierdurch ein kurzfristiger Schutz vor Austrocknung gegeben ist, kann mit diesem Verfahren sowohl eine äußere als auch eine innere Besamung erfolgen (Abb. 71 und 72).

Bei einigen Tierarten sind die weiblichen Tiere in der Lage, die aufgenommenen Spermien in einer besonderen Samentasche über mehr oder minder lange Zeit aufzubewahren. Beispielsweise wird die Bienenkönigin nur einmal in ihrem oft mehrjährigen Leben besamt [1].

Die Säugetiere haben recht unterschiedliche Formen des Begattungsverhaltens ausgebildet.

Abb. 71: Gestielte Spermatophore, die von einem männlichen Springschwanz (*Collembolen Orchesella*) ohne Beisein eines Weibchens abgesetzt wurde. Eine Besamung findet statt, wenn ein Weibchen zufällig auf eine Spermatophore trifft und sie mit der Geschlechtsöffnung aufnimmt (nach Czihak et al. 1997) [1]

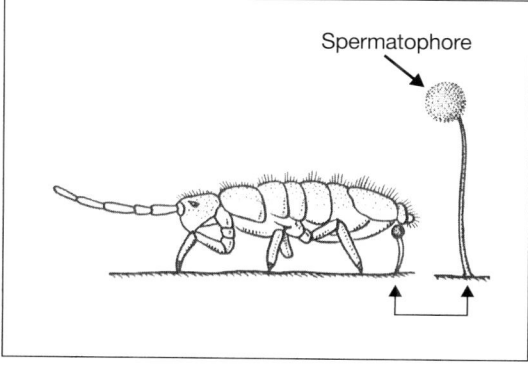

Spermatophore

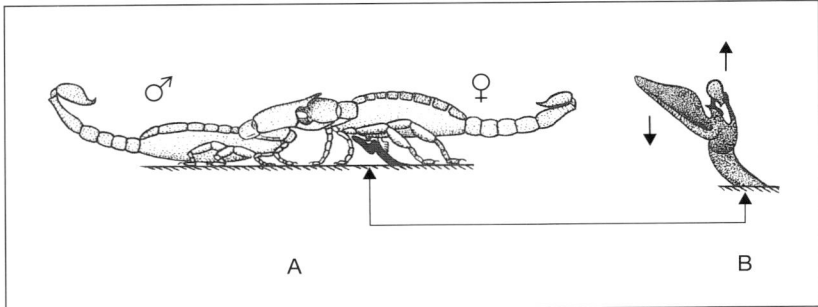

Abb. 72: Besamung bei einem Skorpion durch eine abgesetzte Spermatophore.
A Das Männchen faßt das Weibchen an den Scheren und zieht es vorwärts, bis sich
    die Geschlechtsöffnung über der Spermatophore (Pfeil) befindet. Über einen
    Hebelmechanismus wird die Spermatophore in die weibliche Geschlechts-
    öffnung befördert.
B Vergrößerte Darstellung der Spermatophore mit dem Hebelmechanismus, der
    durch den Körper des Weibchens ausgelöst wird
(nach Czihak et al. 1997) [1]

**männlicher
Begattungsvorgang**

Beim *männlichen Begattungsvorgang* kann man grundsätzlich drei Abschnitte unterscheiden: das Aufreiten und die Versteifung des Penis (*Erektion*), das Einführen des Penis in die Vagina (*Intromission*) und die Abgabe der
Spermien (*Ejakulation*). Diese Verhaltensweisen variieren bei den verschiedenen Tierarten jedoch so stark, daß bis zu 16 verschiedene Begattungsab-
läufe unterschieden werden können. Viele Tieren zeigen vor der Ejakulation
Stoßbewegungen mit dem Becken. Bei anderen Arten (z.B. beim Meer-
schweinchen) erfolgt die Ejakulation ohne Stoßen bei der ersten Intromission des Penis. Rattenmännchen bespringen dagegen ein Weibchen bis zu
20mal und führen 10- bis 15mal den Penis in die Vagina ein, bevor es zur
ersten Ejakulation kommt.

Bei manchen Säugetieren (z.B. Hunde) kommt es nach der Ejakulation zu
einem Anschwellen des Penis, so daß der Penis nicht zurückgezogen werden kann. Dieses sog. „Hängen" hält normalerweise einige Minuten an,
kann aber auch bis zu einer halben Stunde dauern. Es hat wohl den Sinn,
eine möglichst verlustfreie Verteilung des Spermas im weiblichen Genitaltrakt sicherzustellen [25].

Um den Penis in die Vagina einführen zu können, muß er versteift werden. Dieser Vorgang wird als *Erektion* bezeichnet und kann recht unterschiedlich ablaufen. Viele Säugerarten (auch die meisten Primaten) haben
einen Penisknochen, der bei der Erektion eine wichtige Rolle spielt. Wenn
ein solcher Knochen nicht vorhanden ist (wie z.B. beim Menschen), erfordert die Erektion einen sehr viel komplexeren Mechanismus, der auch entsprechend störungsanfälliger ist (siehe S. 141).

Im Vergleich zu den Menschenaffen fällt auf, daß der Mann einen wesentlich größeren Penis hat. In erigiertem Zustand ist er etwa fünfmal so
lang wie der eines Gorillamännchens. Die menschlichen Hoden sind ebenfalls deutlich größer als bei Gorillas oder Orang-Utans. Nur Schimpansen

haben noch größere Hoden [96]. Die Größe der Genitalorgane des Mannes wird evolutionsbiologisch als Hinweis darauf gewertet, daß bei unseren frühen Vorfahren starke Promiskuität herrschte (siehe auch S. 126). Zweifellos erhöhen ein langer Penis und ein großer Hoden mit hoher Spermaproduktion die Fortpflanzungschancen, wenn eine starke sog. „Spermienkonkurrenz" herrscht. Darunter versteht man, daß ein Weibchen während der befruchtungsfähigen Phase mehrfach von verschiedenen Männchen begattet wird und deshalb die Spermien verschiedener Individuen um die Befruchtung der Eizelle konkurrieren (siehe auch S. 31).

Als *Coolidge-Effekt* wird die Beobachtung bezeichnet, daß bei vielen Tierarten die Männchen relativ schnell das Interesse an der Begattung des gleichen Weibchens verlieren. Die Bezeichnung des Phänomens geht auf den 30. Präsidenten der USA Calvin Coolidge (1872–1933) zurück. Seine Frau und er haben einer Anekdote zufolge beim Besuch einer Farm die Begattung einer Henne durch einen Hahn beobachtet. Als der Bauer darauf hinwies, daß der Hahn bis zu zwölfmal am Tag eine Henne besteige, soll Frau Coolidge gesagt haben: „Sagen Sie das meinem Mann." Auf den Hinweis des Bauern, daß der Hahn jedesmal ein anderes Huhn begatte, soll Mr. Coolidge geäußert haben: „Sagen Sie das meiner Frau."

Coolidge-Effekt

Trotz dieser etwas frivolen Namensgebung stellt der Coolidge-Effekt evolutions-biologisch betrachtet durchaus eine ernstzunehmende Strategie dar, um den Fortpflanzungserfolg der Männchen zu steigern: Da die kurzfristig wiederholte Begattung eines Weibchens meist nicht zu mehr Nachkommen führt, scheint während der Evolution im männlichen Gehirn ein Mechanismus entstanden zu sein, der die Libido auf andere Weibchen umlenkt [25].

Inzwischen hat man aus Versuchen an Ratten Hinweise gewonnen, daß dabei bestimmte Regionen des Mittel- und Zwischenhirns eine wichtige Rolle spielen. Dort scheint eine Art „Lustzentrum" zu existieren, das bei sexueller Aktivität den Botenstoff Dopamin freisetzt. Nach mehrfacher Paarung mit dem gleichen Weibchen sinkt die Dopaminproduktion deutlich ab. Sie wird aber wieder gesteigert, wenn eine neue Sexualpartnerin zur Verfügung steht. Solche Ergebnisse aus Tierversuchen lassen sich natürlich nicht ohne weiteres auf den Menschen übertragen. Es läßt sich aber nicht leugnen, daß auch auf Männer der Wechsel der Sexualpartnerin durchaus stimulierend wirken kann [108].

Das *weibliche Begattungsverhalten* kann in drei Abschnitte untergliedert werden: Als *Attraktivität* bezeichnet man die Verhaltensweise, mit der das Interesse des Männchens geweckt wird. *Prozeptivität* nennt man das die Kopulation einleitende Verhalten und als *Rezeptivität* wird die Verhaltensweise bezeichnet, die eine intravaginale Ejakulation des Männchens ermöglicht. Prozeptivität und Rezeptivität gehen ineinander über und lassen sich deshalb nicht klar voneinander abgrenzen.

weibliches Begattungsverhalten

Generell werden alle drei Verhaltensweisen durch Östrogene stimuliert und durch Gestagene gehemmt. Dadurch wird sichergestellt, daß kurz vor dem Eisprung auch die höchste Begattungsbereitschaft besteht. Dieser Zeitabschnitt wird je nach Tierart recht unterschiedlich benannt. Bei Rotwild heißt er z.B. Brunft, bei Pferden Rosse, bei Schweinen Rausche. Die wissenschaftliche Bezeichnung ist *Östrus*. Bei manchen Tierarten läßt das Weibchen die Kopulation auch außerhalb des Östrus zu, bei einigen anderen Spezies verwehren die Weibchen manchmal auch während des Östrus bestimmten Männchen die Paarung. Die meisten Säugerweibchen nehmen artspezifisch festgelegte Paarungspositionen ein. Bei fast allen Primaten findet sich jedoch eine große Variabilität des Paarungsverhaltens [25].

Lange Zeit wurde angenommen, daß die Weibchen bei der Paarung eine mehr oder minder passive Rolle einnehmen. Inzwischen konnte man aber feststellen, daß bei vielen Säugerarten, in besonderem Maße aber bei den Primaten, meistens die Weibchen sexuelle Interaktionen initiieren. Die ursprüngliche Fehlinterpretation ist vermutlich dadurch entstanden, daß man früher das Paarungsverhalten fast ausschließlich in Gefangenschaft und meist nur an einzelnen Tierpaaren beobachtet hat. Unter diesen Umständen verhalten sich die Weibchen relativ passiv. Wenn jedoch das Paarungsverhalten in der Gruppe und unter möglichst natürlichen Bedingungen studiert wird, zeigt sich deutlich, daß die Weibchen das Kopulationsgeschehen weitgehend kontrollieren [109].

Die Ausbildung der äußeren weiblichen Genitalien ist bei den Säugetieren und insbesondere bei den Primaten sehr variabel. Die Klitoris kann fast die Größe eines Penis erreichen und einen Klitorisknochen enthalten.

Besonders auffällig ist das äußere Genitale der Tüpfelhyäne (*Crocula crocula*). Die Weibchen entwickeln einen großen Pseudopenis, der auch voll erektionsfähig ist. Die Schamlippen bilden ein hodensackartiges Gebilde, das mit Fettgewebe gefüllt ist. Es fällt auf, daß die weiblichen Hyänen sich auch im Verhalten deutlich von anderen Säugerweibchen unterscheiden. Sie sind sozial dominant, lösen bei den Männchen Unterwerfungsverhalten aus und beginnen als erste mit dem Fressen. Sowohl das vermännlichte Genitale als auch das maskuline Verhalten wird vermutlich durch eine hohe perinatale Androgenproduktion in den Eierstöcken induziert [110].

Viele Primatenweibchen zeigen als sexuelles Signal eine starke genitale Schwellung und Rötung zur Zeit des Östrus. Bei einigen Arten (z.B. Paviane und Schimpansen) hat sich daraus eine großflächige Schwellung entwickelt, die den gesamten genitalen und analen Bereich einschließt und als *Sexualhaut* bezeichnet wird [48]. Beim Menschen hat dieser Bereich vermutlich durch die Aufrichtung des Körpers seine sexuelle Signalfunktion verloren. Außerdem weist die Frau eine verdeckte Ovulation auf, die nicht durch äußere Anzeichen erkennbar ist (siehe auch S. 128).

Wie verläuft die sexuelle Reaktion beim Mann?

Man kann bei der sexuellen Reaktion des Mannes vier Phasen unterscheiden: Erregungsphase, Plateauphase, Orgasmusphase, Rückbildungsphase.

Erregungsphase   Die *Erregungsphase* kann durch Berührungsreize im Bereich der Penisspitze, aber auch in anderen Hautgebieten (*erogene Zonen*) ausgelöst werden und zur Erektion des Penis führen. Auch erotische Vorstellungen können diese Reaktion herbeiführen.

Die dabei entstehenden Nervenerregungen bewirken über ein *Erektionszentrum* im Rückenmark, daß es zu einer starken Erweiterung der Arterien in den Schwellkörpern des Penis kommt. Durch eine Straffung der umgebenden Bindegewebshülle versteift sich das Glied. Die dadurch verursachte Einengung der abführenden Venen führt zu einem Blutstau, der eine länger anhaltende Erektion verursacht (Abb. 73). Der gesamte Vorgang unterliegt einer sehr komplexen Steuerung, die sowohl durch körperliche als auch durch psychische Faktoren gestört werden kann.

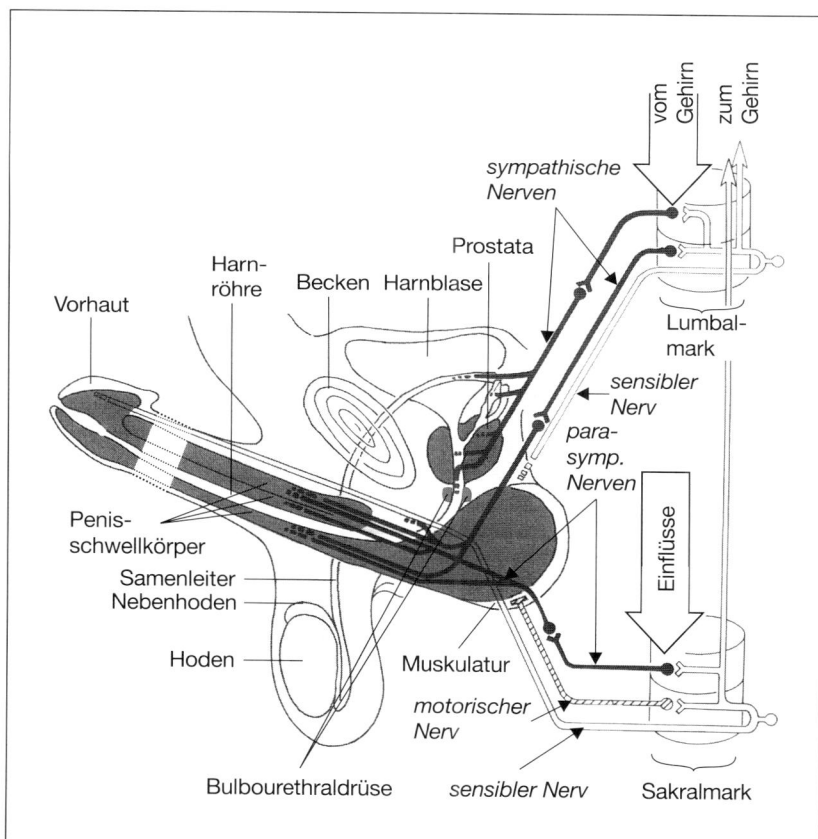

Abb. 73: Schematische Darstellung der männlichen Genitalorgane und ihrer Nervenversorgung (nach Thews 1991) [42]

Die *Plateauphase* ist durch ein weiteres Anschwellen des Penis und durch die Abgabe von Vorsekret aus den *Bulbourethraldrüsen* gekennzeichnet. Diese paarigen, ca. erbsengroßen Drüsen liegen in der Muskulatur des Beckenbodens und münden in die Harnröhre. Sie sondern schon vor der eigentlichen Spermaejakulation ein schwach alkalisches Sekret ab. Dadurch wird die Gleitfähigkeit des Penis in der Vagina gewährleistet und ein für die Spermien günstiges Milieu geschaffen.

Plateauphase

Orgasmusphase

Die *Orgasmusphase* wird eingeleitet durch Kontraktionen von glatter Muskulatur in den samenleitenden Wegen sowie in der *Samenblasendrüse* und in der *Vorsteherdrüse (Prostata)*. Auf diese Weise kommt es zu einer Vermischung der Spermien mit den Drüsensekreten. Dieses Gemisch wird *Sperma* genannt. Schließlich kontrahiert sich unter dem Einfluß des *Ejakulationszentrums* im Rückenmark die Beckenbodenmuskulatur und die Ejakulation wird ausgelöst. Dabei werden 2 bis 6 ml Sperma ausgestoßen, in dem ca. 200 Millionen Spermien enthalten sind. Durch die alkalische Reaktion der Drüsensekrete werden die Spermien beweglich. Der hohe Fruktosegehalt des Sekrets dient als Energielieferant.

Rückbildungsphase

Die *Rückbildungsphase* führt zu einer Abnahme der Erektion, weil der Blutzufluß in die Schwellkörper nachläßt. In dieser Zeit sind die Sexualzentren im Rückenmark gehemmt, so daß für eine längere Periode keine neue Erektion bzw. Ejakulation stattfinden kann [43].

Wie verläuft die sexuelle Reaktion bei der Frau?

Auch bei der Frau können vier Phasen der sexuellen Reaktion unterschieden werden, die jedoch deutlich anders ablaufen als beim Mann.

Erregungsphase

Die *Erregungsphase* wird durch Berührungsreize in erogenen Hautzonen und an den Genitalorganen oder auf psychischem Weg ausgelöst, wobei wie beim Mann ein Zentrum im Rückenmark eine wichtige Rolle spielt. Die darauf folgende Blutstauung im Genitalbereich führt zu einer Erweiterung der Vagina und einem Auseinanderweichen der großen Schamlippen. Die Schleimhaut sondert gleichzeitig vermehrt Flüssigkeit ab (Abb. 74).

Plateauphase

Die *Plateauphase* ist gekennzeichnet durch ein starkes Anschwellen der Klitoris und von Venengeflechten im äußeren Scheidenbereich, die auch als orgastische Manschette bezeichnet werden.

Orgasmusphase

Die *Orgasmusphase* führt zu mehrfachen Kontraktionen der orgastischen Manschette und der Beckenbodenmuskulatur. Dieser Vorgang verursacht eine Aufrichtung des Uterus, wodurch im Bereich des Muttermundes ein freier Raum für die Aufnahme des Ejakulats entsteht.

Beim weiblichen Orgasmus wird oft unterschieden zwischen dem über die Reizung der Klitoris ausgelösten Orgasmus und dem vaginalen Orgasmus. Letzterer wird durch Reizung der *Gräfenberg-Zone* (G-Zone, G-Spot) induziert, die in der Scheidenvorderwand liegt. Bei einigen Frauen kommt es beim vaginalen Orgasmus zum Erguß von Sekret aus paraurethralen Drüsen, die entwicklungsgeschichtlich der männlichen Prostata entsprechen. Man spricht bei diesem Vorgang auch von weiblicher Ejakulation. Der vaginale Orgasmus führt außerdem zu starken Uteruskontraktionen und zur Ausschüttung von Oxytocin aus dem Hypophysenhinterlappen (siehe auch S. 106, 129).

Rückbildungsphase

Die *Rückbildungsphase* ist bestimmt durch eine schnelle Abnahme der Blutfülle im kleinen Becken und im Genitalbereich. Der Muttermund bleibt für ca. eine halbe Stunde geöffnet. In der Spermaflüssigkeit, die hauptsächlich von den akzessorischen Geschlechtsdrüsen des Mannes stammt, sind *Prostaglandine* enthalten, die weitere Uteruskontraktionen auslösen. Dadurch wird ein Sog in Richtung Uterus erzeugt, so daß die Spermien besser einströmen können. Bei der Frau besteht anders als beim Mann während der Rückbildungsphase keine deutliche Reflexhemmung, so daß mehrere Orgasmen kurz hintereinander möglich sind. Allerdings erlebt die Frau nicht bei jedem Geschlechtsakt einen Orgasmus [43].

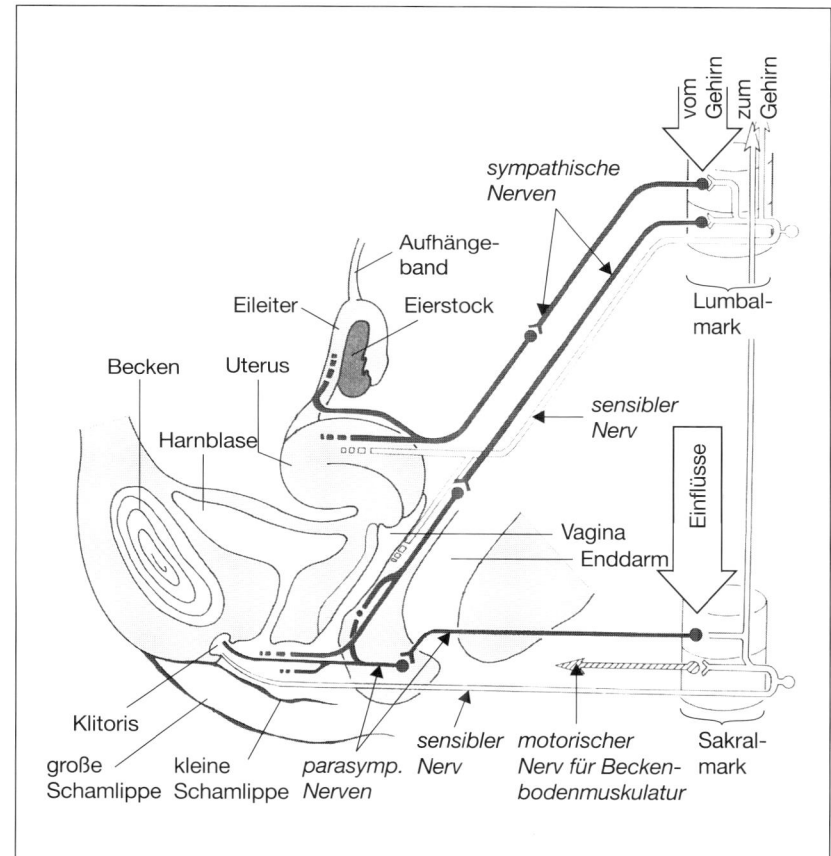

Abb. 74: Schematische Darstellung der weiblichen Genitalorgane und ihrer Nervenversorgung (nach Thews 1991) [42]

Wie kommt es zur Befruchtung?

Unter Befruchtung versteht man die Verschmelzung einer männlichen und weiblichen Keimzelle. Der Vorgang ist bei den meisten höheren Tieren ähnlich. Allerdings kann das Reifungsstadium, in dem sich die Eizelle bei der Befruchtung befindet, recht verschieden sein. In der Regel kann bei höheren Tieren nur ein Spermium in die Eizelle gelangen. Bei einigen Tierarten können allerdings auch mehrere Spermien eindringen. In diesem Fall ver-

schmilzt der Eikern nur mit dem am nächsten liegenden Spermienkern. Die
übrigen Spermienkerne sterben ab [1].

Beim Menschen findet die Befruchtung im erweiterten Anfangsteil des
Eileiters, der sog. Ampulle statt. Diese Ampulle legt sich mit einem Wim-
perntrichter an den sprungreifen Follikel des Eierstocks an und nimmt beim
Eisprung die Eizelle samt einer Lage von Follikelzellen auf. Die Eizelle bleibt
in einer Schleimhautfalte der Ampulle liegen und ist dort für 6 bis 12 Stunden befruchtungsfähig (Abb. 75). Von den ca. 200 Millionen Spermien, die in
den weiblichen Genitaltrakt bei der Begattung eingebracht werden, wird
etwa die Hälfte durch den Muttermund der Gebärmutter aufgesaugt, der
sich rüsselartig in den vaginalen Spermasee einsenkt. Die andere Hälfte
geht durch Rückfluß aus der Scheide verloren. Die meisten der verbleiben-
den Spermien können den Cervixschleim nicht durchdringen. Dabei spielen
vermutlich auch immunologische Reaktionen eine Rolle. Nur etwa eine Million Spermien erreichen den Uterus, ca. 20 000 wandern in 1 bis 2 Tagen
durch die Eileiter und nur einige hundert gelangen schließlich in die Nähe
der Eizelle [44, 111].

Neuere Untersuchungen deuten darauf hin, daß die Spermien verschiedene Funktionen haben. Eine große Zahl von ihnen bleibt im Cervixschleim zurück und blockiert die feinen Kanälchen, so daß keine weiteren Spermien
eindringen können. Andere betätigen sich als Killerspermien, indem sie

Abb. 75: Der Eisprung
mit Aufnahme der Ei-
zelle in den Fimbrien-
trichter des Eileiters
(nach Langman 1989)
[13]

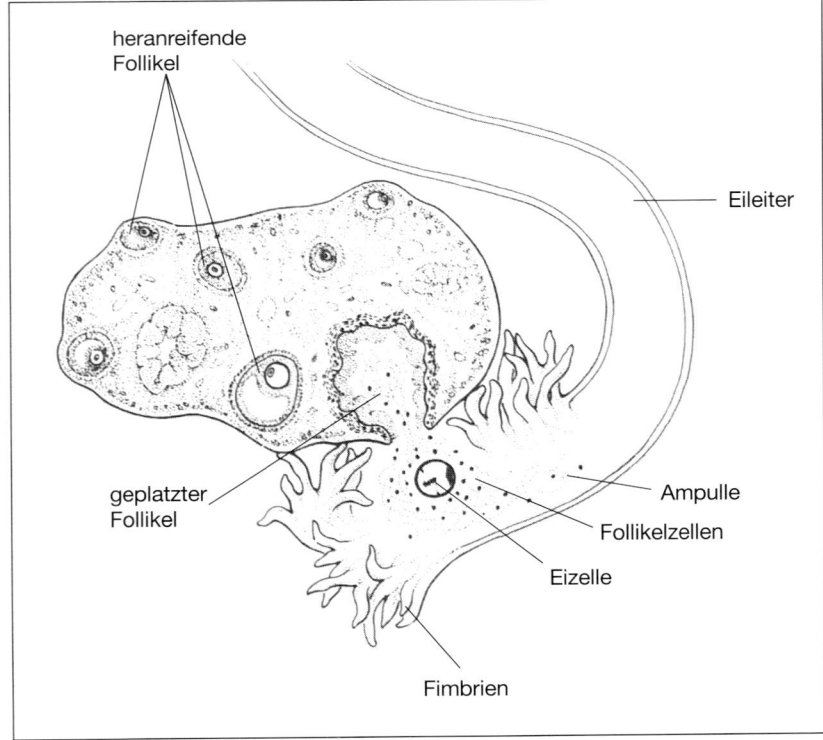

eventuell vorhandene fremde Spermien attackieren und vernichten. Dadurch soll wohl der Befruchtungserfolg der wenigen Spermien gesichert werden, die zielstrebig bis zur Eizelle vordringen. Um das Auffinden der Eizelle zu erleichtern, sondern die umgebenden Follikelzellen chemotaktisch wirksame Substanzen, sog. Gamone ab, die den Spermien den Weg weisen.

Während der Wanderung durch Gebärmutter und Eileiter erlangen die Spermien erst langsam ihre volle Befruchtungsfähigkeit. Bei diesem Vorgang, der *Kapazitation*, werden Hemmfaktoren von den Spermien entfernt. Beim Menschen dauert das etwa 7 Stunden. Erst danach können Substanzen aus den Follikelzellen auf die Spermien einwirken und im Rahmen der sog. *Akrosomreaktion* für die Freisetzung von Enzymen aus der Kopfkappe des Spermiums sorgen (Abb. 76).

Diese Enzyme lockern die Schicht von Follikelzellen auf der Eizelle so weit auf, daß meist mehrere Spermien in wenigen Sekunden eindringen können. Es dauert dann einige Minuten, bis die zweite Schicht, die noch auf der Eizelle vorhanden ist, die sog. *Zona pellucida* durchdrungen ist. Diese Schicht ist aus zuckerhaltigen Eiweißen aufgebaut und hat die Fähigkeit, sehr schnell ihre Struktur so zu verändern, daß in der Regel nur ein Spermium die Durchdringung schafft. Sobald das eingedrungene Spermium die Zellmembran der Eizelle berührt, kommt es zu zwei weiteren sehr wichtigen Reaktionen: Die Eizelle beendet die 2. meiotische Teilung und der Stoffwechsel der Eizelle wird aktiviert, so daß die Embryonalentwicklung beginnen kann [43].

Nach dem Eindringen in die Eizelle verliert das Spermium seinen Schwanz und das im Spermienkopf sehr eng gepackte Erbmaterial wird aufgelockert.

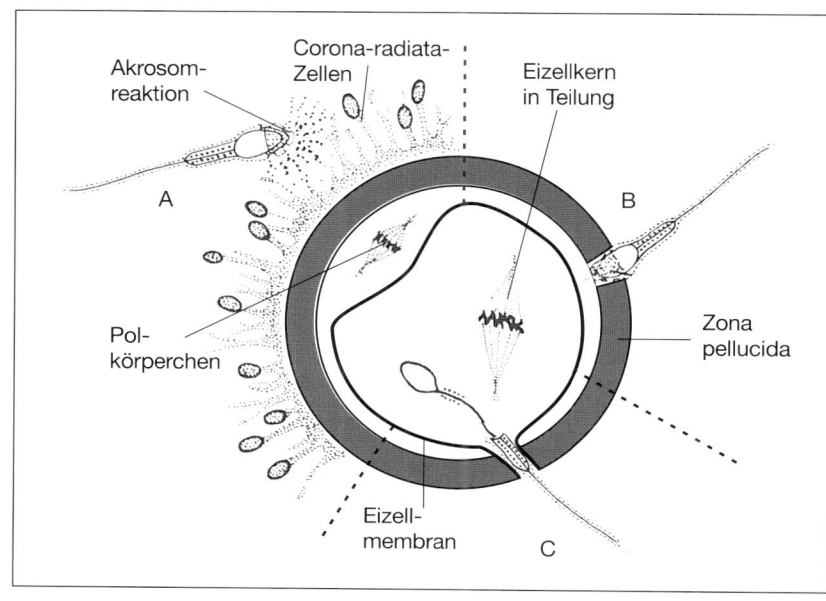

Abb. 76:
Die drei Phasen der Befruchtung
A Durchdringung der Corona radiata
B Durchdringung der Zona pellucida
C Vereinigung von Spermie und Eizelle
(nach Langman 1989) [13]

Dadurch schwillt der Spermienkopf stark an und erreicht die Größe des Kernes der Eizelle. Nachdem sich auch in ihm die Chromosomen entspiralisiert haben, kommt es zur Verschmelzung des weiblichen und männlichen Kerns. Damit ist die befruchtete Eizelle, die sog. *Zygote* entstanden, die nach einer kurzen Ruhephase mit den ersten Teilungen beginnt (Abb. 77).

Abb. 77: Die Eizelle vor und nach der Befruchtung
A Die Eizelle in der 2. meiotischen Teilung
B Die Eizelle nach Beendigung der 2. meiotischen Teilung in Folge der Befruchtung
C Vereinigung des weiblichen und männlichen Vorkerns zur Zygote
D Beginn der 1. mitotischen Teilung der Zygote
E Aufteilung der Chromosomen im Rahmen der 1. mitotischen Teilung
F Zweizellstadium nach Beendigung der 1. mitotischen Teilung
(nach Langman 1989)
[13]

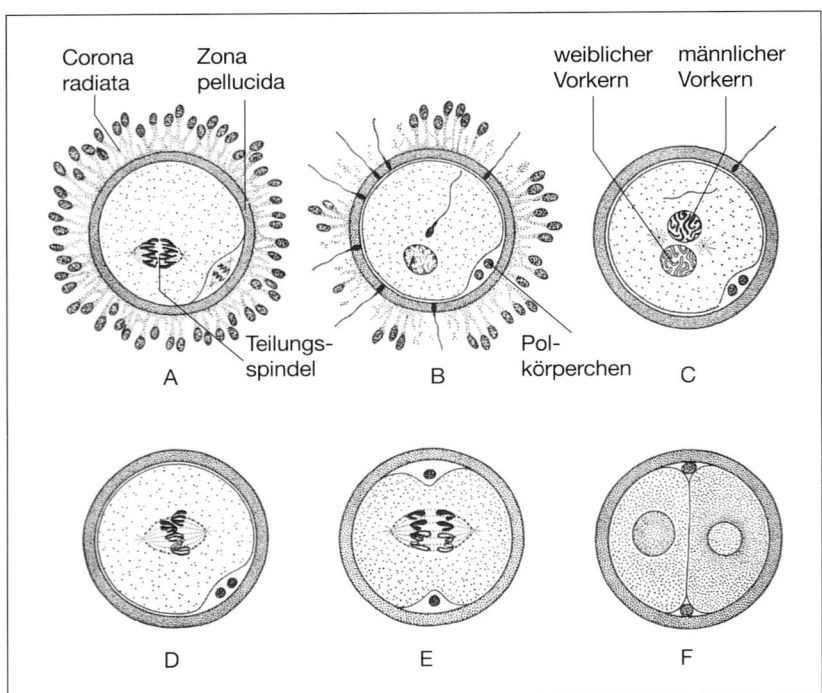

Wie verlaufen Schwangerschaft und Geburt?

Die Entwicklung der befruchteten Eizelle

Nach der Befruchtung braucht die Zygote etwa 30 Stunden, bis sie sich zum ersten Mal teilt. Dann folgen in rascher Folge mehrere Teilungen ohne Zellwachstum, wodurch ein maulbeerähnliches Gebilde, die sog. *Morula* entsteht.

Innerhalb von etwa 4 Tagen wandert die Morula durch den Eileiter in den Uterus, wo sie sich nach ca. 6 Tagen in der Schleimhaut festsetzt. Während dieser Zeit bildet sich im Inneren der Morula ein Hohlraum und damit entsteht das Blastozystenstadium. An der *Blastozyste* lassen sich bereits zwei Zellanteile unterscheiden: Der innere Bereich wird zum eigentlichen Embryo, während die äußere Hülle sich zum Versorgungsgewebe, der späteren Plazenta entwickelt.

Am Ende der 1. Entwicklungswoche ist die Blastozyste fest in der Gebärmutterschleimhaut verankert. In der 2. Woche entwickelt sich dann aus dem embryonalen Zellanteil eine zweischichtige *Keimscheibe*, während das Versorgungsgewebe mit seinen zottenartigen Fortsätzen immer tiefer in die Schleimhaut einwächst. Während der 3. Entwicklungswoche bildet sich in der Keimscheibe eine dritte Gewebsschicht aus. Damit ist die Grundlage für die Entwicklung der Organe gelegt, die vor allem in der 4. bis 8. Woche abläuft. Diese Zeit wird auch *Embryonalperiode* genannt. Wegen der vielfältigen Entwicklungen ist sie besonders anfällig für Störungen. Krankheitserreger wie z.B. das Rötelnvirus oder Giftstoffe, die beispielsweise durch das Zigarettenrauchen oder den Konsum alkoholischer Getränke aufgenommen werden, können zu Fehlbildungen oder Entwicklungsverzögerungen führen.

Etwa ab dem 2. Schwangerschaftsmonat sind die meisten grundlegenden Organentwicklungen abgeschlossen und die Körperform hat sich weitgehend ausgeprägt. Danach folgt die sog. *Fetalperiode*, in der das Kind ausreift und stark wächst, bis es schließlich etwa 50 cm lang ist und ca. 3000 g wiegt (Abb. 78).

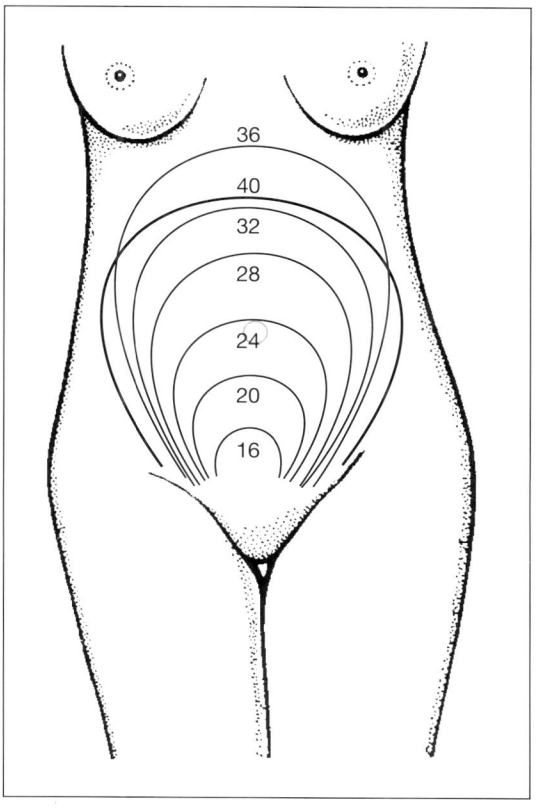

Abb. 78: Die Ausdehnung der Gebärmutter in den verschiedenen Schwangerschaftswochen (nach Zankl und Zieger 1987) [65]

Die Schwangerschaftsveränderungen bei der Mutter

Im Organismus einer schwangeren Frau beginnen schon wenige Tage nach der Befruchtung vielfältige Umstellungsprozesse. Durch die Einnistung der Blastozyste in der Gebärmutter wird die Produktion eines Hormons induziert, das im Eierstock für die Erhaltung des Gelbkörpers sorgt. Dieser Gelbkörper produziert große Mengen von Progesteron, wodurch die Gebärmutterschleimhaut sich soweit auflockert, daß die Blastozyste sich darin einnisten und weiterentwickeln kann.

Im weiteren Verlauf der Schwangerschaft geht die Hormonproduktion zunehmend vom Eierstock auf den Embryo und sein Versorgungsgewebe über. Neben Progesteron werden dort auch immer größere Mengen von Östrogen gebildet, die für eine allgemeine Erweichung der Gewebe sorgen. Parallel zur Bildung von Prolaktin in der Hypophyse der Mutter produziert auch die Plazenta ein ähnliches Hormon. Beide zusammen bewirken das Wachstum und die Differenzierung der Milchdrüsen [43].

Die Geburt

Auf welche Weise die Geburt ausgelöst wird, ist bis heute noch nicht endgültig aufgeklärt. Wahrscheinlich spielt dabei der hohe Östrogenspiegel gegen Ende der Schwangerschaft eine wichtige Rolle. Dadurch wird wohl die Uterusmuskulatur für die Wirkung von wehenauslösenden Substanzen (sog. *Prostaglandinen*) sensibilisiert, die in der Muskulatur selbst, aber auch in der Schleimhaut gebildet werden. Das von der mütterlichen Hypophyse ausgeschüttete Oxytocin verstärkt die Wirkung der Prostaglandine, so daß die Wehentätigkeit in Gang kommt und der Gebärmutterhals sich zu öffnen beginnt.

Das Kind hat sich zu Beginn der Geburt normalerweise in der sog. Hinterhauptslage eingestellt. Das bedeutet, daß zunächst der Hinterkopf in den Geburtskanal eintritt. Durch die Eröffnungswehen wird zunächst die Fruchtblase in den Gebärmutterhals gepreßt und erweitert diesen langsam. Nach dem Platzen der Fruchtblase (*Blasensprung*) beginnt die *Austreibungsphase*, in der die Wehen deutlich stärker werden und das Kind durch den Geburtskanal schieben. Dieser Vorgang wird durch die Preßwehen unterstützt, die mit Hilfe der Bauchmuskulatur durchgeführt werden.

Während das Kind sich durch den Geburtskanal bewegt, müssen Kopf und Schultern gedreht werden. Dieser Vorgang wird in der Regel vom Geburtshelfer unterstützt. Danach wird das Kind abgenabelt, d.h., die Nabelschnur wird abgebunden und durchtrennt (Abb. 79).

Abb. 79: Stadien einer normalen Geburt
A Beginn der Geburt mit Einstellung des Kindes in Hinterhauptslage
B Eintritt des gedrehten Kopfes in den geöffneten Geburtskanal
C Drehung der Schulter
D Durchtritt des ganzen Kindes
(nach Zankl und Zieger 1987) [65]

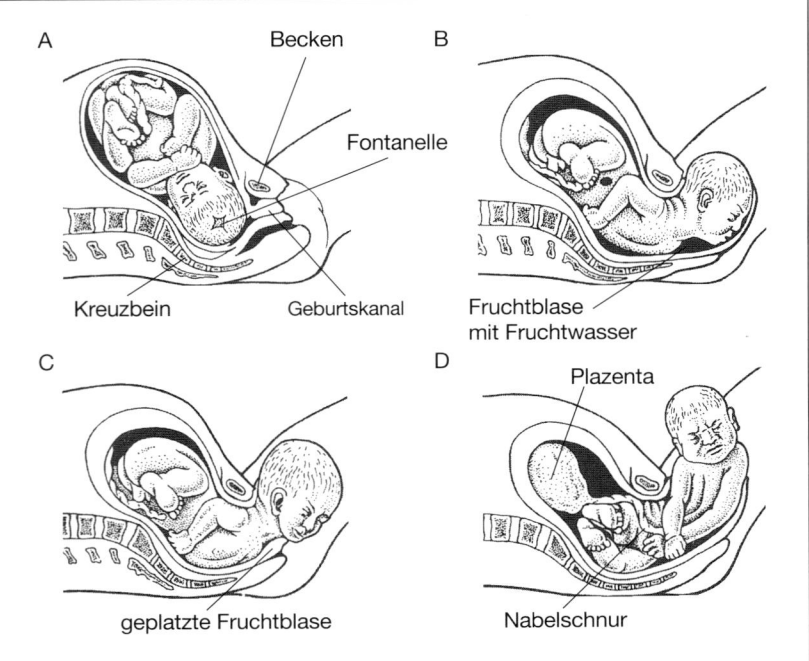

Nach der Geburt des Kindes wird noch die Plazenta mit den Fruchthüllen als Nachgeburt ausgestoßen [42].

Besonderheiten der menschlichen Geburt

Der Geburtsvorgang verläuft beim Menschen wesentlich komplizierter als bei den Tieren. Das hängt mit den Veränderungen des Beckens bei der Entwicklung des aufrechten Ganges zusammen. Aber auch das starke Wachstum des Schädels als Folge der enormen Gehirnentwicklung erschwert die Geburt. Als Anpassung an diese Schwierigkeiten hat sich bei der Frau ein deutlich verbreitertes Becken entwickelt und das Kreuzbein ragt weniger weit vor als beim Mann (siehe auch Abb. 48).

Aber auch die Entwicklung des Kindes ist der schwierigen Geburtssituation angepaßt. Im Vergleich zu den anderen Primaten wird das menschliche Neugeborene nämlich in einem wesentlich unreiferen Zustand geboren. Damit wird erreicht, daß der Schädel noch so klein ist, daß er ohne allzu große Probleme den Geburtskanal passieren kann. Die frühe Geburt bietet aber noch einen weiteren Vorteil: Das Kind kann schon wesentlich früher Kontakt zu seiner Umwelt aufnehmen und sich dementsprechend schneller zu einem sozialen Wesen entwickeln [162].

8

Es kann viel schiefgehen

Störungen der Geschlechtsentwicklung

Wie entstehen Störungen der genetischen Geschlechtsfestlegung?

Bei Störungen der genetischen Geschlechtsdeterminierung kann man grundsätzlich unterscheiden:

- anormale weibliche Entwicklung bei Vorliegen der männlichen Geschlechtschromosomen-Konstellation (XY-Karyotyp)
- anormale männliche Entwicklung beim Vorhandensein einer weiblichen Geschlechtschromosomen-Konstellation (XX-Karyotyp).

XY-Frauen mit fehlendem oder defektem SRY-Gen

Normalerweise führt das Vorhandensein eines Y-Chromosoms immer zur Ausbildung männlicher Gonaden. Das gilt sogar, wenn mehrere überzählige X-Chromosomen vorhanden sind oder wenn nur eine Minderzahl der Gonadenzellen ein Y-Chromosom aufweist. Dieses hohe Durchsetzungsvermögen des männlichen Geschlechts ist vor allem im *Testis-determinierenden Faktor (TDF)* begründet. Seine Bildung ist weitgehend vom *SRY-Gen* abhängig, das im kurzen Arm des Y-Chromosoms lokalisiert werden konnte (siehe auch S. 47).

Eine fehlende Hodenentwicklung trotz vorhandenen Y-Chromosoms kann deshalb am ehesten dadurch entstehen, daß das SRY-Gen entweder fehlt oder in seiner Funktion gestört ist. In diesen Fällen tritt dann sozusagen automatisch das weibliche Entwicklungsprogramm in Kraft, so daß die Bildung von Eierstöcken eingeleitet wird. Sie degenerieren aber schon sehr früh, weil für eine Ausreifung der weiblichen Keimzellen zwei X-Chromosomen notwendig sind. Deshalb findet man bei solchen Patientinnen in der Bauchhöhle anstelle der Eierstöcke nur sog. *Stranggonaden*, die fast ausschließlich aus Bindegewebe bestehen. Manchmal sind auch Nester von abnormen Keimzellen vorhanden, die zur Bildung von bösartigen Tumoren neigen. Daher werden Stranggonaden meistens operativ entfernt. Da kein männliches Keimepithel mit Sertolizellen entsteht, wird auch kein *Anti-Müller-Hormon* gebildet, so daß die Müllerschen Gänge sich weiterentwickeln können und einen weiblichen Genitaltrakt ausbilden [32]. Wegen des Fehlens von Leydigzellen wird auch kein *Testosteron* produziert, wodurch das äußere Genitale sich weiblich ausprägt. Eine volle weibliche Entwicklung ist aber auch nicht möglich, weil in den Gonaden keine Follikel vorhanden sind, die *Östrogene* produzieren. Die Patientinnen bleiben daher in einem infantilen Stadium der Sexualentwicklung stehen. Diese grundlegende sexuelle Entwicklungsstörung wird *XY-Gonadendysgenesie* oder *Swyer-Syndrom* genannt (nach dem englischen Hormonforscher G. J. Swyer). Das Krankheitsbild scheint allerdings sehr selten zu sein, denn bisher wurde in der Literatur weltweit erst über ca. 200 Fälle berichtet [112]. Es ähnelt stark dem Turner-Syndrom (siehe S. 163).

XY-Frauen mit anderen Gendefekten

Die Gonadenentwicklung ist ein sehr komplizierter Prozeß, der nicht ausschließlich vom SRY-Gen gesteuert wird. Neuere Untersuchungen haben gezeigt, daß das SRY-Gen erst wirksam werden kann, wenn die embryonale Genitalleiste einen gewissen Entwicklungsstand erreicht hat. Dieses Stadium wird aber nur erreicht, wenn autosomale Entwicklungsgene wirksam werden. Drei dieser Gene sind inzwischen näher bekannt. Sie tragen die Namen WT-1, SF-1 und SOX-9.

Das *WT-1-Gen* wurde auf dem Chromosom 11 entdeckt, als man nach dem Gendefekt suchte, der für die Entstehung eines sehr bösartigen Nierentumors bei Kindern verantwortlich ist. Dieser Tumor wird nach dem deutschen Chirurgen Max Wilms als *Wilms-Tumor* bezeichnet, wovon sich auch die Bezeichnung WT-Gen ableitet. Die hinzugefügte Zahl 1 bedeutet, daß es wahrscheinlich noch mehrere WT-Gene gibt, die man aber noch nicht kennt. Bei einigen dieser Wilms-Tumor-Patienten fiel auf, daß sie ein weibliches Genitale aufwiesen, aber einen XY-Karyotyp hatten. **WT-1-Gen**

Aus Untersuchungen an Mäusen weiß man, daß ein Defekt des WT-Gens sowohl Entwicklungsstörungen der Gonaden als auch der Nieren verursacht. Deshalb nimmt man an, daß auch beim Menschen das WT-Gen für die frühe Entwicklung der Nieren- und Gonadenanlage wichtig ist. Wenn ein Gendefekt diese Entwicklung stört, kann das SRY-Gen nicht wirksam werden, so daß keine Hodendifferenzierung einsetzt. Dadurch fehlen die Hormone, die eine männliche Differenzierung veranlassen könnten, und die Entwicklung läuft deshalb in die vorprogrammierte weibliche Richtung [113].

Das *SF-1-Gen* wurde zunächst bei der Maus entdeckt. Bei erwachsenen Mäusen ist es ein wichtiger Regulator für die Produktion von Steroidhormonen, zu denen auch die Sexualhormone gehören. In Mäuseembryonen ist das SF-1-Gen schon sehr früh in den Gonadenanlagen aktiv. Insbesondere scheint es für die Funktion der Sertoli- und Leydigzellen wichtig zu sein. Ein Defekt des Gens verhindert vermutlich sowohl die Bildung von Anti-Müller-Hormon als auch von Testosteron, wodurch die weibliche Geschlechtsentwicklung induziert wird. Gleichzeitig verhindert der Defekt aber auch eine normale Entwicklung der Follikelzellen, so daß kein funktionsfähiger Eierstock entsteht. **SF-1-Gen**

Beim Menschen ist noch nicht sicher nachgewiesen, daß ein Defekt des SF-1-Gens ähnliche Folgen hat wie bei der Maus. Da das normale humane SF-1-Gen aber ähnliche Wirkungen hat wie das der Maus, ist anzunehmen, daß auch Mutationen vergleichbare Folgen haben [113].

SOX-9-Gen   Für das *SOX-9-Gen* sind auch beim Menschen Mutationen bekannt. Sie wurden vor allem bei dem erblichen *Kamptomelie-Syndrom* gefunden. Bei Patienten mit diesem Krankheitsbild treten vor allem angeborene Gliedmaßenverkürzungen und -verkrümmungen auf, die der Krankheit auch den Namen gegeben haben. Daneben findet sich aber meist auch eine Geschlechtsentwicklungsstörung, wobei sich weibliche Gonaden entwickeln, obwohl ein XY-Karyotyp vorliegt.

Inzwischen konnte festgestellt werden, daß das SOX-9-Gen, das wahrscheinlich auf Chromosom 17 liegt, große Ähnlichkeiten mit dem SRY-Gen auf dem Y-Chromosom hat. Es ist im Embryo sowohl in den Gonadenanlagen als auch im skelettbildenden Gewebe aktiv. Deshalb liegt die Vermutung nahe, daß eine Mutation des SOX-9-Gens nicht nur Skelettanomalien, sondern auch Störungen der Gonadenentwicklung verursachen kann [114].

Es gibt noch einige andere Krankheitsbilder, die bei Individuen mit XY-Karyotyp neben komplexen angeborenen Fehlbildungen auch eine mehr oder minder vollständige weibliche Geschlechtsentwicklung aufweisen. Die Zusammenhänge sind in den meisten Fällen noch nicht ausreichend geklärt. Es ist aber zu vermuten, daß bei der genaueren Analyse der Krankheitsursachen noch weitere autosomale Gene gefunden werden, die im mutierten Zustand die männliche Gonadenentwicklung stören. Durch die Aufklärung der Ursachen für solche krankhaften Zustände können wahrscheinlich weitere Einblicke in die komplexe Steuerung der normalen Gonadenbildung gewonnen werden [32].

XX-Männer mit kompletter Geschlechtsumkehr

Männer mit dem weiblichen XX-Karyotyp kommen nur selten in der Bevölkerung vor. Sie fallen meist erst in der Pubertät auf, weil sie zwar eindeutig männliche Genitalorgane haben, die aber unterentwickelt bleiben. Insbesondere die Hoden sind deutlich zu klein. Auffällig ist oft auch eine mehr oder minder starke Brustentwicklung. In ihren Hoden wird kein funktionsfähiges Keimepithel ausgebildet, weil beim Vorhandensein von zwei X-Chromosomen eine normale Spermatogenese nicht möglich ist. Dementsprechend sind die Patienten nicht fortpflanzungsfähig.

Die Ursachen für diese komplette Geschlechtsumkehr sind vielfältig: In den meisten Fällen ist das männlich determinierende SRY-Gen zwar vorhanden, aber es ist nicht auf dem Y-Chromosom lokalisiert, sondern auf einem der beiden X-Chromosomen. Eine solche Verlagerung, die auch Translokation genannt wird, kann bei chromosomalen Umbauten entstehen. Fast immer ist das verlagerte SRY-Gen auch in der abnormen Lokalisation auf dem X-Chromosom funktionsfähig, so daß die Testesentwicklung in Gang kommt.

In selteneren Fällen liegt ein sog. verborgenes Mosaik vor. Darunter versteht man, daß neben Zellen mit der XX-Konstellation auch einige wenige

Zellen vorhanden sind, die ein Y-Chromosom tragen. Diese Zellen werden aber meist erst nach intensiver Suche entdeckt, weil sie gegenüber den XX-Zellen stark in der Minderzahl sind. Wie schon erwähnt (siehe S. 71), genügen relativ wenige Zellen mit einem Y-Chromosom, um eine Gonadenanlage in männlicher Richtung zu determinieren.

Bei etwa 20% der XX-Männer können allerdings keine Gene des Y-Chromosoms, insbesondere auch nicht das SRY-Gen, nachgewiesen werden. Diese Y-negativen Männer haben ein sehr unterschiedliches phänotypisches Aussehen, was darauf hindeutet, daß auch sehr unterschiedliche Ursachen zugrunde liegen. Wahrscheinlich liegt bei diesen Patienten eine sehr frühe Störung der Gonadenentwicklung vor. Beispiele für Gene, die bei frühen Entwicklungsschritten wichtig sind, wurden bereits auf S. 47 besprochen. Eine falsche Aktivierung solcher Gene kann dazu führen, daß trotz des XX-Karyotyps eine Gonadenentwicklung in männlicher Richtung eingeleitet wird, obwohl kein SRY-Gen und damit auch kein Testis-determinierender Faktor vorhanden ist [115].

XX-Männer mit inkompletter Geschlechtsumkehr (Hermaphroditen, Zwitter)

Zwittrige Fortpflanzung ist im Tier- und Pflanzenreich weit verbreitet (siehe S. 30). Beim Menschen tritt Zwittertum jedoch nur selten als Störung der Gonadenentwicklung auf, die meist zur Unfruchtbarkeit führt. Bisher wurde über ca. 400 sichere Fälle berichtet [112a].

In der Medizin bezeichnet man Patienten als Hermaphroditen, wenn sie sowohl männliches als auch weibliches Gonadengewebe besitzen. In den meisten Fällen liegt ein sog. *Ovotestis* vor, d. h., Eierstocks- und Testisgewebe sind in einem Organ zusammengefaßt (Abb. 80). Oft kommt ein solcher Ovotestis nur auf einer Seite des Körpers vor, während auf der anderen Seite ein Eierstock oder Hoden vorhanden ist. Man spricht in diesen Fällen von *unilateralem* Hermaphroditismus. Als bilaterale Hermaphroditen bezeichnet man dagegen Patienten, die auf beiden Seiten Ovotestes aufweisen. Wenn auf der einen Seite ein Ovar und auf der anderen Seite ein Testis vorliegt, lautet die Bezeichnung *lateraler* Hermaphroditismus.

Das Hodengewebe ist bei Hermaphroditen ähnlich ausgebildet wie bei XX-Männern mit kompletter Geschlechtsumkehr. Man findet in den Hodentubuli nur Sertolizellen, aber keine weiterentwickelten Keimzellen. Das Eierstocksgewebe enthält dagegen oft Follikel, die auch eine normale Reifung durchlaufen können. In Einzelfällen wurde sogar eine Schwangerschaft und die Geburt eines Kindes beschrieben. Voraussetzung dafür ist, daß neben funktionsfähigem Ovargewebe auch der weibliche Genitaltrakt weitgehend normal ausgebildet ist.

In den meisten Fällen wird die Entwicklung der Genitalwege von der gleichseitig vorhandenen Gonade bestimmt. Wenn beispielsweise auf einer Seite ein Hoden und auf der anderen ein Eierstock vorkommt, wird sich

Abb. 80: Histo-
logischer Schnitt durch
den Ovotestis eines
Hermaphroditen.
1 Eizelle, 2 Samen-
kanälchen, 3 großer
Follikel (Ausschnitt)
(aus Overzier 1961) [70]

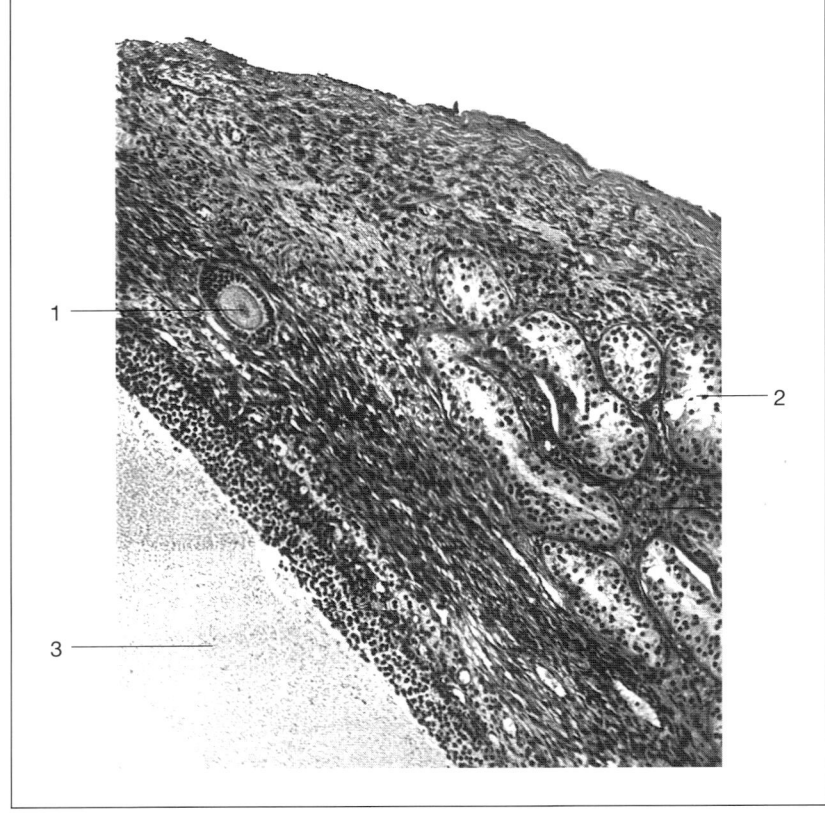

einerseits der Wolffsche Gang weiterentwickeln und andererseits der Müllersche Gang.

Bei den meisten Hermaphroditen bilden sich im Erwachsenenalter weibliche Körperformen aus, insbesondere kommt es fast immer zu einer deutlichen Brustentwicklung. Bei etwa der Hälfte der Patientinnen treten auch
Menstruationsblutungen auf. Viele Hermaphroditen werden aber trotzdem
während ihrer Kindheit in der Knabenrolle erzogen, weil das meist intersexuelle äußere Genitale in der Regel durch eine starke Penisentwicklung do-
miniert wird, obwohl gleichzeitig durchaus eine Vagina vorhanden sein
kann. Das Sexualverhalten ist überwiegend männlich.

Als chromosomales Geschlecht findet sich in 60% der zwittrigen Patienten die XX-Konstellation, während nur bei ca. 10% der XY-Karyotyp gefunden wird. Die übrigen Patienten weisen ein Mosaik aus Zellen mit und ohne
Y-Chromosom auf. Bei Asiaten ist aus bisher unbekannten Gründen der
XY-Karyotyp wesentlich häufiger [112].

Die Frage, wieso beim Vorliegen eines XX-Karyotyps neben Ovargewebe
auch Hodengewebe entsteht, kann ähnlich beantwortet werden wie bei
den XX-Männern mit kompletter Geschlechtsumkehr: Entweder kommt es

zur Verlagerung (Translokation) von Teilen des Y-Chromosoms auf andere Chromosomen oder es liegt ein Mosaik aus männlichen und weiblichen Zellen vor. Während bei kompletter Geschlechtsumkehr die Y-Translokation recht häufig ist, spielen bei Hermaphroditen die Zellmosaike die größere Rolle. Solche Zellmosaike können durch Chromosomenfehlverteilungen während einer Zellteilung entstehen. Am häufigsten wird das beobachtet, wenn bei einer befruchteten Eizelle der abnorme Chromosomensatz 47, XXY auftritt (siehe auch S. 166). Bei dieser Konstellation der Geschlechtschromosomen geht oft in einer der ersten Teilungen das Y-Chromosom in einer Tochterzelle verloren, so daß ein Mosaik aus 47, XXY- und 46, XX-Zellen entsteht [116].

Eine andere Möglichkeit für das gemeinsame Auftreten von männlichen und weiblichen Zellen in einem Individuum stellt die gleichzeitige Befruchtung einer Eizelle und eines Polkörperchens durch zwei verschiedene Spermien dar. Wie auf S. 69 beschrieben, entsteht bei den Reifeteilungen der Eizellen normalerweise jeweils nur eine befruchtungsfähige Tochterzelle mit viel Zellplasma. Die zweite Tochterzelle erhält fast kein Zellplasma, ist deshalb weitgehend funktionslos und wird Polkörperchen genannt. In seltenen Fällen kann aber auch das Polkörperchen befruchtet werden. Die von der Eizelle und dem Polkörperchen abstammenden Zellen verwachsen miteinander und bilden ein Individuum, das einen doppelten Ursprung hat. Wenn die Befruchtung der Eizelle und des Polkörperchens durch verschiedengeschlechtliche Spermien erfolgt, entsteht ein aus männlichen und weiblichen Zellen aufgebautes Doppelwesen, das wissenschaftlich als Chimäre bezeichnet wird. Dieser Name stammt aus der griechischen Mythologie, wo eine *Chimäre* als ein feuerspeiendes Fabelwesen beschrieben wird, das vorne wie ein Löwe, in der Mitte wie eine Ziege und hinten wie ein Drache aussieht. Die Auffälligkeit menschlicher Chimären beschränkt sich auf den Genitalbereich. Ansonsten entwickeln sie sich durchaus normal und haben auch eine normale Intelligenz.

Die meisten XX-Männer und XX-Hermaphroditen treten als Einzelfälle auf, d.h., weitere Familienmitglieder sind von den Störungen nicht betroffen. Es wurden aber auch Familien beschrieben, in denen sich solche Fälle auffällig häufen. Daraus kann man ableiten, daß es auch erbliche Ursachen geben muß, die bisher allerdings noch nicht ausreichend aufgeklärt werden konnten [117].

Wie entstehen Entwicklungsstörungen des Genitaltraktes?

Im vorangegangenen Kapitel wurden Störungen der Geschlechtsentwicklung beschrieben, die auf der Ebene der Geschlechtschromosomen entstehen. Dadurch verändert sich das Geschlecht der Gonaden und oft wird auch ein zwittriger Genitaltrakt ausgebildet.

In diesem Kapitel soll auf Entwicklungsstörungen eingegangen werden, bei denen das genetische Geschlecht mit dem Gonadengeschlecht übereinstimmt, aber die inneren Genitalwege und/oder das äußere Genitale sich mehr oder weniger stark andersgeschlechtlich entwickeln. Man faßt diese Veränderungen unter dem Begriff *Pseudohermaphroditismus* zusammen. Damit wird ausgedrückt, daß bei den Patienten auch eine Störung der Geschlechtsentwicklung vorliegt, die aber nicht so tiefgreifend ist wie bei den echten Hermaphroditen.

Grundsätzlich unterscheidet man zwei Typen des Pseudohermaphroditismus:

- den *männlichen Pseudohermaphroditismus (P. masculinus)*; bei ihm liegt ein männliches Chromosomen- und Gonadengeschlecht vor, aber der Genitaltrakt ist in weiblicher Richtung verändert (feminisiert);
- den *weiblichen Pseudohermaphroditismus (P. femininus)*; bei ihm ist ein weibliches Chromosomen- und Gonadengeschlecht vorhanden, aber der Genitaltrakt (insbesondere das äußere Genitale) ist männlich verändert (virilisiert) [39].

Männliche Pseudohermaphroditen

Die männliche Form des Pseudohermaphroditismus entsteht generell durch eine unzureichende Wirkung androgener Hormone während der Geschlechtsentwicklung. Deshalb kann das männliche Differenzierungsprogramm nicht voll wirksam werden und es wird sozusagen automatisch eine mehr oder minder weitgehende weibliche Genitalentwicklung eingeleitet. Die nicht ausreichende Androgenwirkung kann auf sehr verschiedene Weise zustande kommen: Entweder werden nicht ausreichend Androgene gebildet oder sie sind chemisch so verändert, daß sie nicht wirksam werden. Oft ist die Hormonbildung gar nicht gestört, sondern es fehlen nur die Androgenrezeptoren auf den Zellen, so daß die Hormone ebenfalls nicht wirksam werden können. Dementsprechend gibt es auch verschiedene Formen des Pseudohermaphroditismus masculinus [36]:

Testikuläre Feminisierung:
Sie stellt die häufigste Form des männlichen Pseudohermaphroditismus dar. Die Bezeichnung deutet bereits an, daß bei diesen Patientinnen Testes vorhanden sind, aber die übrige Geschlechtsentwicklung in weiblicher Richtung verläuft.

Die Patientinnen werden in der Kindheit meist für normale Mädchen gehalten. Erst zur Zeit der Pubertät werden sie dadurch auffällig, daß bei ihnen keine Regelblutung auftritt. Eine genauere Untersuchung ergibt dann, daß sie eine blind endende Vagina haben und daß keine Gebärmutter und keine Eileiter vorhanden sind. Anstelle der Eierstöcke finden sich Hoden, die entweder in der Bauchhöhle oder im Leistenbereich liegen.

Diese Störung der Geschlechtsentwicklung beruht in den meisten Fällen auf einem Defekt des *Androgen-Rezeptor (AR)-Gens*, das auf dem X-Chromosom liegt. Das Gen sorgt im Normalzustand dafür, daß sowohl bei der

Frau als auch beim Mann an der Oberfläche bestimmter Körperzellen Androgen-Rezeptoren entstehen. Das ist eine Voraussetzung dafür, daß die androgenen Hormone in die Zellen eintreten und ihre spezifischen Wirkungen entfalten können. Wenn infolge einer Mutation das AR-Gen nicht wirksam wird, bleiben viele Zellen und Gewebe androgenunempfindlich. Sie können sich deshalb nicht in männlicher Richtung entwickeln, obwohl die Hoden ausreichende und oft sogar überhöhte Mengen Testosteron produzieren.

Das Fehlen der Androgenrezeptoren wirkt sich besonders auf die Entwicklung des inneren Genitaltrakts und der äußeren Genitalien aus. Wegen der fehlenden Androgenwirkung entwickeln sich die Wolffschen Gänge nicht in männlicher Richtung und dem äußeren Genitale fehlen Wachstumsimpulse, vor allem im Bereich des Genitalhöckers, so daß der weibliche Grundtyp bestehenbleibt. Es kommt auch nicht zum Abstieg der Hoden ins Skrotum. Sie bleiben in der Bauchhöhle oder in der Leistengegend liegen und bilden kein funktionstüchtiges Keimepithel aus.

Außerdem wird im Gehirn die androgenabhängige männliche Prägung der Sexualzentren verhindert, so daß die Patientinnen meist ein normales weibliches Sexualverhalten entwickeln. Der Androgenrezeptormangel sorgt auch dafür, daß der Kehlkopf nicht so stark wächst und damit keine Verlängerung der Stimmbänder auftritt, wodurch die weibliche Stimmlage erhalten bleibt. Die Haarfollikel reagieren ebenfalls nicht auf Androgene, wodurch eine reduzierte Körperbehaarung verursacht wird. Auch der Schambereich bleibt weitgehend unbehaart. Deswegen werden die Patientinnen als *„hairless women"* bezeichnet. Sie haben aber eine fast normale Brustentwicklung und weisen meist einen knabenhaften Körperbau auf. Ihre durchaus attraktiven Körperproportionen prädestinieren sie offenbar für den Beruf eines Modemodells, denn in dieser Berufsgruppe werden Frauen mit Testikulärer Feminisierung ungewöhnlich häufig gefunden. Das Fehlen der Gebärmutter und der Eileiter bei den betroffenen Frauen erklärt sich dadurch, daß in den Sertolizellen der Hoden das Anti-Müller-Hormon (AMH) in normaler Menge gebildet wird. Wie auf Seite 78 ausführlich dargestellt, sorgt AMH dafür, daß bei männlichen Individuen die Müllerschen Gänge degenerieren [41].

Der Gendefekt, der die Testikuläre Feminisierung verursacht, wird in den meisten Fällen X-chromosomal-rezessiv vererbt. Dabei geben gesunde Frauen das mutierte Androgen-Rezeptor (AR)-Gen an die Hälfte ihrer Nachkommen weiter. Bei den Töchtern mit XX-Konstellation hat die Mutation keine Auswirkung. Von den Söhnen mit XY-Konstellation wird sich aber nur die Hälfte normal männlich entwickeln, die von der Mutter das X-Chromosom mit dem normalen AR-Gen geerbt haben. Die andere Hälfte der Söhne erhält von der Mutter das Defektgen und wird deshalb die Symptome der Testikulären Feminisierung aufweisen (Näheres zur X-chromosomalen Vererbung siehe auch S. 50ff.).

5-α-Reduktase-Mangel:
Ein Mangel an dem Enzym Reduktase ist sehr selten. Er führt dazu, daß Testosteron nicht ausreichend in das stärker wirksame Dihydrotestosteron umgewandelt werden kann (siehe auch S. 80). Deshalb reicht die Androgenwirkung zunächst nicht aus, um die Ausbildung eines männlichen Genitales zu induzieren und daher läuft die Entwicklung zunächst in weiblicher Richtung. Nach der Pubertät produzieren die Hoden aber so hohe Mengen von Testosteron, daß eine starke androgene Wirkung auch ohne die Umwandlung in Dihydrotestosteron entsteht. Deshalb wächst die Klitoris zu einem penisartigen Gebilde heran, Bartwuchs setzt ein und insgesamt entsteht ein männlicher Phänotyp. Die inneren Geschlechtsorgane werden von Anfang an männlich ausgebildet, weil dafür nur Testosteron notwendig ist. Wahrscheinlich wird auch das Gehirn männlich programmiert (siehe auch S. 135).

Störungen der Androgensynthese:
Sie können auf dem Syntheseweg vom Cholesterol zum Testosteron entstehen, der über mehrere Stufen verläuft und von der Funktion vieler Enzyme abhängig ist. Wenn eines der Gene, die für die Bildung dieser Enzyme notwendig sind, eine Mutation aufweist, kann die Androgensynthese nicht mehr normal ablaufen, und es entsteht ein Androgenmangel [39].

Solche Gendefekte sind in der Regel autosomal-rezessiv erblich. Das heißt, daß die Mutation erst dann zur Wirkung kommt, wenn die beiden gesunden Eltern das gleiche defekte Gen in einfacher Form auf einem Autosom tragen und es an ihr Kind vererben. Bei dem Kind liegt der Gendefekt dann doppelt vor und deshalb wird bei ihm ein Enzymmangel auftreten, der die Androgensynthese stört.

Aufgrund der Mendelschen Regeln ist das Zusammentreffen der beiden Defektgene der Eltern allerdings nur bei einem von vier Kindern zu erwarten. Mutationen von Androgensynthese-Genen sind recht selten, so daß nur etwa jedes 30000 Kind betroffen ist.

Die Auswirkungen auf die Geschlechtsentwicklung sind stark davon abhängig, auf welcher Stufe und in welchem Umfang die Androgensynthese gestört ist. Das klinische Bild der Patienten ähnelt mehr oder minder stark dem der Testikulären Feminisierung, wobei allerdings oft noch weitere nichtsexuelle Störungen hinzukommen, weil auch die Synthese anderer Hormone gestört sein kann.

Störungen der Hodenentwicklung:
Manchmal wird aus noch weitgehend unbekannten Gründen die primär vorhandene Hodenanlage wieder zurückgebildet. Durch das Fehlen der Leydigzellen entsteht ein Androgenmangel, wodurch insbesondere die männliche Differenzierung der Wolffschen Gänge und der äußeren Genitalien unterbleibt. Die Unterdrückung der Müllerschen Gänge wird in manchen Fällen allerdings eingeleitet, weil einige Sertolizellen hormonaktiv sein können. Das Erscheinungsbild der Patienten ist gekennzeichnet durch ein weib-

liches oder intersexuelles Genitale und eine fehlende Vagina. Eine Pubertät tritt nicht ein, und es entsteht ein eunuchoider Hochwuchs. Darunter versteht man, daß wie bei einem frühzeitig kastrierten Eunuchen aufgrund des Androgenmangels das Wachstum der langen Röhrenknochen nicht rechtzeitig zum Stillstand kommt. Daraus ergibt sich eine Verschiebung der Körperproportionen. Außerdem kommt es auch zu einer mehr weiblichen Verteilung des Fettgewebes am Körper [39].

Idiopathischer hypogonadotroper Hypogonadismus (IHH):
Der Name dieser sehr seltenen Störung der Geschlechtsentwicklung ist ein echter Zungenbrecher, so daß im weiteren nur noch die Abkürzung *IHH* verwendet wird. Das sehr wissenschaftlich klingende Wort *idiopathisch* gebrauchen die Mediziner gern immer dann, wenn sie die Ursache für eine Erkrankung nicht näher kennen. Die Bezeichnung *hypogonadotrop* bedeutet, daß bei den Patienten nicht ausreichend Gonadotropine von der Hypophyse ausgeschüttet werden (siehe auch S. 100). Als *Hypogonadismus* bezeichnet man eine ungenügende Entwicklung der Gonaden.

Vor allem männliche IHH-Patienten haben eine sehr ungewöhnliche Geschlechtsentwicklung: Die betroffenen Knaben entwickeln sich im Mutterleib zunächst weitgehend normal. Dafür sorgen vermutlich gonadotrope Hormone, die während der Schwangerschaft im Mutterkuchen (*Plazenta*) gebildet werden. Diese Plazenta-Hormone stimulieren die embryonalen Hoden, so daß sie ausreichend Androgene produzieren, um die männliche Entwicklung der Genitalorgane sicherzustellen. Bei der Geburt sind die Knaben also körperlich völlig unauffällig, entwickeln sich zunächst auch normal und werden dementsprechend weiter in der männlichen Geschlechterrolle erzogen, der sie meist auch treu bleiben [57].

Nach der Geburt entfällt jedoch die Gonadotropin-Versorgung durch die Plazenta, so daß die fehlende Gonadotropinproduktion in der Hypophyse des Knaben Bedeutung gewinnt. Zunächst sind die Auswirkungen allerdings recht gering, weil die Hoden in der frühen Kindheit auch normalerweise wenig aktiv sind und deshalb die fehlende Stimulierung durch die Gonadotropine keine größeren Störungen verursacht. Aber spätestens zu der Zeit, in der die Pubertät üblicherweise einsetzt, fallen die Knaben auf, weil die typischen Pubertätsentwicklungen ausbleiben. Sie kommen z.B. nicht in den Stimmbruch, entwickeln keinen Bartwuchs und das Wachstum der Genitalorgane bleibt zurück. In den meisten Fällen wird erst zu diesem Zeitpunkt das IHH-Syndrom entdeckt. Das Fehlen der Gonadotropinproduktion und der daraus resultierende Androgenmangel können durch Gaben künstlicher Hormone ausgeglichen werden. Damit kann man den Eintritt der Pubertät und die damit verbundene Vermännlichung in Gang setzen.

Die IHH-Knaben sind aufgrund ihrer speziellen Entwicklungsgeschichte natürlich besonders interessante Forschungsobjekte. Bei ihnen kann man davon ausgehen, daß sie bis zur Pubertät genauso erzogen werden wie normale Knaben, da keine äußerlich sichtbaren Genitalveränderungen vorhanden sind. Unterschiede im Verhalten oder in der Ausprägung bestimmter Fähigkeiten können deshalb nicht auf eine unterschiedliche Erziehung zurückgeführt werden, sondern haben ihre Ursache wahrscheinlich in einer gestörten embryonalen Gehirndifferenzierung. Man nimmt an, daß die Androgenproduktion zwar ausreicht, um eine normale Genitalentwicklung zu gewährleisten, aber im Gehirn nicht in allen Zentren eine normale männliche Differenzierung auslösen kann. Dementsprechend zeigte sich, daß IHH-Patienten bei der Testung ihres räumlichen Vorstellungsvermögens im Durchschnitt deutlich schlechter abschnitten als normale Knaben. Darüber hinaus konnte eine deutliche Abhängigkeit der Testergebnisse vom Grad der IHH-Erkrankung festgestellt werden. Das heißt, daß die Knaben, die am wenigsten Androgene produzierten, auch das schlechteste räumliche Vorstellungsvermögen hatten (siehe auch S. 94).

Im Vergleich zu den IHH-Patienten wurde außerdem noch eine Gruppe von „AHH"-Männern untersucht. Die Abkürzung *AHH* steht für *erworbener (acquired) hypogonadotroper Hypogonadismus*. In diesen Fällen war der Gonadotropinmangel also nicht schon von Geburt an vorhanden, sondern er entstand erst während oder nach der Pubertät durch Verletzung bzw. Erkrankung des Hypophysen-Hypothalamus-Systems. Die AHH-Patienten erbrachten in den Tests zur räumlichen Orientierung fast die gleichen Werte wie die Kontrollgruppe aus normalen Männern.

AHH (erworbener [acquired] hypogonadotroper Hypogonadismus)

Damit war ziemlich eindeutig bewiesen, daß die Entwicklung des räumlichen Vorstellungsvermögens stark von einer frühzeitigen Wirkung androgener Hormone auf das Gehirn abhängt. Ob der Hormoneinfluß schon vor der Geburt oder in der frühen Kindheit die entscheidende Wirkung hat, läßt sich allerdings heute noch nicht endgültig entscheiden [118].

Weibliche Pseudohermaphroditen

Der weibliche Typ des Pseudohermaphroditismus wird durch einen Überschuß an Androgenen verursacht, der bei Individuen mit weiblichem Chromosomen- und Gonadengeschlecht zu einer mehr oder minder starken Vermännlichung der äußeren Genitalien führt. Die betroffenen Frauen können fertil sein, wenn die Genitalveränderungen nicht allzu schwerwiegend sind. Der Androgenüberschuß entsteht entweder durch Zufuhr von außen (z.B. über Medikamente) oder innerlich (z.B. durch einen hormonaktiven Tumor oder durch Enzymdefekte) [119].

Adrenogenitale Syndrome (AGS):
Unter diesem Überbegriff werden Krankheitsbilder zusammengefaßt, die durch eine Überproduktion von Androgenen in der Nebennierenrinde entstehen und bei denen dadurch eine mehr oder minder deutliche Veränderung der Genitalorgane in männlicher Richtung erfolgt. Die zugrundeliegenden Störungen der Nebennierenrindenfunktion können bei beiden Geschlechtern auftreten, aber nur bei Patientinnen mit XX-Karyotyp und weiblichen Gonaden spricht man von Pseudohermaphroditismus femi-

ninus, weil nur sie eine andersgeschlechtliche Genitalentwicklung zeigen. Bei den betroffenen Knaben führt der Androgenüberschuß lediglich zu einer vorzeitigen Geschlechtsreife (*Pubertas praecox*) [39].

Ursache für die AGS-Syndrome sind verschiedene Gendefekte, die zum Mangel einzelner Enzyme im Syntheseweg vom Cholesterol zum Kortisol bzw. Aldosteron führen. Kortisol und Aldosteron sind Hormone der Nebennierenrinde, die beim Zuckerstoffwechsel bzw. im Mineralstoffhaushalt eine lebenswichtige Rolle spielen. Androgene werden in der Nebennierenrinde unter normalen Umständen nur in geringen Mengen gebildet. Störungen im Hormonsyntheseweg führen aber dazu, daß Kortisol bzw. Aldosteron in verminderter Menge oder gar nicht gebildet werden können. Insbesondere der Kortisolmangel löst in der Hypophyse eine vermehrte Ausschüttung des Adrenocorticotropen Hormons (ACTH) aus, das die Hormonproduktion in der Nebennierenrinde stimuliert. Wegen des Enzymdefekts im Syntheseweg zum Kortisol kann aber die vermehrte ACTH-Ausschüttung zu keiner erhöhten Kortisolproduktion führen. Statt dessen reichern sich Vorstufen an, die in einen Seitenweg der Synthese geleitet werden. Dadurch entstehen wesentlich größere Mengen von androgen wirksamen Hormonen als normalerweise in der Nebennierenrinde gebildet werden.

Der *C21-Hydroxylase-Mangel* ist die häufigste Enzymstörung, die zum AGS-Syndrom führt. Die Ursache dafür ist ein autosomal-rezessiv erblicher Gendefekt. Je nachdem, welcher Mutationstyp vorliegt, tritt in der Nebennierenrinde eine mehr oder minder starke Androgenproduktion auf, die zur Virilisierung der weiblichen Genitalorgane führt.

– Die *leichte Form*, die mit Abstand am häufigsten vorkommt, wird oft erst im Schulalter oder noch später erkannt, weil eine abnorme Körperbehaarung auftritt. Außerdem werden in der Pubertät das Ausbleiben der Regelblutung und eine schwere Akne beobachtet, und es treten nicht selten Zysten an den Eierstöcken auf.

– Die *mittelschwere Form* wird auch unkompliziertes AGS-Syndrom genannt, weil nur Genitalveränderungen, aber keine weiteren Krankheitserscheinungen auftreten. Der Schweregrad der Virilisierung des äußeren Genitales wird in 5 Stadien eingeteilt (siehe Abb. 81). Es stehen vor allem eine penisartige Vergrößerung der Klitoris und skrotumartige Veränderungen der Schamlippen im Vordergrund. Während der innere Genitaltrakt meist normal ausgebildet ist, weisen Vagina und Harnröhre oft Fehlbildungen auf. Die Scham- und Achselbehaarung entwickelt sich bereits im ersten Lebensjahr, später bildet sich ein männlicher Körperbehaarungstyp aus. Die Regelblutung setzt entweder gar nicht oder verspätet ein, und die Brustentwicklung fehlt oder ist stark verzögert.

– Die *schwere Form* wird vor allem durch Störungen des Mineralstoffhaushalts geprägt, weil der zugrundeliegende Gendefekt sowohl die Kortisol- als auch die Aldosteronsynthese stark behindert. Unbehandelt sterben die Kinder am sog. Salzverlust-Syndrom bereits in den ersten Lebenswochen. Die Virilisierung der äußeren Genitalien ist immer stark ausgeprägt [120].

Abb. 81: Die Grund-
typen des Urogenital-
systems bei
Hermaphroditismus
bzw. Pseudoherm-
aphroditismus
A rein weiblicher Typ
    mit vollständiger
    Trennung von Harn-
    und Genitaltrakt.
B leicht virilisierter
    Typ mit gemein-
    samer Öffnung von
    Harn- und Genital-
    trakt und leicht ver-
    größerter Klitoris.
C deutlich virilisierter
    Typ mit größerem
    gemeinsamen Ab-
    schnitt des Harn-
    und Genitaltrakts
    und deutlich ver-
    größerter Klitoris.
D stark virilisierter Typ
    mit penisartiger
    Vergrößerung der
    Klitoris.
E rein männlicher Typ
    mit rudimentärem
    Uterus
(aus Overzier 1961) [70]

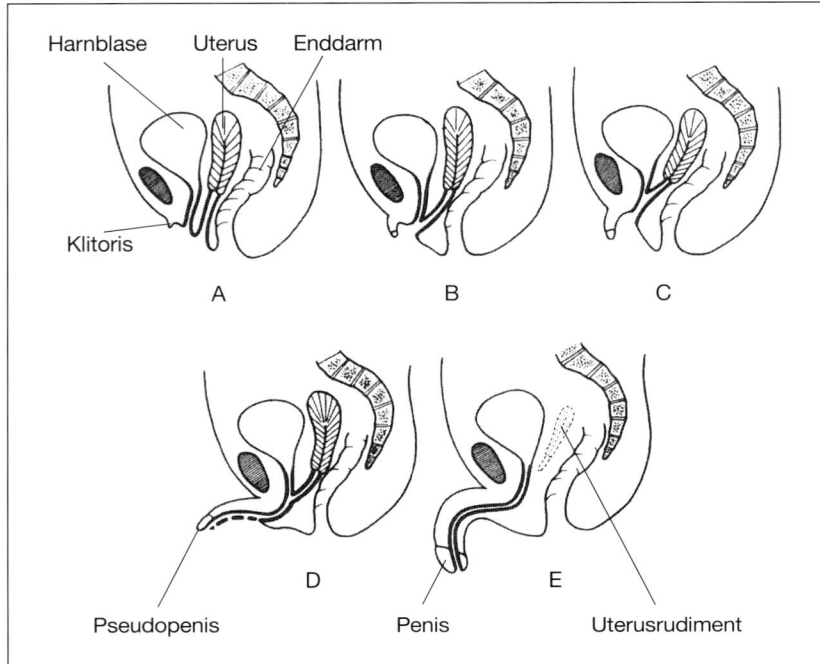

Abb. 81: Die Grundtypen des Urogenitalsystems bei Hermaphroditismus bzw. Pseudohermaphroditismus

Der *C11-Hydroxylase-Mangel* kommt relativ selten vor. Er verursacht bei weiblichen Individuen ebenfalls eine Virilisierung, stört aber nicht den Salzhaushalt. Die Patientinnen entwickeln aber einen gefährlichen Bluthochdruck.

Es gibt noch einige andere Enzyme im Syntheseweg, die defekt sein können. Sie sind aber sehr selten und nehmen in unterschiedlicher Weise auf die Genitalentwicklung Einfluß.

Virilisierung ohne Enzymdefekte:
Eine Vermännlichung kann bei weiblichen Individuen auch dann auftreten, wenn in der Nebennierenrinde ein hormonaktiver Tumor entsteht, der Androgene produziert. Bei einer erwachsenen Frau verändern sich die Genitalien nicht mehr wesentlich, aber es tritt eine Verstärkung des Bartwuchses und der Körperbehaarung sowie evtl. auch eine tiefere Stimme auf. Im Fall einer Schwangerschaft beeinflußt der hohe Androgenspiegel im Blut der Mutter auch das werdende Kind. Je nach dem Zeitpunkt der Androgenüberflutung werden die weiblichen Nachkommen eine unterschiedlich starke Virilisierung zeigen.

Ähnliche Störungen können durch die Gabe von hormonhaltigen Medikamenten während der Schwangerschaft entstehen. Es wurde beobachtet, daß manche Medikamente im Körper so umgebaut werden, daß sie eine androgene Wirkung entfalten (siehe auch S. 89).

Welche Anomalien der Geschlechtschromosomen gibt es beim Menschen?

Das Auftreten von Anomalien der Geschlechtschromosomen (*Gonosomen*) ist beim Menschen keineswegs selten. Man muß in Deutschland damit rechnen, daß unter 1000 lebendgeborenen Knaben ca. 2 eine gonosomale Anomalie aufweisen. Für Mädchen liegt die Zahl mit etwa 1,4 auf 1000 etwas niedriger. Am häufigsten findet sich eine Störung in der Anzahl der Gonosomen, strukturelle Veränderungen an den Geschlechtschromosomen sind dagegen deutlich seltener. Während Anomalien der sonstigen Chromosomen (*Autosomen*) meist sehr schwere Krankheitsbilder verursachen, bewirken gonosomale Aberrationen oft nur relativ geringe phänotypische Veränderungen. Das hängt vor allem damit zusammen, daß überzählige X-Chromosomen in der Regel inaktiviert werden (siehe S. 41) und daß auf dem Y-Chromosom fast ausschließlich geschlechtsdeterminierende Gene liegen. Im folgenden werden die wichtigsten Anomalien der Gonosomen besprochen.

Ullrich-Turner-Syndrom (XO-Konstellation)

Der deutsche Kinderarzt Otto Ullrich beschrieb 1929 erstmals ein Krankheitsbild, das vor allem durch Minderwuchs und ein typisches Gesicht geprägt ist. 1938 erkannte der amerikanische Hormonforscher Henry Turner, daß neben den von Ullrich beschriebenen Krankheitsmerkmalen bei den Patientinnen auch regelmäßig eine Störung der Geschlechtsentwicklung vorhanden ist. Deshalb wurde das Syndrom nach diesen beiden Wissenschaftlern benannt, wobei sich allerdings zunehmend die Bezeichnung „Turner-Syndrom" durchsetzt. Erst 1959 wurde entdeckt, daß dieses nach Ullrich und Turner benannte Syndrom durch das Fehlen eines Geschlechtschromosoms verursacht wird [36].

Die XO-Konstellation tritt im Vergleich zu den anderen gonosomalen Störungen deutlich seltener auf: ca. 1 von 2500 Mädchen ist davon betroffen. Die Anomalie entsteht überwiegend erst nach der Befruchtung der Eizelle, wo meist bei einer der ersten Teilungen ein Geschlechtschromosom verlorengeht. Man weiß inzwischen, daß in ca. 80% der Fälle das väterliche X- bzw. Y-Chromosom fehlt und nur in etwa 20% eines der beiden mütterlichen X-Chromosomen.

Wenn der Gonosomenverlust schon während der Keimzellbildung auftritt, ist in allen Zellen des daraus entstehenden Individuums nur ein X-Chromosom vorhanden. Kommt es dagegen erst nach der Befruchtung zum Verlust eines Geschlechtschromosoms, so entsteht ein Mosaik aus Zellen mit ein bzw. zwei Gonosomen. Bei solchen Mosaikfällen, die etwa die Hälfte aller Turner-Patienten ausmachen, ist die Ausprägung der Krankheitsmerkmale sehr unterschiedlich: Je später das eine Geschlechtschromosom verlorengeht, um so größer ist die Zahl der normalen Zellen und um so geringer sind im allgemeinen auch die Krankheitssymptome. 9 von 10 Embryos mit XO-Karyotyp erreichen allerdings gar nicht die Geburtsreife, sondern gehen als Fehlgeburt (Abort) ab. Unter Frühaborten wird in 10 bis 20% der Fälle eine XO-Konstellation gefunden, was darauf hinweist, daß der Verlust eines Geschlechtschromosoms offensichtlich sehr häufig vorkommt und meist zum Absterben der Frucht führt.

Die wichtigsten Merkmale des Turner-Syndroms sind in Abb. 82 dargestellt. Am auffälligsten ist zweifellos der *Minderwuchs*: erwachsene Turner-Patientinnen erreichen nur eine Größe von ca. 150 cm. Bereits im Mutterleib kann durch Ultraschall festgestellt werden, daß ein verlangsamtes Wachstum vorliegt. Oft fällt auch noch eine Flüssigkeitsansammlung im Nakkenbereich auf, so daß die Verdachtsdiagnose „Turner-Syndrom" nicht selten schon vor der Geburt gestellt wird.

Die Gonaden entwickeln sich etwa bis zum 3. Embryonalmonat in Richtung Eierstock, danach degenerieren sie jedoch, weil die weitere Entwicklung nur möglich ist, wenn zwei X-Chromosomen vorliegen. Im Erwachsenenalter findet man nur noch sogenannte *Stranggonaden,* die weitgehend aus Bindegewebe bestehen und nicht zur Hormonbildung fähig sind [39].

Weil embryonal keine Androgeneinwirkung stattgefunden hat, entwickelt sich zwar ein weiblicher Phänotyp, aber der Mangel an Eierstockshormonen verhindert eine volle Ausreifung der Genitalorgane, so daß bei erwachsenen Turner-Patientinnen ein *sexueller Infantilismus* vorliegt. Das bedeutet auch, daß meist keine Regelblutung einsetzt und die Brustentwicklung weitgehend ausbleibt. Beim Vorliegen eines Mosaiks aus normalen und XO-Zellen ist allerdings auch eine normale Sexualentwicklung möglich.

Es sind noch viele weitere Symptome des Turner-Syndroms bekannt, sie treten aber nicht bei allen Patientinnen auf. Beispielsweise findet sich relativ oft ein auffälliges Gesicht, das wegen seiner geringen Mimik auch als *Sphinxgesicht* beschrieben wird. Im Nackenbereich tritt nicht selten ein sog. *Flügelfell* auf, das aus einer Hautfalte besteht. An den inneren Organen können Fehlbildungen auftreten, die vor allem das Herz und die Nieren betreffen. Die Intelligenzentwicklung ist in der Regel normal, es fallen aber einige psychische Besonderheiten auf. Insbesondere ist die räumliche Orientierungsfähigkeit deutlich eingeschränkt [121].

In vielen Fällen werden heute Turner-Patientinnen mit Wachstumshormonen behandelt, um den Minderwuchs auszugleichen. Die Erfolge sind allerdings recht begrenzt. Im Durchschnitt wird eine Größenzunahme von ca. 5 cm erreicht. Etwa ab dem 13. Lebensjahr beginnt man meist mit der zusätzlichen Gabe von Sexualhormonen, um die Ausbildung der sekundären Geschlechtsmerkmale zu fördern.

Neben dem typischen Turner-Syndrom mit XO-Karyotyp gibt es noch einige selten auftretende Varianten, bei denen strukturelle Veränderungen an einem X-Chromosom vorliegen. Besonders interessant ist dabei das sog. *Isochromosom* für den langen Arm des X-Chromosoms. Es entsteht durch einen Fehler bei der Zellteilung und ist dadurch gekennzeichnet, daß das

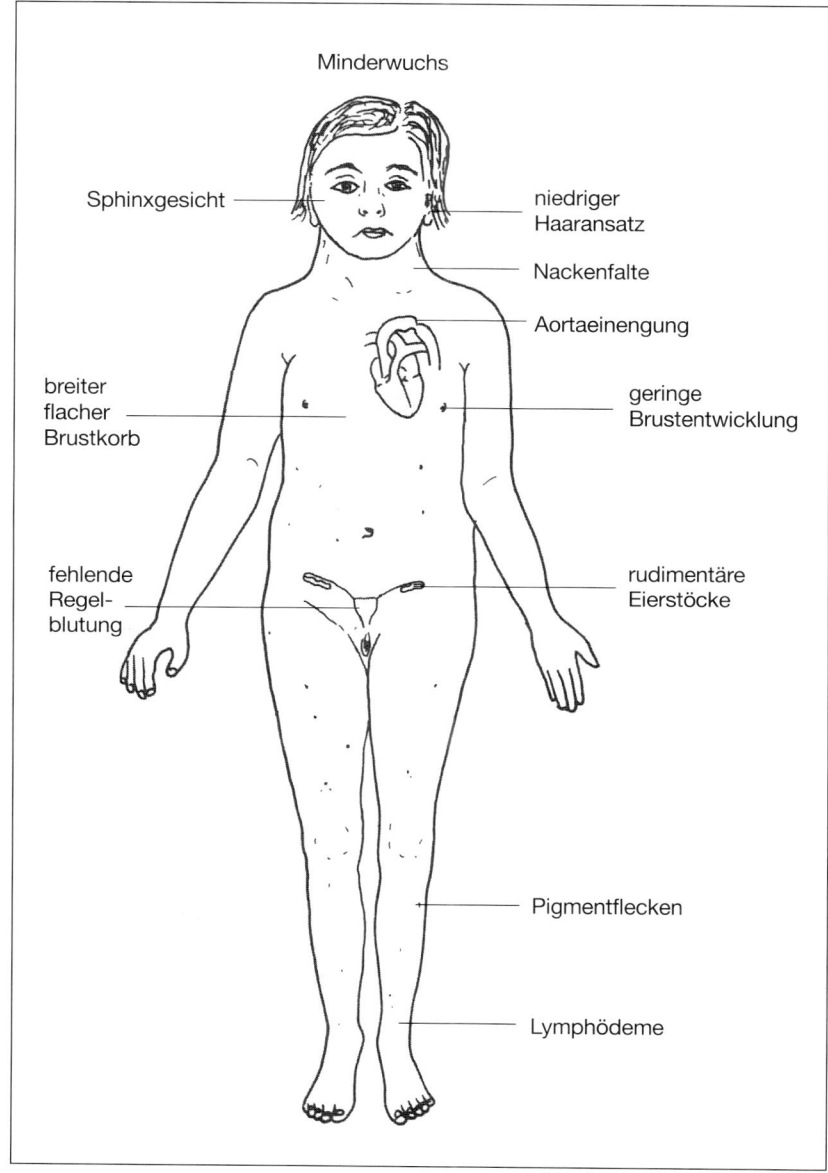

Minderwuchs

Sphinxgesicht

niedriger
Haaransatz

Nackenfalte

Aortaeinengung

breiter
flacher
Brustkorb

geringe
Brustentwicklung

fehlende
Regel-
blutung

rudimentäre
Eierstöcke

Pigmentflecken

Lymphödeme

Abb. 82: Die wichtig-
sten körperlichen
Merkmale beim Tur-
ner-Syndrom
(nach Hienze 1970) [71]

betroffene X-Chromosom den langen Arm verdoppelt, wobei es zum Verlust des kurzen Armes kommt. Patientinnen, die neben einem normalen
X-Chromosom dieses Iso-X-Chromosom aufweisen, zeigen die gleichen
Krankheitserscheinungen wie die XO-Patientinnen. Wenn umgekehrt ein
Isochromosom der kurzen Arme eines X-Chromosoms neben einem normalen X-Chromosom vorliegt, entwickelt sich kein typisches Turner-Syndrom,
sondern nur eine isolierte Störung der Gonadenentwicklung (*Gonaden-*

dysgenesie). An diesen Fällen konnte nachgewiesen werden, daß die Turner-Erkrankung vor allem deshalb entsteht, weil Gene fehlen, die auf dem kurzen Arm des X-Chromosoms liegen [36].

Es blieb relativ lange unklar, warum das Vorliegen nur eines X-Chromosoms oder eines Iso-X-Chromosoms überhaupt zu klinisch relevanten Störungen führt. Wie auf S. 41 näher besprochen, wird bei Frauen ja eines der beiden X-Chromosomen ohnehin inaktiviert, so daß ein Fehlen eines X-Chromosoms eigentlich keine Störungen verursachen sollte. Allerdings wird das zweite X-Chromosom erst nach ca. 2 Entwicklungswochen inaktiviert, so daß man annehmen kann, daß für die normale frühe Embryonalentwicklung zwei aktive X-Chromosomen notwendig sind. Auch für die normale Entwicklung der Keimzellen sind beide X-Chromosomen wichtig. Außerdem weiß man heute, daß nicht das ganze X-Chromosom inaktiviert wird, sondern nur der größte Teil. Einige Regionen, insbesondere im kurzen Arm, bleiben auch auf dem zweiten X-Chromosom aktiv, und sie fehlen bei den Turner-Patientinnen [33].

Klinefelter-Syndrom (XXY-Konstellation)

Das Krankheitsbild ist nach dem amerikanischen Hormonforscher Harry F. Klinefelter benannt, der es 1942 als erster beschrieb. Er erkannte, daß das Syndrom nur Männer betrifft und daß bei ihnen neben einer Störung der Geschlechtsentwicklung fast immer auch eine Hochwüchsigkeit und eine leichte geistige Einschränkung zu beobachten ist. 1959 stellte sich heraus, daß dieses Krankheitsbild durch ein überzähliges X-Chromosom verursacht wird. Systematische Untersuchungen in den folgenden Jahren ergaben, daß der zugrunde liegende XXY-Karyotyp sehr häufig vorkommt. Man muß damit rechnen, daß etwa jeder 1000. Knabe mit dieser Chromosomenanomalie geboren wird. Unter Männern mit leichter geistiger Minderbegabung weist etwa jeder 100. den XXY-Karyotyp auf und bei unfruchtbaren Männern ist sogar jeder 10. ein Klinefelter-Patient [41].

Die wichtigsten Merkmale des Klinefelter-Syndroms sind in Abb. 83 dargestellt. Oft wird das Krankheitsbild im Kindesalter noch gar nicht erkannt, weil zunächst keine deutlichen körperlichen Symptome auftreten. Als erster Hinweis finden sich nicht selten Schulschwierigkeiten, die auf der bereits erwähnten leichten Minderbegabung beruhen. Die Intelligenzentwicklung kann allerdings auch relativ normal verlaufen und nur selten liegt der Intelligenzquotient (IQ) deutlich unter dem Wert von 100, der üblicherweise als Durchschnitt der Normalbegabung angegeben wird. Beim Vergleich mit Geschwistern zeigt sich bei den Klinefelter-Patienten jedoch fast immer ein um 10 bis 20 Punkte erniedrigter IQ.

Die körperlichen Symptome werden etwa um die Zeit der Pubertät deutlicher. Es fällt vor allem auf, daß Penis und Hoden zu klein bleiben und daß oft ein verstärktes Wachstum der Brust einsetzt, was von Medizinern als *Gynäkomastie* bezeichnet wird. Im Erwachsenenalter zeigen die Patienten

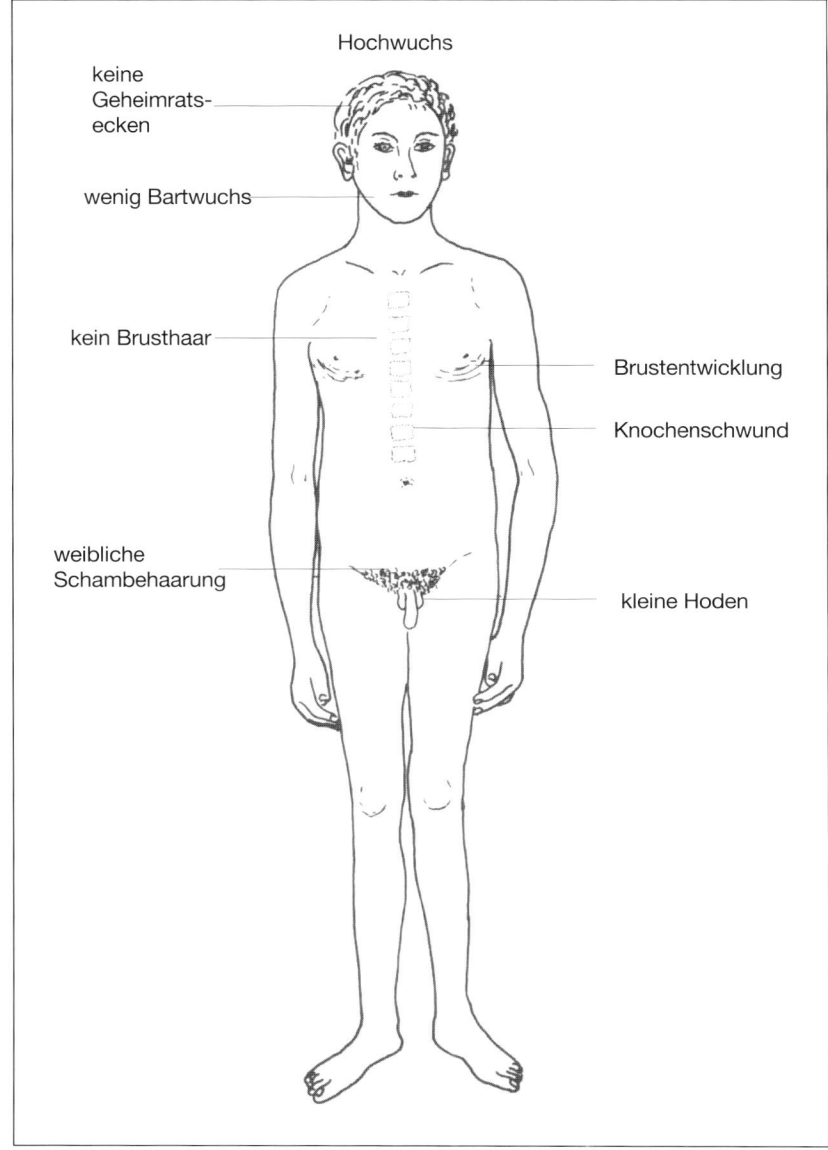

keine
Geheimrats-
ecken

Hochwuchs

wenig Bartwuchs

kein Brusthaar

Brustentwicklung

Knochenschwund

weibliche
Schambehaarung

kleine Hoden

Abb. 83: Die wichtig-
sten körperlichen
Merkmale beim Kline-
felter-Syndrom
(nach Hienze 1970) [71]

einen insgesamt *feminisierten Habitus*, worunter man insbesondere versteht, daß sie neben der Gynäkomastie auch eine weibliche Schambehaarung aufweisen und wenig Körperbehaarung und Bartwuchs haben. Die
Körpergröße liegt etwa 10 cm über der Norm, wobei meist ein sog. *eunuchoider Hochwuchs* vorliegt. Das bedeutet, daß die Beine sehr lang sind,
während der übrige Körper normale Maße zeigt. Der Androgenmangel bewirkt auch, daß eine *Osteoporose*, d.h. eine Verminderung der Knochensub-

stanz, auftritt, wie man sie auch oft bei Frauen nach dem Klimakterium beobachtet. Das Sexualverhalten ist bei Klinefelter-Patienten ebenfalls beeinträchtigt. Sie zeigen ein vermindertes Interesse am weiblichen Geschlecht und nicht selten tritt *Homosexualität* auf (siehe auch S. 171).

Eine genauere Untersuchung der Hoden zeigt, daß die Spermatogenese stark gestört ist, so daß in der Regel keine befruchtungsfähigen Spermien gebildet werden. Die Leydigzellen sind stark vergrößert, produzieren aber zu wenig Testosteron. Dieser Testosteronmangel, der schon während der Embryonalentwicklung vorliegt, ist für die meisten Auffälligkeiten verantwortlich. Die zunächst etwas schwer verständliche Vergrößerung (*Hyperplasie*) der Leydigzellen bei gleichzeitiger Hormonunterproduktion erklärt sich daraus, daß der erniedrigte Testosteronspiegel im Blut die Hypophyse zu einer vermehrten Ausschüttung von gonadotropen Hormonen veranlaßt (siehe auch S. 101).

Als Ursache für das Klinefelter-Syndrom wird in etwa 80% der Fälle das Vorliegen eines XXY-Karyotyps festgestellt. In den übrigen 20% findet sich entweder ein Mosaik aus verschiedenen Karyotypen (z.B. XY/XXY oder XX/XXY) oder es treten zusätzliche X- oder Y-Chromosomen auf. Es wurden schon Patienten mit 49 statt den normalen 46 Chromosomen beobachtet, wobei neben einem Y-Chromosom vier X-Chromosomen vorlagen. In solchen Fällen finden sich neben den Symptomen des Klinefelter-Syndroms noch weitere körperliche Auffälligkeiten und insbesondere eine stärkere Einschränkung der geistigen Entwicklung. Die Geschlechtsentwicklung bleibt aber auch bei einem XX/XXY-Karyotyp eindeutig männlich. Die Chromosomenfehlverteilung, die zu den abnormen Karyotypen führt, entsteht jeweils etwa zur Hälfte während der Reifeteilungen der väterlichen bzw. mütterlichen Keimzellen. Ein erhöhtes Alter der Eltern scheint das Auftreten von X-chromosomalen Verteilungsstörungen zu begünstigen [31].

Triple-X-Syndrom (XXX-Konstellation)

Die Verdreifachung des X-Chromosoms ist die häufigste gonosomale Anomalie des weiblichen Geschlechts. Sie wurde wie viele andere Chromosomenstörungen 1959 entdeckt und inzwischen weiß man, daß etwa jedes 1000. Mädchen mit einem überzähligen X-Chromosom geboren wird. Die Patientinnen entwickeln sich körperlich weitgehend unauffällig und sie sind meist auch normal fortpflanzungsfähig, so daß die Gonosomenanomalie häufig unentdeckt bleibt. Der einzige Hinweis auf das Vorliegen eines Triple-X-Syndroms findet sich oft in der geistigen Entwicklung, die meist nicht ganz normal verläuft. Der Gesamt-IQ der Patientinnen liegt im Vergleich zu normalen Geschwistern um ca. 10 bis 15 Punkte niedriger. Besonders auffällig sind Störungen der Sprachentwicklung [39].

Erstaunlicherweise finden sich bei den Nachkommen von XXX-Frauen nur relativ selten Gonosomenstörungen. Aufgrund des dreifach vorhandenen X-Chromosoms wäre zu erwarten, daß die Eizellen nach den Reife-

teilungen je zur Hälfte eine normale X- bzw. abnorme XX-Konstellation aufweisen (siehe auch S. 63). Die anormalen XX-Eizellen scheinen jedoch schon
sehr früh eliminiert zu werden, so daß die Kinder bis auf wenige Ausnahmen kein überzähliges X-Chromosom aufweisen [36].

Neben der Verdreifachung des X-Chromosoms wurden auch vier- und
sogar fünf X-Chromosomen beobachtet. Bei solchen Patientinnen findet
man gehäuft Skelett- und Schädelveränderungen und eine verstärkte Störung der geistigen Entwicklung. Die überzähligen X-Chromosomen stammen zu 90% von der Mutter, d.h., die zugrundeliegende Verteilungsstörung
der X-Chromosomen findet vorrangig in den Reifeteilungen der Eizellen
statt. Die Wahrscheinlichkeit, daß solche Fehlverteilungen auftreten, steigt
deutlich mit dem Alter der Mutter an [31].

XYY-Konstellation

Der XYY-Karyotyp wurde erstmals 1961 beschrieben. Er findet sich etwa bei
jedem 1000. Knaben. Im Gegensatz zu den anderen gonosomalen Anomali-
en wurde dieser Konstellation kein eigener Syndrom-Name gegeben, weil
sich keine eindeutigen Krankheitssymptome festellen lassen. Auch die Fortpflanzungsfähigkeit ist nicht vermindert. Die einzige regelmäßig auftretende körperliche Auffälligkeit ist ein deutlicher *Hochwuchs*, der etwa 10 cm
über dem normalen Durchschnitt liegt. In einer Gruppe von Männern mit
einer Körpergröße über 2 m fanden sich etwa 5% XYY-Männer. Über die
Intelligenzentwicklung liegen unterschiedliche Angaben vor. Wenn überhaupt eine verminderte Intelligenz vorliegt, so ist die Abweichung vom normalen Durchschnitt jedenfalls nur relativ gering [41].

Besonders heftig wird auch heute noch darüber diskutiert, ob XYY-Männer
vermehrt aggressives Verhalten zeigen und eine Neigung zu Straftaten
haben. Ausgelöst wurde diese Diskussion durch einen spektakulären Mord-
prozeß, der 1968 in Paris stattfand: Ein Mörder stand vor Gericht, der eine
Prostituierte umgebracht hatte. Wegen seines auffälligen Hochwuchses
wurde eine Chromosomenanalyse veranlaßt. Dabei ergab sich, daß bei dem
Angeklagten der XYY-Karyotyp vorlag. Sein Verteidiger beantragte aufgrund
dieses Befundes, seinem Mandanten eine verminderte Schuldfähigkeit zu-
zugestehen, da er durch die Chromosomenanomalie sozusagen zum Mörder
genetisch prädestiniert sei. Das Gericht folgte dieser Argumentation zumindest teilweise und verhängte eine vergleichsweise niedrige Strafe. In den
Medien wurde daraufhin der Begriff „Mörderchromosom" geprägt [33].

In den folgenden Jahren wurden gezielt Chromosomenuntersuchungen
bei Kriminellen durchgeführt und dabei wurden überproportional viele
Männer mit XYY-Karyotyp entdeckt. Etwa die Hälfte der so erfaßten XYY-
Männer hatte Gewaltverbrechen begangen, wobei ca. 20% Sexualdelikte
waren. Neuere Untersuchungen haben diese früheren Befunde allerdings
stark relativiert. Heute geht man davon aus, daß die allermeisten XYY-Männer nie mit dem Gesetz in Konflikt kommen. Ein nicht unerheblicher Anteil
von ihnen zeigt aber eine Intelligenzminderung sowie eine psychische Labi-

lität mit einer Neigung zu aggressivem Verhalten. Unter ungünstigen sozialen Umständen dürfte bei diesen Männern das Risiko für Straftaten erhöht sein [122].

Wie entstehen Störungen der sexuellen Gehirndifferenzierung?

Die Frage, inwieweit beim Menschen Störungen in der geschlechtsspezifischen Gehirnentwicklung auftreten können und welche Folgen sie haben, ist zweifellos sehr schwierig zu beantworten. Das liegt vor allem daran, daß unsere Kenntnisse über Entwicklung, Aufbau und Funktion des Gehirns noch sehr lückenhaft sind. Dazu kommt aber noch das Problem, daß biologische Einflüsse in diesem Bereich von vielen Menschen aus eher weltanschaulichen Gründen für unmöglich gehalten werden. Dementsprechend lösen einschlägige Forschungsergebnisse meist heftige öffentliche Debatten aus, die eine sachliche Betrachtungsweise sehr erschweren. Oft werden auch Resultate, die von den Wissenschaftlern meist noch mit den nötigen Einschränkungen veröffentlicht werden, in den Medien grob vereinfacht oder tendenziös dargestellt. Dem breiten Publikum fällt es daher schwer, sich auf diesem Gebiet eine fundierte eigene Meinung zu bilden.

Besonders deutlich wird diese Problematik bei der zur Zeit heftig diskutierten Frage, ob die sexuelle Orientierung eine biologische Grundlage hat. Ausgangspunkt für diese Diskussion waren die im Kapitel 4 näher beschriebenen Tierversuche, die zeigten, daß die Gehirndifferenzierung und damit auch das Sexualverhalten kurz vor oder nach der Geburt durch Geschlechtshormone maßgeblich beeinflußt werden kann. Inzwischen sind auch einige Sexualzentren im Gehirn von Versuchstieren relativ gut lokalisiert und man glaubt die entsprechenden Zentren beim Menschen wenigstens zum Teil ebenfalls zu kennen (siehe auch S. 89f.).

Daß das Verhalten des Menschen von Hormonwirkungen vor der Geburt beeinflußt wird, wurde vor allem durch einen Unglücksfall deutlich, der sich in den sechziger Jahren in den USA ereignete: Damals wurden zahlreiche schwangere Frauen mit einem neuen synthetisch hergestellten Hormon behandelt, dem eine progesteronähnliche Wirkung zugeschrieben wurde. Damit sollten drohende Fehlgeburten verhindert werden. Es stellte sich aber heraus, daß dieses Medikament in der Leber so verändert wurde, daß es androgene Wirkungen entfaltete. Dadurch wurden vor allem die weiblichen Nachkommen in ihrer vorgeburtlichen Sexualentwicklung gestört. Im Kindesalter zeigte sich, daß die betroffenen Mädchen wesentlich aggressiver waren als eine vergleichbare Kontrollgruppe und auch eher knabenhaftes Spielverhalten zeigten [123].

Ähnliche Beobachtungen machte man bei Mädchen, die aufgrund einer angeborenen Hormonsynthesestörung ebenfalls einer erhöhten Androgenkonzentration im Blut ausgesetzt waren (siehe S. 160). Eine auffällig hohe Zahl dieser Mädchen entwickelte später lesbische Neigungen.

Ein vorgeburtlicher Androgenmangel scheint dagegen das Verhalten von Knaben zu verändern: Bei den bereits erwähnten Klinefelter-Patienten, die ein X-Chromosom zuviel haben (siehe auch S. 166), ist bekannt, daß die Hoden schon vor der Geburt zu geringe Mengen von Testosteron produzieren. Bei solchen Patienten kann man schon im Kindesalter feststellen, daß sie mehr mädchenhafte Verhaltensweisen zeigen und viel weniger aggressiv sind als normale Knaben. Im Erwachsenenalter entwickeln Klinefelter-Patienten vergleichsweise oft ein homosexuelles Verhalten. Allerdings muß man berücksichtigen, daß die Klinefelter-Patienten zeitlebens nur wenig Testosteron produzieren, so daß man nicht unterscheiden kann, ob die Verhaltensauffälligkeiten schon vor der Geburt programmiert wurden oder ob sie erst später durch Hormonmangel entstanden sind. Erzieherische Einflüsse sind dagegen weniger wahrscheinlich, weil die Patienten ein weitgehend normales männliches äußeres Genitale entwickeln und deshalb für die Eltern kein Anlaß besteht, sie nicht in der männlichen Geschlechtsrolle zu erziehen [52].

Anfang der neunziger Jahre erregte ein Artikel in der sehr renommierten Wissenschaftszeitschrift „Science" großes Aufsehen. Dort wurde über Untersuchungen an Gehirnen verstorbener homosexueller Männer berichtet. Sie ergaben, daß der in der präoptischen Region liegende Kern INAH 3 (siehe auch S. 90) deutlich kleiner war als bei einer heterosexuellen Vergleichsgruppe. Bei Frauen war das Kernareal ungefähr so groß wie bei den homosexuellen Männern. Die Studie geriet unter heftige Kritik, insbesondere weil die untersuchten Homosexuellen an AIDS gestorben waren und man daher nicht ausschließen kann, daß die Veränderungen im Gehirn auf die Erkrankung zurückzuführen sind [54].

Dieser Vorbehalt gilt auch für eine weitere Studie, die auf Größenunterschiede in der vorderen Kommissur bei homo- und heterosexuellen Männern hinweist (bei Homosexualität scheint der Bereich größer zu sein). Die vordere Kommissur verbindet ähnlich wie der Balken die beiden Hirnhälften, ist aber stammesgeschichtlich wesentlich älter. Normalerweise ist die Kommissur bei Frauen größer als bei Männern. Zwischen homosexuellen Männern und einer Kontrollgruppe aus Frauen fand sich kein Unterschied [55].

Wodurch kommt es zu Störungen der sexuellen Orientierung?

Die Diskussion über Zentren im Gehirn, die für die Geschlechtsorientierung wichtig sein könnten, lenkte den Blick auch auf andere Untersuchungsergebnisse, die darauf hindeuten, daß die sexuelle Orientierung eine genetische Grundlage haben könnte. Vor allem Studien an männlichen ein- und zweieiigen Zwillingen ergaben, daß Homosexualität bei beiden Zwillingen wesentlich häufiger auftrat als zu erwarten war. Als zweieiig bezeichnet man Zwillinge, die aus der Befruchtung von zwei Eizellen durch zwei verschiedene Spermien entstanden sind. Eineiigkeit liegt vor, wenn sich eine Eizelle erst nach der Befruchtung in zwei Individuen aufteilt. Während zweieiige Zwillinge sich genetisch nicht ähnlicher sind als normale Geschwister, stimmen eineiige Zwillinge in ihren Erbanlagen vollständig überein.

Schätzungen gehen davon aus, daß bis zu 10% der männlichen Bevölkerung homosexuelle Neigungen haben. Ohne zusätzliche Einflüsse wäre deshalb zu erwarten, daß Zwillinge in dieser Hinsicht auch zu etwa 10% übereinstimmen. Bei zweieiigen Zwillingen tritt aber eine Übereinstimmung mit ca. 20% etwa doppelt so häufig auf. Eineiige Zwillinge stimmten sogar zu ca. 50% in diesem Merkmal überein. Diese hohe Übereinstimmung deutet darauf hin, daß Erbfaktoren mitbestimmen, welche geschlechtliche Orientierung sich bei Männern ausprägt. Allerdings zeigt das Ergebnis gleichzeitig auch, daß Gene nicht allein dafür verantwortlich gemacht werden können, denn sonst müßten eineiige Zwillinge hundertprozentig übereinstimmen. Ähnliche Ergebnisse wurden auch bei weiblichen Zwillingen hinsichtlich lesbischer Neigungen erzielt [124, 125].

Auch interkulturelle Vergleiche ergaben Hinweise, daß die sexuelle Orientierung eine biologische Grundlage haben dürfte und nicht nur durch soziale Gegebenheiten bestimmt wird. Es zeigte sich nämlich, daß sowohl männliche wie weibliche Homosexualität in allen menschlichen Gesellschaften vorkommt und mit ca. 5 bis 10% auch zahlenmäßig recht konstant ist. Gesellschaftliche Normen können das Auftreten von Homosexualität weder verhindern noch fördern, sondern beeinflussen lediglich den Prozentsatz derer, die sich offen zu ihr bekennen [126].

Der amerikanische Gentechniker Hamer fand noch konkretere Hinweise auf eine genetische Basis der sexuellen Orientierung von Männern. Er untersuchte mit seiner Arbeitsgruppe Stammbäume von Familien, in denen auffällig viele homosexuelle Männer vorkamen. Er entdeckte, daß vor allem die männlichen Verwandten mütterlicherseits homosexuelle Neigungen zeigten. Daraus schloß er, daß ein Gen auf dem X-Chromosom dafür verantwortlich sein könnte, weil männliche Nachkommen immer ein X-Chromosom ihrer Mutter erben (s. auch S. 50ff.). Durch aufwendige molekularbiologische Untersuchungen konnte die Arbeitsgruppe von Hamer feststellen, daß homosexuelle Familienmitglieder wesentlich häufiger eine Übereinstimmung hinsichtlich verschiedener genetischer Marker in einem kleinen Bereich des X-Chromosoms zeigten als ihre heterosexuellen Verwandten [127].

Solche Übereinstimmungen sind zwar noch kein Beweis, aber doch ein sehr deutlicher Hinweis auf ein Gen, das in der Region q28 des X-Chromosoms liegt und die sexuelle Orientierung beeinflußt. Die Lokalisation des hypothetischen Gens wurde unter der Bezeichnung GAY-1 in die Genkarte des Menschen eingetragen, wobei der Zusatz der Zahl 1 darauf hinweist, daß es wahrscheinlich mehrere Gene gibt, die auf die sexuelle Orientierung von Männern Einfluß haben. Zur Zeit werden sog. Kandidatengene auf den Chromosomen Nr. 7 und 16 daraufhin untersucht, ob sie in dieser Hinsicht auch wirksam sind. Von Interesse sind natürlich auch Erbfaktoren, die auf die weibliche Geschlechtsorientierung Einfluß nehmen. In diesem bisher noch wesentlich weniger untersuchten Bereich hofft man in absehbarer Zeit auf neue Ergebnisse, wobei vermutlich auch hier Untersuchungen an lesbisch orientierten Frauen besonders erfolgversprechend sind [128, 131].

Untersuchungen, die sich mit einer möglichen genetischen Basis der Geschlechtsorientierung befassen, sind natürlich vielfältiger Kritik ausgesetzt. Ein häufig geäußerter Kritikpunkt ist, daß eine erbliche Grundlage für Homosexualität schon deshalb unwahrscheinlich sei, weil solche Gene schnell ausselektiert würden. Die Argumentation klingt zunächst überzeugend, weil Homosexuelle in der Regel keine Nachkommen haben und deshalb die entsprechenden Gene nicht weiterverbreiten können. Es gibt aber durchaus Erklärungsmöglichkeiten, warum diese Gene nicht zwangsläufig durch Selektion im Rahmen der Evolution verlorengehen müssen [129].

Eine Erklärung basiert auf Erkenntnissen der Soziobiologie. Danach ist die Ausbreitung der eigenen Gene nicht nur von der eigenen Fortpflanzung abhängig, sondern auch von der familiären Gesamtfruchtbarkeit. Folgendes Beispiel kann die Zusammenhänge verdeutlichen: Es soll die Annahme gelten, daß ein Mann mit heterosexueller Orientierung in seinem Leben ein Kind gezeugt hätte. Bei Homosexualität wäre dieses Kind nicht entstanden. Wenn dieser Homosexuelle aber während seines Lebens durch intensive wirtschaftliche und sonstige Hilfe seine Geschwister veranlassen würde, zwei Kinder mehr als geplant in die Welt zu setzen, so hätte er zur Weitergabe seiner Gene genauso viel beigetragen wie durch die Zeugung eines eigenen Kindes. Er selbst hätte nämlich an seine direkten Nachkommen die Hälfte seiner Gene weitergegeben. Mit seinen Geschwistern stimmt er genetisch ebenfalls zur Hälfte überein. Wenn seine Geschwister sich fortpflanzen, so geben sie an ihre Kinder jeweils auch ein Viertel der Gene ihres homosexuellen Bruders weiter.

Ein anderes Erklärungsmodell bezieht sich darauf, daß bei manchen rezessiv erblichen Krankheiten der Heterozygotenstatus einen Selektionsvorteil hat. Als heterozygot bezeichnet man das Vorkommen des krankmachenden Gens auf nur einem von zwei homologen Chromosomen.

Bei rezessiver Vererbung genügt das gesunde (dominante) Gen auf dem zweiten Chromosom, um die Krankheit zu unterdrücken. Bei der Sichelzellanämie führt das heterozygote Krankheitsgen beispielsweise dazu, daß die Menschen zwar gesund sind, aber leichte Veränderungen an ihren roten Blutzellen aufweisen. Dadurch entsteht bei ihnen eine erhöhte Resistenz gegen Malaria. Dieser Selektionsvorteil hat dazu geführt, daß in malariaverseuchten Gebieten heterozygote Träger des Sichelzellgens sehr viel häufiger vorkommen als in malariafreien Gebieten. Einen ähnlichen Mechanismus könnte man sich auch für ein Gen vorstellen, das im homozygoten Zustand zur Homosexualität führt, aber im heterozygoten Zustand irgendeinen Selektionsvorteil bietet, der die fehlende direkte Genweitergabe bei Homosexualität ausgleicht [52].

Wie entstehen Störungen des Sexualverhaltens?

Das Sexualverhalten wird weitgehend geprägt durch die Entwicklung einer männlichen bzw. weiblichen Geschlechtsidentität und einer in der Regel auf das andere Geschlecht gerichteten sexuellen Orientierung. Früher wurden Maskulinität und Femininität als streng voneinander getrennte Einheiten aufgefaßt. Heute wird stärker betont, daß die Realisierung der Geschlechter als Variationsreihe aufzufassen ist, wobei die voll ausgeprägte Männlichkeit bzw. Weiblichkeit nur jeweils die Endpunkte darstellen. Dementsprechend findet sich auch in den sexuellen Verhaltensweisen eine große Variationsbreite, die es erschwert, zwischen Normalität und Abweichung zu unterscheiden [130].

Atypisches sexuelles Verhalten wurde früher als „Perversion" bezeichnet, heute haben sich dafür die Ausdrücke „Paraphilie" und „sexuelle Deviation" durchgesetzt. Mit der veränderten Benennung geht auch eine deutlich andere Bewertung einher: Die Auffassung, daß die Perversionen klar abgrenz-

Tab. 5: Die wichtigsten Paraphilien (nach Kockott 1995) [130]	
Exhibitionismus:	Sexuelle Erregung durch das Entblößen der eigenen Geschlechtsteile gegenüber Fremden
Fetischismus:	Sexueller Gebrauch lebloser Objekte (z.B. weibliche Unterwäsche)
Pädophilie:	Sexuelle Aktivitäten mit vorpubertären Kindern
Transvestitismus (transvestitischer Fetischismus):	Weibliche Verkleidung bei einem heterosexuellen Mann
Voyeurismus:	Sexuelle Erregung durch die Beobachtung argloser Personen, die nackt sind, sich gerade entkleiden oder sexuelle Handlungen ausführen
Frotteurismus:	Sexuelle Impulse durch das Berühren von und Sich-Reiben an Personen, die mit der Handlung nicht einverstanden sind
Sexueller Masochismus:	Sexuelle Erregung durch Demütigungen, Geschlagen- und Gefesseltwerden oder sonstige Leiden
Sexueller Sadismus:	Sexuelle Erregung durch das Erzeugen von psychischen oder physischen Leiden (einschl. Demütigung)
Sodomie:	Sexuelle Aktivität mit Tieren
Erotophonie:	Sexuelle Erregung durch obszöne Telefonanrufe bei Personen, die ahnungslos oder damit nicht einverstanden sind

bare Krankheitsbilder darstellen, wurde weitgehend abgelöst durch die Vorstellung, daß es sich dabei eher um stark einseitige Überbetonungen von Verhaltensweisen handelt, die auch in der normalen Sexualität auftreten. Als Krankheit werden sie heute deshalb erst dann angesehen, wenn eine Belästigung bzw. Gefahr für Mitmenschen entsteht oder für den Betroffenen Leidensdruck vorhanden ist.

Die wichtigsten Paraphilien sind in Tab. 5 zusammengefaßt. Man spricht allerdings nur dann von einer Paraphilie, wenn die abnormen sexuell motivierten Aktivitäten länger als 6 Monate auftreten.

Über die Ursachen von Paraphilien ist bisher noch sehr wenig bekannt. In den meisten Fällen wird eine sozial bedingte kindliche bzw. jugendliche Entwicklungsstörung angenommen. Auffällig ist allerdings, daß Paraphilien fast ausschließlich bei Männern auftreten, weshalb der Verdacht naheliegt, daß auch die männlichen Geschlechtshormone bei der Entwicklung atypischen Sexualverhaltens eine Rolle spielen dürften.

9

Wer ist stärker?

Die Fitness der Geschlechter

Welche Faktoren beeinflussen das zahlenmäßige Verhältnis der Geschlechter?

Das Zahlenverhältnis der Geschlechter, das auch als *Sexualproportion* bezeichnet wird, kann man auf verschiedenen Ebenen betrachten:

- Als *primäres Geschlechtsverhältnis* wird das Verhältnis der weiblich und männlich determinierten Eizellen direkt nach der Befruchtung bezeichnet.
- Das *sekundäre Geschlechtsverhältnis* gibt an, wieviel weibliche Individuen im Vergleich zu männlichen geboren werden.
- Als *tertiäres Geschlechtsverhältnis* bezeichnet man das zahlenmäßige Verhältnis der weiblichen und männlichen Individuen im fortpflanzungsfähigen Alter.
- Unter dem *effektiven Geschlechtsverhältnis* versteht man das Zahlenverhältnis zwischen geschlechtsreifen weiblichen und männlichen Individuen zu einem bestimmten Zeitpunkt.

Das Geschlecht der Nachkommen wird bei den Säugetieren, wie bereits mehrfach erwähnt, vom Vater bestimmt. Da er in der Regel gleich viel Spermien mit X- bzw. Y-Chromosomen produziert, sollten gleich viel männliche und weibliche Nachkommen entstehen. Das gilt allerdings nur, wenn die beiden Spermiensorten gleiche Befruchtungschancen haben. Das ist aber keineswegs immer der Fall. Beispielsweise beeinflußt der pH-Wert, der im weiblichen Genitaltrakt herrscht, die Spermien recht verschieden. Auch die Hormonlage und Ernährungsfaktoren spielen eine Rolle. Es scheint auch unterschiedlich günstige Empfängniszeiten der Eizelle für X- und Y-Spermien zu geben, weil die beiden Spermientypen eine verschieden lange Lebensdauer haben. Nicht zuletzt haben die männlichen und weiblichen Spermien aufgrund der unterschiedlichen Größe der X- und Y-Chromosomen auch einen kleinen Gewichtsunterschied. Schon seit langem wird versucht, diese Unterschiede auszunutzen, um je nach Wunsch mehr männliche oder weibliche Nachkommen zu erzielen. Die Erfolge dieser Bemühungen sind bisher allerdings noch recht bescheiden [132, 133].

Insgesamt haben die Spermien mit einem Y-Chromosom einen nicht unerheblichen Selektionsvorteil, denn es entstehen bei fast allen Säugetieren deutlich mehr männliche als weibliche Embryonen. Beim Menschen wird das primäre Geschlechtsverhältnis auf 1 (w) : 1,3 (m) geschätzt. Dieses Ungleichgewicht der primären Sexualproportion wird allerdings bis zur Geburt schon erheblich reduziert, weil männliche Embryos wesentlich häufi-

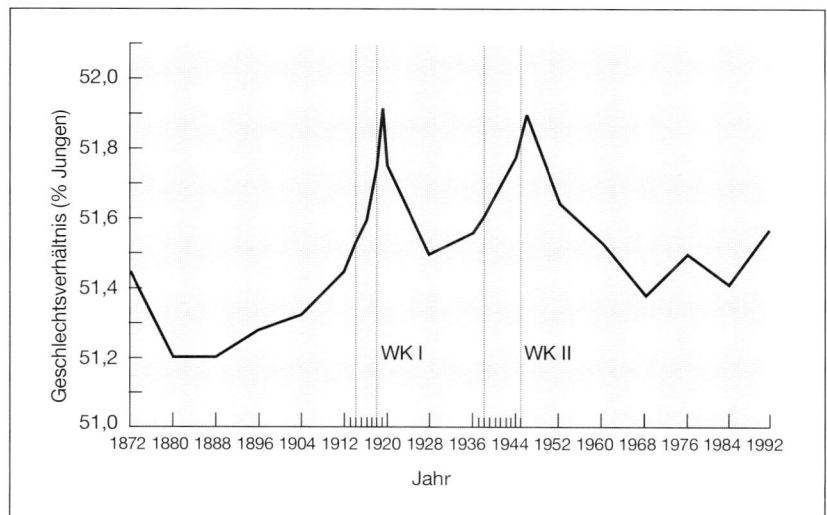

Abb. 84: Das Geschlechtsverhältnis bei der Geburt in Deutschland von 1872–1992 (WK = Weltkrieg) (nach Lerchl 1996) [27]

ger absterben als weibliche. Das sekundäre Geschlechtsverhältnis beträgt deshalb im Durchschnitt nur noch ca. 1 : 1,05. Die Häufigkeitsverteilung der Geburt von Knaben und Mädchen schwankt allerdings stark. Wie aus der Abb. 84 hervorgeht, nahmen die Knabengeburten während und kurz nach den beiden Weltkriegen in Deutschland deutlich zu. Ähnliche Veränderungen wurden auch in anderen Ländern beobachtet [27]. Als Erklärung wird diskutiert, daß sich das Sexualleben der Bevölkerung in Kriegs- und Katastrophenzeiten wesentlich ändert. Das könnte dazu führen, daß die Kon-

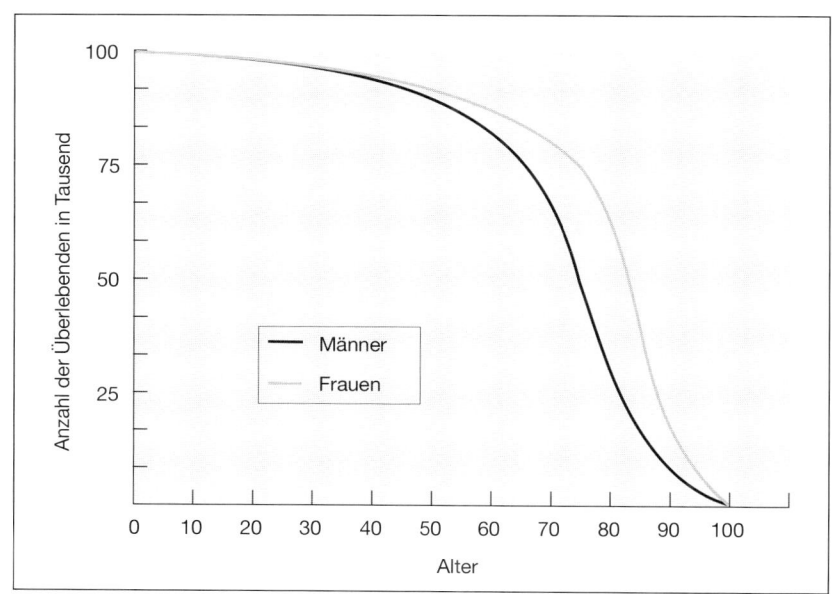

Abb. 85: Graphische Darstellung der unterschiedlichen Lebenserwartung bei Mann und Frau in Deutschland 1986/88. Anzahl der Überlebenden in verschiedenen Altersstufen (nach Birg 1994) [71]

Tab. 6: Die durchschnittliche Lebenserwartung bei Europäern im Jahr 1996

Land	Lebenserwartung (Jahre)		Differenz
	Männer	Frauen	
Portugal	71,2	78,2	7,0
Finnland	72,1	79,5	7,4
Irland	72,3	77,9	5,6
Dänemark	72,5	77,8	5,3
Deutschland	72,8	79,3	6,5
Belgien	73,0	79,8	6,8
Österreich	73,3	79,7	6,4
Spanien	73,3	80,9	7,6
Frankreich	73,6	81,8	8,2
Großbritannien	73,6	78,9	5,3
Niederlande	74,0	80,0	6,0
Italien	74,7	81,2	6,5
Griechenland	74,9	79,9	5,0
Schweden	76,1	81,3	5,2
Durchschnitt	73,4	79,7	6,3

zeption häufiger am Beginn der fruchtbaren Tage des Zyklus eintrat. In dieser Zeit entstehen vermehrt männliche Kinder, während in der Zyklusmitte die weiblichen Nachkommen bevorzugt werden. Die Ursachen dafür sind noch weitgehend unbekannt, es ist also naheliegend, daß hormonelle Einflüße dabei eine Rolle spielen dürften. Neuere Untersuchungen weisen daraufhin, daß insbesondere der Testosteronspiegel im mütterlichen Blut einen Einfluß darauf hat, ob ein X- oder Y-Spermium zur Befruchtung kommt [134].

Da zumindest in den Industrieländern auch nach der Geburt die Sterblichkeit männlicher Individuen höher liegt, wird schließlich bei einem Alter von etwa 57 Jahren eine ausgeglichene 1:1-Sexualproportion erreicht. Im höheren Lebensalter entsteht dann zunehmend ein deutliches Ungleichgewicht zugunsten der Frauen, da sie vor allem in den entwickelten Ländern eine deutlich höhere Lebenserwartung haben als Männer (siehe auch Abb. 85 und Tab. 6). Bei 80jährigen ist die Sexualproportion auf 1 : 0,6, bei über 90jährigen sogar auf 1 : 0,4 zugunsten der Frauen verschoben. Für die Gesamtbevölkerung der Industrieländer liegt das Geschlechtsverhältnis bei ca. 1 (w) : 0,9 (m), in einigen Entwicklungsländern dagegen bei ca. 1 : 1,04.

Die Gründe für diese unterschiedlichen Sexualproportionen sind noch weitgehend unbekannt. Es ist aber anzunehmen, daß für die höhere männliche Sterblichkeit in allen Altersstufen die XY-Konstellation der Geschlechtschromosomen einen wesentlichen Faktor darstellt [71].

Wie beeinflußt das Geschlecht Lebenserwartung und Gesundheit?

Wie soeben erwähnt, haben Frauen eine deutlich höhere Lebenserwartung als Männer. Der Unterschied beträgt in den Industrieländern etwa 6 bis 7 Jahre. In den Entwicklungsländern ist die Differenz meist wesentlich geringer oder manchmal sogar zugunsten der Männer verschoben (siehe Tab. 7). Das beruht vor allem darauf, daß Mädchen in vielen Ländern der dritten Welt schon von Geburt an sozial stark benachteiligt werden und deshalb ein größeres Risiko für einen frühen Tod haben als Knaben. Dieser negative Effekt für das weibliche Geschlecht wird durch eine hohe Müttersterblichkeit noch erheblich verstärkt. Auch in Deutschland ist die höhere Lebenserwartung der Frauen erst in den letzten zweihundert Jahren deutlich geworden. Um 1800 lag die durchschnittliche Lebenserwartung für Männer und Frauen noch bei etwa 35 Jahren, heute werden Männer bei uns im Durchschnitt etwa 73 Jahre alt, während Frauen fast 80 Jahre erreichen. Interessanterweise hat sich der Unterschied in der Lebenserwartung von Männern und Frauen in den letzten 50 Jahren mehr als verdoppelt (siehe auch Abb. 86).

Tab. 7: Die durchschnittliche Lebenserwartung in weniger entwickelten Ländern (nach Knußmann) [48]

Land	Lebenserwartung (Jahre)		Differenz
	Männer	Frauen	
Nigeria*	48,8	52,2	3,4
Zaire*	49,8	53,3	3,5
Namibia*	55,0	57,5	2,5
Indien[3]	55,4	55,7	0,3
Kenia*	55,9	59,9	4,0
Indonesien*	58,5	62,0	3,5
Ägypten[1]	62,9	66,4	3,5
Rußland[1]	63,5	74,3	10,8
China*	68,0	70,9	2,9
Mexiko[0]	68,6	74,4	5,8

[0, 1, 3] = Bezugsjahre 1990, 1991, 1993
* = Schätzung der UNO

Aufgrund der großen Veränderungen in relativ kurzer Zeit könnte man zu der Auffassung kommen, daß die unterschiedliche Lebenserwartung der Geschlechter fast ausschließlich durch soziale Faktoren bestimmt wird. Dagegen spricht allerdings, daß eine höhere männliche Sterblichkeit und eine größere weibliche Lebenserwartung auch bei vielen Tierarten beobachtet wird. Das gilt nicht nur für die Säugetiere, sondern auch für Vögel, Reptilien

Abb. 86: Anstieg der
Lebenserwartung in
Deutschland für Män-
ner und Frauen von
1875–1995
(nach Klotz et al. 1998)
[72]

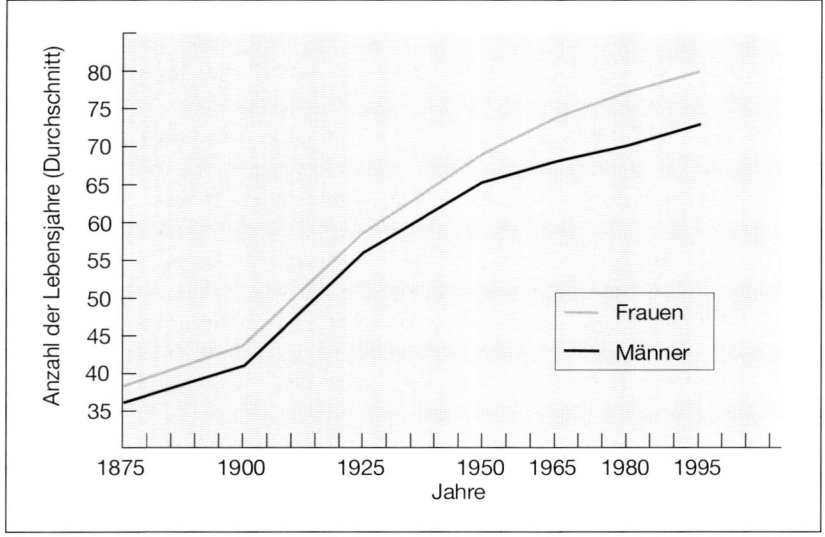

und sogar Insekten. Die Ursachen für dieses Phänomen dürften sehr vielfältig sein und sind bis heute nur ansatzweise bekannt. Es gibt Hinweise darauf, daß sich die erhöhte Lebenserwartung weiblicher Individuen in der
Evolution deshalb durchgesetzt hat, weil sie dadurch ihr Reproduktionspo-
tential besser nutzen können und für die Betreuung des Nachwuchses länger zur Verfügung stehen. Daß die Nachkommensfürsorge einen wichtigen
Faktor für die Lebensspanne darstellt, konnte durch Untersuchungen an
Primaten gezeigt werden. Es stellte sich heraus, daß nur bei den Primaten-
arten mit ausgeprägter mütterlicher Nachwuchsbetreuung die Weibchen
eine deutlich höhere Lebenserwartung haben als die Männchen. Bei den
wenigen Affenarten (z.B. den Siamangs), wo die Väter sich intensiv um ihre
Nachkommen kümmern, ist die männliche und weibliche Lebenserwartung
entweder gleich oder sogar zugunsten der Männchen verschoben. Sogar
beim Menschen wurde in einer neuen Studie über die Lebenserwartung von
US-Amerikanern gezeigt, daß Männer, die sich intensiv an der Kinderbetreuung beteiligen, länger leben als Männer, die in dieser Hinsicht inaktiv
sind. Die folgenden zwei Hypothesen werden für die insgesamt längere
weibliche Lebensspanne heute diskutiert [135].

Hypothese des genetischen Ungleichgewichts

Im Kapitel über die genetische Geschlechtsdeterminierung (S. 150) wurde
bereits dargelegt, daß bei den meisten Säugetieren das männliche Geschlecht durch die *XY-Konstellation* der Geschlechtschromosomen festgelegt wird, während das weibliche Geschlecht die *XX-Konstellation* aufweist.
Daraus ergibt sich ein genetisches Ungleichgewicht, weil bei den männli-

chen Individuen die auf dem X-Chromosom lokalisierten Gene nur einmal vorhanden sind, während weibliche Individuen diese Gene doppelt haben. Die Differenz wird zwar durch die Inaktivierung der meisten Gene auf einem X-Chromosom der Frau ausgeglichen (siehe S. 41), aber unter bestimmten Umständen ergibt sich für den Mann trotzdem ein schwerwiegender genetischer Nachteil:

Beispielsweise kann ein Knabe, der von seiner Mutter das Gen für die X-chromosomal-rezessiv bedingte *Bluterkrankheit* erbt, diesen Gendefekt nicht kompensieren, weil er nur ein X-Chromosom hat. Bei ihm wird deshalb diese auch heute noch schwerwiegende Krankheit ausbrechen. Eine Tochter, die das krankmachende Gen erbt, kann durch das gesunde Gen auf ihrem zweiten X-Chromosom den Gendefekt ausgleichen und wird deshalb nicht erkranken (weitere Einzelheiten zur X-chromosomalen Vererbung siehe S. 50ff.).

Krankheiten, die durch Veränderungen von Genen des X-Chromosoms verursacht werden, sind keinesfalls selten: Man kennt heute etwa 500 verschiedene Gene, die auf dem X-Chromosom lokalisiert sind, und bei den meisten von ihnen treten auch krankmachende Defekte auf. Einige Beispiele für solche X-chromosomal bedingten Krankheiten sind auf S. 53ff. beschrieben. Die meisten X-chromosomalen Erbleiden werden rezessiv vererbt und betreffen deshalb fast ausschließlich die männlichen Nachkommen. In vielen Fällen sind die durch den Gendefekt verursachten Störungen so schwerwiegend, daß die betroffenen Knaben sich gar nicht bis zur Geburtsreife entwickeln können, sondern schon vorher als Fehlgeburt abgehen. Man spricht in diesen Fällen von einem *Letalfaktor*. Wahrscheinlich sind solche X-chromosomal bedingten Letalfaktoren hauptsächlich dafür verantwortlich, daß wesentlich mehr männliche Kinder einer Fehlgeburt zum Opfer fallen als weibliche [136].

Hormon-Hypothese

Hormone sind im gesamten Tierreich die Hauptfaktoren, die für die Ausprägung der männlichen bzw. weiblichen Geschlechtsmerkmale notwendig sind (siehe auch S. 80). Deshalb ist es naheliegend, hormonelle Einflüsse auch für die deutlichen Differenzen in der Lebenserwartung und im Auftreten von bestimmten Krankheiten bei Männern und Frauen verantwortlich zu machen. Die Bedeutung von Testosteron für die Lebenserwartung ist in zahlreichen Tierversuchen erforscht worden. Dabei zeigte sich, daß eine frühe Kastration die Lebensspanne männlicher Individuen verlängert, während Testosteroninjektionen bei Weibchen die Lebensdauer deutlich verkürzt.

Für einige Erkrankungen ist der Zusammenhang mit Hormonen recht offensichtlich. So besteht beispielsweise kein Zweifel daran, daß der *Prostatakrebs* bei Männern durch den hohen Androgenspiegel gefördert wird. Früher wurde deshalb nicht selten eine Kastration vorgenommen, um das

Tumorwachstum und die Metastasenbildung zu bremsen. Heute kann man diesen schwerwiegenden Eingriff meistens dadurch vermeiden, daß man sog. Antiandrogene anwendet. Sie besetzen die Androgenrezeptoren der Prostatazellen und machen so die Androgene unwirksam. Auch bei der Entstehung des *Brustkrebses* der Frau spielen Hormone, insbesondere die Östrogene, eine wichtige Rolle.

Bei anderen Erkrankungen sind die ursächlichen Zusammenhänge mit Hormoneinwirkungen weniger deutlich. Beispielsweise hat man früher die erheblich niedrigere Zahl von Herz-Kreislauf-Erkrankungen bei Frauen hauptsächlich durch eine angeblich geringere Streßbelastung zu erklären versucht. Dieser Theorie widerspricht allerdings die Beobachtung, daß nach den Wechseljahren das Risiko für Herz-Kreislauf-Erkrankungen bei Frauen stark zunimmt. Heute nimmt man an, daß Östrogene die Gefäße vor arteriosklerotischen Veränderungen schützen und deshalb Frauen in jungen Jahren weniger an Erkrankungen des Herz-Kreislauf-Systems leiden. Mit dem Wegfall der Östrogenproduktion in den Eierstöcken nach dem Klimakterium geht dieser Schutz verloren. Dadurch steigt die Krankheitshäufigkeit innerhalb weniger Jahre steil an und erreicht das Risiko der Männer [48].

Der Östrogenmangel wird auch dafür verantwortlich gemacht, daß bei Frauen nach den Wechseljahren ein verstärkter Abbau von Knochensubstanz (*Osteoporose*) einsetzt. Die dadurch verursachte Knochenbrüchigkeit führt vor allem zu einem deutlich erhöhten Risiko für Oberschenkelhalsbrüche.

Wegen dieser Risiken und zur Dämpfung der klimakterischen Beschwerden nehmen Frauen in den Wechseljahren oft östrogenhaltige Medikamente ein. Bis heute ist allerdings noch nicht endgültig geklärt, ob sich dadurch das Brustkrebsrisiko erhöht.

Aber nicht nur ein niedriger, sondern auch ein erhöhter Östrogenspiegel kann Krankheiten begünstigen: Beispielsweise führt die gewebsauflokkernde Wirkung der Östrogene dazu, daß Frauen sehr viel häufiger als Männer *Krampfadern* und andere *Venenleiden* entwickeln. Vor allem während Schwangerschaften verstärkt sich diese Tendenz oft deutlich, weil dann neben den Eierstöcken auch die Plazenta größere Mengen von Östrogenen produziert. Durch die Überdehnung der Venen steigt auch das Risiko für *Thrombosen* an, da der Blutfluß sich verlangsamt und es dadurch zur Verklumpung von Blutzellen kommen kann.

Neben den beispielhaft erwähnten körperlichen Krankheiten, die durch Sexualhormone verstärkt werden können, wird auch die Entstehung psychischer Erkrankungen von diesen Hormonen beeinflußt. Wie schon auf Seite 121 erwähnt, sind depressive Verstimmungen, aber auch langanhaltende *Depressionen* bei Frauen wesentlich häufiger als bei Männern, wofür oft ein erniedrigter Östrogenspiegel verantwortlich ist. Demgegenüber neigen Männer vermehrt zu psychischen Erkrankungen mit aggressiven Tendenzen und zur Suchtentwicklung. Ein Zusammenhang mit den Wirkungen androgener Hormone wird angenommen [25].

Bei einigen Erkrankungen, die bei Männern gehäuft auftreten, spricht der erste Augenschein dafür, daß dabei nur soziale Faktoren eine Rolle spielen. So ist beispielsweise das hohe Risiko für *Lungenkrebs* zweifellos abhängig von dem deutlich höheren Zigarettenkonsum der Männer. Ähnliches gilt für die *Leberzirrhose*, die wegen des verstärkten Genusses von alkoholischen Getränken bei Männern wesentlich häufiger vorkommt als bei Frauen. Ein indirekter Einfluß von Sexualhormonen erscheint allerdings auch bei diesen Erkrankungen durchaus denkbar, weil, wie oben bereits erwähnt, verschiedene Studien darauf hinweisen, daß Androgene die Suchtentwicklung beeinflussen. Auch die durch Androgene verstärkten aggressiven Tendenzen bei Männern könnten insofern eine Rolle spielen, als dadurch eine riskantere Lebensführung gefördert wird. Dafür spricht, daß Männer deutlich weniger auf ihre Gesundheit achten als Frauen und daß sie erheblich häufiger Unfälle erleiden.

An einem weiteren Beispiel läßt sich zeigen, wie sich im Laufe der Zeit die Erklärungen für Geschlechtsunterschiede in der Krankheitshäufigkeit verändern können: Es ist schon lange bekannt, daß Männer häufiger als Frauen ein *Magen- bzw. Zwölffingerdarmgeschwür* bekommen. Bis vor etwa zehn Jahren hat man diesen Unterschied ähnlich wie bei den Herz-Kreislauf-Erkrankungen auf den größeren Streß zurückgeführt, dem Männer im Berufsleben ausgesetzt sein sollen.

Als man diese Vorstellung mit Tierversuchen untermauern wollte, erlebte man jedoch eine Überraschung: Bei Mäusen, die alle durch Elektroschocks in gleicher Weise gestreßt wurden, entwickelten mehr als zwei Drittel der Männchen Magengeschwüre, aber nur ein knappes Drittel der Weibchen. In einer weiteren Versuchsserie mit kastrierten und unkastrierten Männchen ergab sich, daß bei den Tieren ohne Hoden deutlich weniger Magengeschwüre auftraten als bei den Tieren mit Hoden. Die japanischen Wissenschaftler, die diese Experimente durchgeführt haben, schlossen daraus, daß ein hoher Androgenspiegel die Wirkung des Stresses verstärkt und damit wesentlich zur Entstehung von Magengeschwüren beiträgt. Inzwischen hat sich allerdings herausgestellt, daß zumindest beim Menschen für die Entstehung eines Magengeschwürs oft eine bakterielle Infektion ursächlich ist. Das stärkere Betroffensein der Männer kann deshalb möglicherweise auch dadurch erklärt werden, daß Frauen im allgemeinen eine bessere Immunabwehr haben und deshalb gegenüber den meisten Krankheitserregern weniger anfällig sind als Männer [137].

Tab. 8: Die Geschlechtsverteilung bei verschiedenen Krankheiten

Erkrankung	Verhältnis w : m
Gicht	1 : 10
Lungenkrebs	2 : 10
Herzinfarkt	3 : 10
Leberzirrhose	8 : 10
Magen-/Zwölffingerdarm-Geschwür	4 : 10
Bronchitis	5 : 10
Schwachsinn	5 : 10
Klumpfuß	5 : 10
Knochenkrebs	6 : 10
Weichteilkrebs	8 : 10
Hautkrebs (Melanom)	13 : 10
Depressionen	15 : 10
Gelenkrheuma	25 : 10
Schilddrüsenkrebs	26 : 10
Gallenblasenkrebs	27 : 10
Schilddrüsenüberfunktion	33 : 10
Gallensteine	41 : 10

Man könnte die in Tabelle 8 aufgeführte Reihe der Beispiele für eine unterschiedliche Krankheitsdisposition der Geschlechter fast beliebig verlängern. In den meisten Fällen ist noch recht unklar, durch welche Wirkungsketten diese Differenzen zustande kommen. Die angeführten Krankheiten sollten jedoch ausreichen, um deutlich zu machen, wie stark unser Leben auch in diesem Bereich durch unsere Geschlechtszugehörigkeit beeinflußt wird und warum Frauen im allgemeinen eine höhere Lebenserwartung haben als Männer. Das sog. starke Geschlecht ist in dieser Hinsicht nur dann ebenbürtig oder überlegen, wenn die sozialen Bedingungen für Frauen so ungünstig sind, daß ihre biologische Stärke sich nicht voll entfalten kann.

Fragwürdige Ziele

Die manipulierte Sexualität

10

Wann begann der Mensch Sexualität und Fortpflanzung zu beeinflussen?

In den ersten Kapiteln dieses Buches wurde dargestellt, warum die Sexualität, die wohl vor mehr als hundert Millionen Jahren entstanden ist, einen wahren Siegeszug durch die belebte Natur angetreten hat. Es wurde auch aufgezeigt, daß Sexualität, Fortpflanzung und Vermehrung nicht zwangsläufig miteinander gekoppelt sein müssen. Offensichtlich hat sich aber die enge Verzahnung dieser Vorgänge sehr bewährt, denn sie ist bei den meisten Tier- und Pflanzenarten vorhanden.

Der Mensch begann schon früh der Natur in dieser Hinsicht ins Handwerk zu pfuschen. Durch gezielte Kreuzungen versucht er bereits seit Jahrtausenden in der Tier- und Pflanzenzucht die sexuelle Mischung des Erbmaterials in seinem Sinne zu beeinflussen. So belegen beispielsweise alte babylonische Inschriften, daß schon damals Kreuzungen von Dattelpalmen mit dem Ziel durchgeführt wurden, ihre Eigenschaften zu verbessern.

Es bestanden allerdings noch lange Zeit recht unklare Vorstellungen darüber, wie die Übertragung von Merkmalen von einer Generation auf die andere erfolgt. Der berühmte griechische Philosoph Aristoteles (384–322 v. Chr.) vertrat z.B. noch die Hypothese, daß beim Menschen die Weitergabe erblicher Eigenschaften über das Blut erfolgt. Er glaubte, daß der männliche Samen vom Blut abstammt und sich mit dem Menstruationsblut der Frau mischt. Diese Vorstellung erscheint uns heute zwar abwegig, aber wir benutzen immer noch den Ausdruck „*Blutsverwandtschaft*", wenn wir ausdrücken wollen, daß Tiere oder Menschen einer Abstammungslinie angehören.

Selbst dem großen Naturforscher Charles Darwin (1809–1882) war der Vorgang der sexuellen Mischung des Erbmaterials noch weitgehend unbekannt. Erst durch die von Gregor Mendel (1822–1884) gefundenen Vererbungsregeln wurde die freie Kombinierbarkeit der Gene im Rahmen der geschlechtlichen Fortpflanzung erkannt [33].

Die Menschen versuchten frühzeitig auch ihre eigene Fortpflanzung unter Kontrolle zu bringen. Schon bald nachdem man erkannt hatte, daß die sexuelle körperliche Vereinigung die Grundlage für das Entstehen von Nachkommen ist, unternahm man die ersten Versuche, Sexualität und Fortpflanzung voneinander zu trennen.

Ähnlich alt wie die Versuche, das sexuelle Fortpflanzungsgeschehen bei Tier und Mensch zu beeinflussen, dürften die Bemühungen sein, die eigene Begattungsfähigkeit zu steigern. Insbesondere die Männer entwickelten in dieser Richtung sicherlich schon früh ein großes Interesse, denn aufgrund der sehr komplexen Steuerung der Erektion (siehe S. 140) sind wohl schon immer relativ häufig Störungen in dieser Hinsicht aufgetreten.

Wie entwickelten sich Empfängnisverhütung und Familienplanung?

Berichte über Maßnahmen zur Empfängnisverhütung gibt es bereits aus vorchristlicher Zeit. Ein vorzeitiger Abbruch des Geschlechtsaktes war zweifellos eine frühe, aber unsichere empfängnisverhütende Methode. Im 16. Jahrhundert wurden die ersten *Kondome* aus Tierdärmen hergestellt, wodurch eine erhebliche Verbesserung der Antikonzeption erreicht wurde. Anfang unseres Jahrhunderts begann die industrielle Fertigung von Kondomen. Erst dieser Schritt ermöglichte eine effektive Familienplanung größerer Bevölkerungsschichten. Sie war angesichts der rapide steigenden Bevölkerung in den Industriestaaten auch dringend notwendig [138].

Ein weiterer Meilenstein in der Familienplanung war zweifellos die Einführung der *hormonellen Antikonzeption*. Sie wurde von dem amerikanischen Biologen Gregory G. Pincus in Form der sog. „Pille" 1950 entwickelt und erfuhr in wenigen Jahren eine enorme Verbreitung. Mit der Einführung der Pille ging in vielen entwickelten Ländern ein starker Geburtenrückgang einher, der oft auch als sog. „Pillenknick" bezeichnet wird. Die Bezeichnung ist allerdings insofern nicht ganz zutreffend, als die Reduktion der Geburtenraten schon früher eingesetzt hatte. Die Pille hat diese Tendenzen aber zweifellos noch deutlich verstärkt [139].

Im Jahr 1968 wurde die Familienplanung von den Vereinten Nationen zu einem grundlegenden *Menschenrecht* erklärt. Von einigen Religionen wird die Antikonzeption allerdings auch weiterhin mehr oder minder strikt abgelehnt.

Durch weitere Verbesserungen der antikonzeptiven Methoden ist heute zumindest in den Industriestaaten das Ziel erreicht worden, daß die Menschen frei bestimmen können, wie viele Kinder und zu welchem Zeitpunkt sie sie haben wollen. Das hat allerdings dazu geführt, daß die Geburtenraten so stark zurückgegangen sind, daß in manchen Ländern eine deutliche Abnahme der Bevölkerung eingesetzt hat. Außerdem ist das Geburtsalter der Frauen stark angestiegen, wodurch einige zusätzliche Probleme auftreten, wie z.B. eine verminderte Fruchtbarkeit und eine erhöhte Rate von Chromosomenanomalien bei den Nachkommen (siehe S. 191).

In vielen weniger entwickelten Ländern steigt dagegen die Geburtenrate noch rapide an, so daß die Weltbevölkerung auch weiterhin besorgniserregend zunimmt. Wenn es nicht bald gelingt, die Fortpflanzung weltweit unter Kontrolle zu bringen, wird es immer wahrscheinlicher, daß die Menschheit eines Tages an ihrer eigenen zu erfolgreichen Sexualität zugrunde geht [71].

Was versteht man unter künstlicher Besamung?

Als künstliche Besamung (*artifizielle Insemination*) bezeichnet man die instrumentelle Übertragung von Sperma in die Vagina bzw. direkt in den Uterus. Die ersten Versuche in dieser Hinsicht wurden bereits vor über 200 Jahren durchgeführt. Der italienische Priester und Physiologe Lazzaro Spallanzani erzeugte 1782 bei einer Hündin eine Schwangerschaft, indem er das Sperma eines Rüden übertrug. Gegen Ende des 18. Jahrhunderts wurde erstmals über die Anwendung der künstlichen Insemination beim Menschen berichtet. Mit Hilfe dieses Verfahrens wurde die Fortpflanzung eines Mannes ermöglicht, der aufgrund einer Penismißbildung keinen Sexualverkehr mit seiner Ehefrau haben konnte [140].

Während des 19. Jahrhunderts wurde die Insemination zunehmend eingesetzt, um verschiedene Formen der männlichen und weiblichen Unfruchtbarkeit zu behandeln. Zunächst wurde dabei allerdings nur das Sperma des Ehemannes auf seine Ehefrau übertragen, was man als *homologe Insemination* bezeichnet. 1884 erfolgte die erste erfolgreiche Insemination mit dem Sperma eines anonymen Spenders. Dieses Verfahren, das auch *heterologe Insemination* genannt wird, blieb jedoch lange Zeit ethisch und juristisch umstritten.

In Deutschland sind die gesetzlichen Grundlagen (insbesondere die juristischen Fragen der Vaterschaft) auch heute noch recht unklar, weshalb das Verfahren nur relativ selten angewendet wird. In den USA und einigen anderen Ländern ist die heterologe Insemination aber schon seit etlichen Jahren eine Routinemethode geworden. Zur Verbreitung des Verfahrens hat wesentlich beigetragen, daß Techniken entwickelt wurden, mit denen menschliches Sperma durch Tiefgefrierung (*Kryopräservation*) jahrelang konserviert werden kann. Nach einem speziellen Auftauvorgang werden bis zu 90% der tiefgefrorenen Spermien wieder mobil und erreichen eine fast normale Befruchtungsfähigkeit [141].

Im Gefolge dieser Entwicklungen entstanden vor allem in den USA kommerziell betriebene *Spermabanken*, in denen das Sperma anonymer Spender gesammelt und konserviert wird. Dort kann Sperma für die Insemination angefordert werden, wobei durchaus auch Wünsche hinsichtlich des Spenders berücksichtigt werden. Es werden zum Teil sogar Kataloge verschickt, in denen eine detaillierte Beschreibung der körperlichen Merkmale und geistigen Fähigkeiten der Spender enthalten ist [142].

Bei der Errichtung von Spermabanken wurden nicht selten auch eindeutig eugenische Ziele verfolgt. Unter *Eugenik* versteht man den Versuch, das Erbgut in einer Population gezielt zu verbessern. In Deutschland ist dieser Wissenschaftszweig durch die vielfach eugenisch begründeten Verbrechen des Nationalsozialismus in Verruf geraten. Außerdem gibt es erhebliche Zweifel an der Wirksamkeit eugenischer Maßnahmen. In den USA steht man diesen Fragen unbefangener gegenüber. Deshalb konnte dort 1979 eine Samenbank gegründet werden, deren erklärtes Ziel es zunächst war, den Samen von Nobelpreisträgern zu konservieren. Das Sper-

ma sollte nur an Frauen mit einem Intelligenzquotient über 140 abgegeben werden.

Aus Mangel an Spendern wird jetzt auch Sperma von jüngeren „potenti-
ellen" Nobelpreisträgern aufgenommen. Auch Spender mit athletischen
Qualitäten sind willkommen, wobei Olympiasieger bevorzugt werden. Angesichts dieser Entwicklungen erhebt sich nicht nur die Frage, ob diese Art
von Menschenzucht die gewünschten Ergebnisse erbringen wird, sondern
auch, ob ein solches Vorgehen mit der Menschenwürde vereinbar ist.

Die Ähnlichkeiten mit der Anwendung der künstlichen Besamung in der
Tierzucht sind jedenfalls beunruhigend. Beispielsweise in der Rinderzucht
wird das Verfahren seit Jahren weltweit und millionenfach eingesetzt.
Durch mehrjährige Prüfverfahren wird ermittelt, ob Bullen bestimmte Eigenschaften an ihre Nachkommen vererben. Nach erfolgreich abgeschlos-
sener Prüfung erhält der Bulle das Prädikat „anerkannter Vererber". Die von
ihm zu Tausenden eingefrorenen Spermienportionen werden dann über
Kataloge zum Kauf angeboten. Mit diesem Züchtungsverfahren wurde innerhalb weniger Jahrzehnte eine enorme Steigerung der Milchleistung bei
den Kühen erreicht. Es zeigte sich allerdings auch, daß in einigen Fällen
unerwünschte Eigenschaften (z.B. Gelenkschäden) ebenfalls stark verbreitet wurden.

Die künstliche Insemination mit konserviertem Sperma überwindet aber
auch natürliche Grenzen ganz anderer Art. So bleibt beispielsweise die Fortpflanzung nicht mehr auf die Lebensspanne eines Individuums begrenzt.
Schon mehrfach haben z.B. unheilbar kranke Männer ihr Sperma einfrieren
lassen, damit sie auch nach ihrem Tod noch Vater werden konnten. Vor dem
Golfkrieg sollen zahlreiche amerikanische Soldaten von dieser Möglichkeit
ebenfalls Gebrauch gemacht haben, um für den Fall ihres Todes auf besondere Art „vorzusorgen".

Wie wird die künstliche Befruchtung durchgeführt?

Die Weiterentwicklung der künstlichen Besamung zur künstlichen Befruchtung wurde zunächst vor allem in der Tiermedizin betrieben. Die Humanmedizin übernahm die Verfahren aber schon recht frühzeitig. Das erste
Baby, das durch künstliche Befruchtung entstanden ist, wurde bereits 1978
in England geboren. Inzwischen dürften auf der ganzen Welt etwa eine
halbe Million solcher Kinder geboren worden sein. Für die Befruchtung im
Reagenzglas (In-vitro-Fertilisation, IVF) müssen zunächst sowohl Spermien
als auch Eizellen gewonnen werden. Während die Spermiengewinnung vergleichsweise einfach ist, stellt die Entnahme von Eizellen einen wesentlich
schwierigeren Eingriff dar. Zunächst muß in den Eierstöcken hormonell
(mit Gonadotropinen) eine Reifung zahlreicher Follikel induziert werden.
Durch technisch recht komplizierte Manipulationen werden dann mehrere
befruchtungsfähige Eizellen entnommen und in eine Petrischale mit Nährlösung überführt. Dort fügt man vorbehandelte Spermien hinzu, die unter

bestimmten Bedingungen in der Lage sind, in die Eizelle einzudringen und sie zu befruchten. Nach einigen Zellteilungen wird der Embryo dann in die Gebärmutter übertragen. Da die Wahrscheinlichkeit der Einnistung in der Gebärmutter relativ gering ist, werden in der Regel 2 bis 3 Embryonen übertragen. Die nicht implantierten Embryonen können auch tiefgefroren werden, um eine zweite Übertragung möglich zu machen, falls der erste Versuch nicht erfolgreich verläuft. Inzwischen erreicht man bei 2 bis 3 Befruchtungsversuchen eine Schwangerschaft mit etwa 30% Wahrscheinlichkeit [143].

Die derzeit letzte Entwicklungsstufe der künstlichen Befruchtung wurde vor einigen Jahren in Form der *intracytoplasmatischen Spermieninjektion (ICSI)* erreicht. Darunter versteht man die Möglichkeit, mit Hilfe eines Mikromanipulators unter dem Mikroskop eine einzelne Spermie direkt in eine Eizelle zu injizieren. Mit diesem Verfahren werden auch Männer fortpflanzungsfähig, die nur sehr wenig Spermien produzieren. Die Spermien können sich sogar noch in einem unreifen Stadium befinden und man kann sie durch Punktion direkt aus dem Hoden bzw. Nebenhoden gewinnen. Die ICSI-Technik wird schon routinemäßig angewendet, obwohl man noch nicht sicher abschätzen kann, welche Risiken bestehen. Die Ausschaltung der natürlichen Spermienselektion kann beispielsweise dazu führen, daß vermehrt Spermien mit genetischen Defekten zur Befruchtung kommen [144].

So gibt es z.B. inzwischen schon Hinweise, daß unter den Nachkommen, die durch ICSI entstanden sind, vermehrt Anomalien der Geschlechtschromosomen auftreten. Außerdem muß man davon ausgehen, daß Gene, die für eine Störung der normalen Spermienbildung beim Mann verantwortlich sind, mit dem Y-Chromosom auf seine männlichen Nachkommen übertragen werden. Auch andere krankmachende Gene können durch dieses Verfahren häufiger weitergegeben werden als bei normaler Befruchtung.

Beispielsweise führt das defekte Gen, das für die schwere Erbkrankheit *Mukoviscidose* verantwortlich ist, bei Männern relativ häufig zu einem Verschluß des Nebenhodens. Die Männer sind deshalb oft nicht fruchtbar. Sie zeigen aber häufig keine anderen deutlichen Krankheitssymptome der Mukoviscidose. Die Unfruchtbarkeit dieser Männer kann überwunden werden, indem man aus dem Nebenhoden Spermien durch Punktion entnimmt und sie mit Hilfe der ICSI-Methode auf Eizellen überträgt. Die daraus hervorgehenden Kinder (sowohl Knaben wie Mädchen) haben ein stark erhöhtes Risiko, das Mukoviscidose-Gen des Vaters zu erben. Sie werden allerdings nur an Mukoviscidose erkranken, wenn sie auch von der Mutter ein entsprechendes Gen geerbt haben. Das Mukoviscidose-Gen ist jedoch in unserer Bevölkerung sehr häufig. Etwa jeder 20. trägt es in seinem Erbgut, ohne daß Krankheitssymptome auftreten. Wenn jedoch in einem Kind zwei Mukoviscidose-Gene zusammentreffen, wird es schwer erkranken. Sowohl seine Atem- als auch seine Verdauungsfunktionen werden durch falsch zusammengesetzten Schleim stark beeinträchtigt.

Wegen des Übertragungsrisikos für das Mukoviscidose-Gen bei der ICSI-Methode wird deshalb bei unfruchtbaren Männern meist vorher eine genetische Untersuchung durchgeführt, um auszuschließen, daß ein Mukoviscidose-Gen vorliegt.

Die Mukoviscidose ist aber nur ein Beispiel dafür, welche genetischen Risiken man möglicherweise durch die Ausschaltung natürlicher Selektionsmechanismen mit Hilfe der ICSI-Methode eingeht [145].

Die künstliche Befruchtung wirft aber auch noch andere schwerwiegende Fragen auf: Das Verfahren ist sehr aufwendig und deshalb extrem teuer: Man muß mit Kosten von bis zu 50 000 DM für eine Schwangerschaft rechnen. Davon übernehmen die Krankenkassen in der Regel nur einen Teil. Wenn man davon ausgeht, daß in Deutschland jährlich etwa 50 000 künstliche Befruchtungen durchgeführt werden, so ergibt sich daraus für unser Gesundheitswesen trotz Kostenbeteiligung der Betroffenen eine Belastung von über 1 Milliarde DM. Die Grenzen des Finanzierbaren dürften deshalb in diesem Bereich bald erreicht sein.

Noch problematischer erscheinen aber die ethischen Fragen, die sich aus der künstlichen Befruchtung ergeben: Was soll beispielsweise mit konservierten Embryonen geschehen, die nicht mehr benötigt werden? Um Mißbrauch mit menschlichen Embryonen zu verhindern, wurde in Deutschland 1991 ein strenges *Embryonenschutzgesetz* erlassen. Danach sind grundsätzlich alle wissenschaftlichen Versuche an befruchteten Eizellen und Embryonen verboten. Außerdem dürfen Eizellen nur künstlich befruchtet werden, um eine Schwangerschaft herbeizuführen, jedoch nicht für Versuchszwecke. Auch eine Geschlechtswahl ist nicht gestattet [146].

In vielen anderen Ländern sind die Vorschriften allerdings deutlich weniger streng. Inzwischen werden bereits Prozesse um eingefrorene Embryonen geführt. So existieren beispielsweise seit 1981 in Australien „verwaiste" Embryonen eines bei einem Flugzeugabsturz ums Leben gekommenen Ehepaares. Da ein Gericht die Tötung der Embryonen untersagt hat, werden sie wohl für ewig in einem Tank mit flüssigem Stickstoff gelagert werden. In den USA streitet ein geschiedenes Ehepaar seit 1989 darum, was mit ihren eingefrorenen Embryonen passieren soll [142].

Wie funktionieren Eizellenspende und Leihmutterschaft?

Während die Samenspende für eine heterologe Insemination ein einfacher Vorgang ist, stellt die Spende einer Eizelle ein technisch recht kompliziertes Verfahren dar. Wie schon bei der künstlichen Befruchtung erwähnt, muß zunächst der Eierstock der Spenderin durch Gonadotropingaben stimuliert werden, um die Reifung mehrerer Follikel zu induzieren. Die Entnahme der befruchtungsfähigen Eizellen erfolgt in der Regel durch Punktion der Follikel mit Hilfe einer feinen Nadel unter Ultraschallkontrolle [73]. Zur Befruchtung werden die Eizellen entweder in einer Petrischale mit den entsprechend vorbereiteten Spermien zusammengebracht oder es erfolgt eine intraplasmatische Spermieninjektion. Während die befruchteten Eizellen zu Embryonen heranwachsen, muß die Empfängerin durch Hormonbehandlung in die Lage versetzt werden, einen oder mehrere Embryonen aufzunehmen. Dafür ist es notwendig, daß die Schleimhaut der Gebärmutter sich in der sog. Sekretionsphase befindet, um eine Einnistung und Ernährung des Embryos zu gewährleisten (siehe S. 110).

Angesichts dieses großen Aufwandes, der keinesfalls immer zum Ziel führt, erhebt sich die Frage, warum in solchen Fällen nicht der biologisch viel einfachere Weg der Leihmutterschaft gewählt wird. Unter *Leihmutterschaft* versteht man im allgemeinen, daß eine Frau sich verpflichtet, ein Kind für jemand anderen zu empfangen und auszutragen. Diese Möglichkeit wird schon im Alten Testament im 1. Buch Mosis erwähnt, wo Rahel ihren Ehemann Jakob auffordert, mit einer Magd zu schlafen, um für Nachkommen zu sorgen. Diese biblische Geschichte endet, soweit bekannt, für alle Beteiligten zur vollen Zufriedenheit. Die modernen Leihmutterschaften verlaufen trotz der technischen Hilfsmittel wie künstliche Insemination oder In-vitro-Befruchtung häufig weniger günstig. Oft ergibt sich während der Schwangerschaft eine starke emotionale Bindung der Leihmutter an das Kind, so daß sie es nach der Geburt nicht mehr hergeben will. Umgekehrt wurden auch schon Fälle bekannt, wo die zukünftigen Eltern das Kind nicht übernehmen wollten. Solche Probleme kann man durch eine Eizellenspende umgehen. Noch wichtiger ist aber, daß die emotionale Bindung an ein Kind durch die selbst erlebte Schwangerschaft wesentlich vertieft wird [142].

Welche Probleme ergeben sich aus der vorgeburtlichen Geschlechtsdiagnostik?

Durch die Entwicklung der bildgebenden Ultraschallverfahren ist es schon früh in der Schwangerschaft möglich, die Fruchthöhle darzustellen. Mit Hilfe einer Kanüle kann man sie punktieren und Zellen des heranwachsenden Kindes gewinnen (Abb. 87). An diesen Zellen kann man die verschiedensten Untersuchungen durchführen. Beispielsweise läßt sich so feststellen, ob das Kind eine Chromosomenanomalie aufweist. Ein abnormer Chromosomensatz kommt vor allem bei Schwangerschaften älterer Frauen recht häufig vor. Am bekanntesten ist die *Trisomie 21*, die auch Down-Syndrom oder Mongolismus genannt wird. Aber auch zahlenmäßige Veränderungen der Geschlechtschromosomen sind nicht selten (siehe S. 163ff.).

Bei der Analyse des kindlichen Chromosomensatzes ergibt sich als Nebenergebnis auch die Konstellation der Geschlechtschromosomen. Damit wird es möglich, auf das Geschlecht der Nachkommen Einfluß zu nehmen, indem man Schwangerschaften mit nicht gewünschtem Geschlecht abbricht. Der Wunsch nach *Geschlechtswahl* bei den Kindern ist ein alter Menschheitstraum. Meist verbirgt sich dahinter das Verlangen nach einem

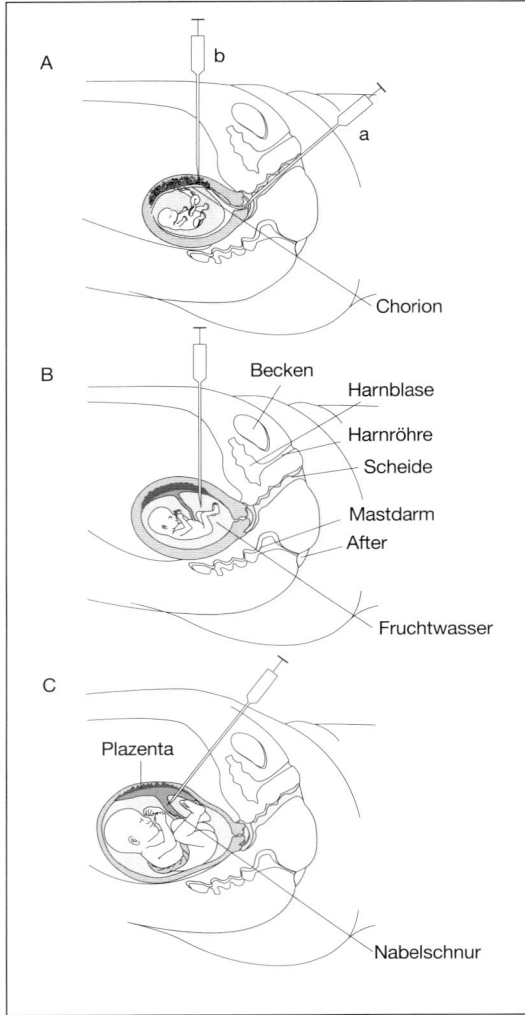

Abb. 87: Verschiedene Methoden der vorgeburtlichen Untersuchung
A Chorionzottenbiopsie: Etwa in der 9.–11. Schwangerschaftswoche kann Gewebe aus dem Chorion (Vorstadium der Plazenta) entnommen werden. Die Entnahme kann durch die Vagina (a) oder durch die Bauchdecke (b) erfolgen.
B Amniocentese: Etwa ab der 14. Schwangerschaftswoche kann Fruchtwasser mit darin enthaltenen Zellen durch Punktion der Amnionhöhle entnommen werden.
C Nabelschnurpunktion: Etwa ab der 20. Schwangerschaftswoche kann fetales Blut durch Punktion der Nabelschnur entnommen werden
(aus Zankl 1998) [33]

männlichen Stammhalter. Dieser Wunsch tritt vor allem dann in den Vordergrund, wenn eine Tendenz zur Ein-Kind-Familie besteht, wie sie zur Zeit vor allem in China zu beobachten ist. Der dort vom Staat ausgeübte soziale Zwang zur Beschränkung der Nachwuchszahl führt zunehmend dazu, daß die Eltern sich einen Knaben wünschen und deshalb Schwangerschaften abbrechen, bei denen durch eine vorgeburtliche Untersuchung ein weibliches Geschlecht des werdenden Kindes festgestellt wurde. Inzwischen machen sich bereits die ersten Auswirkungen dieser Geschlechtswahl bemerkbar. Der Prozentsatz an Knabengeburten stieg in relativ kurzer Zeit von ca. 51% auf über 53%. Für das Jahr 2010 wird deshalb erwartet, daß etwa 1 Million Frauen im fortpflanzungsfähigen Alter fehlen werden. In Indien zeichnen sich ähnliche Entwicklungen ab. Man braucht nicht viel Phantasie, um sich vorzustellen, welche sozialen Spannungen aus einem solchen zahlenmäßigen Ungleichgewicht der Geschlechter entstehen können [147].

Bei uns spielt dieses Problem zur Zeit noch keine große Rolle, weil ein Schwangerschaftsabbruch wegen ungewünschten Geschlechts des Kindes von den meisten Ärzten aus ethischen Gründen abgelehnt wird. Die Situation kann sich aber recht schnell ändern, wenn es zuverlässig gelingt, männliche und weibliche Spermien voneinander zu trennen. Dann wird es möglich, durch eine künstliche Besamung oder Befruchtung gezielt männliche oder weibliche Nachkommen zu erzeugen. Das ethische Problem eines selektiven Schwangerschaftsabbruchs würde damit entfallen.

In der Tierzucht wird schon lange an der Spermientrennung gearbeitet und in der Humanmedizin ist man zunehmend daran interessiert. Vor allem mit Hilfe der Dichtezentrifugation ist es schon zu einem relativ hohen Prozentsatz möglich, männliche und weibliche Spermien voneinander zu separieren. Bisher sind die Fehlerquellen noch zu groß, um das Verfahren routinemäßig beim Menschen einzusetzen, aber die technischen Probleme werden wohl bald gelöst sein. Es ist zu befürchten, daß dann auch bei uns die Geschlechtswahl bei den Nachkommen zur Routine wird [148, 149, 150].

Was versteht man unter Klonieren?

Unter dem Begriff „Klonieren" oder auch „Klonen" versteht man in der Fortpflanzungsbiologie die künstliche Herstellung genetisch identischer Organismen, die als Klone bezeichnet werden. Klone entstehen jedoch auch unter natürlichen Umständen: Die ungeschlechtliche Fortpflanzung, die bei vielen Einzellern und Pflanzen regelmäßig vorkommt, führt kontinuierlich zu genetisch gleichen Nachkommen (siehe S. 12f.). Selbst bei höheren Tieren ist die Entstehung von Klonen nichts Ungewöhnliches. Letztlich gehören auch eineiige Zwillinge oder Mehrlinge beim Menschen in diese Kategorie (siehe S. 16).

Die Möglichkeit, Klone künstlich herzustellen, macht man sich in der Pflanzenzucht schon sehr lange zunutze. Es ist deshalb nicht verwunderlich, daß der Ausdruck „Klon" erstmals um die Jahrhundertwende in der Pflanzenzucht aufgetaucht ist. Viele Erfolge in der Züchtung von Kulturpflanzen gehen auf Klonierungsexperimente zurück. Allerdings haben sich in diesem Bereich bereits auch die großen Gefahren gezeigt, die durch die dauerhafte Ausschaltung der sexuellen Fortpflanzung entstehen können: Die völlige Gleichartigkeit einer großen Zahl von Pflanzen macht sie extrem anfällig für Krankheiten und Schädlinge (siehe S. 23).

Auch in der Tierzucht ist man schon lange daran interessiert, Klone von Tieren mit besonders guten Erbanlagen herzustellen. Im Gegensatz zum Klonieren von Pflanzen ist die Erzeugung von Klonen bei höheren Tieren allerdings sehr schwierig. Während man bei den meisten Pflanzen durch Kultivierung von Einzelzellen oder Gewebestücken neue Pflanzen generieren kann, besteht diese Möglichkeit bei tierischen Zellen bzw. Geweben unter normalen Umständen nicht. Bei höheren Tieren ist die Entstehung neuer Organismen daran gebunden, daß sich zwei verschiedene Keimzellen vereinigen. Die anderen Körperzellen enthalten zwar auch alle die genetische Gesamtinformation für den Aufbau eines Organismus, aber sie werden schon sehr früh in der Embryonalentwicklung auf bestimmte Funktionen festgelegt. Bei diesem Vorgang, den man *Differenzierung* nennt, wird ein Teil der Erbinformation stillgelegt, so daß nur noch ein begrenztes Entwicklungspotential vorhanden ist.

Wegen dieser Schwierigkeiten dauerte es bis 1968, bevor es gelang, bei einem Wirbeltier den ersten Klon herzustellen. Der britische Wissenschaftler John Gurdon wählte dafür als Versuchstier den Frosch aus, weil bei ihm sehr große Eizellen vorhanden sind, an denen man besonders gut Experimente durchführen kann. In die Eizellen setzte Gurdon mit Hilfe eines Mikromanipulators Zellkerne aus verschiedenen Geweben ein. Es gelang ihm nach langwierigen Versuchen, einige der so hergestellten Zellen zur Teilung anzuregen. Sie entwickelten sich allerdings nur bis zum Kaulquappenstadium, danach starben sie ab [151].

Wegen der geringen Zahl erfolgreicher Experimente und der kurzen Lebensdauer der geklonten Tiere wurden die Ergebnisse für lange Zeit nicht sonderlich beachtet. Im Jahr 1983 berichteten dann aber zwei amerikanische Forscher, daß es ihnen gelungen war, einen Mäuseklon herzustellen, und 1986 wurden die ersten geklonten Lämmer geboren. Die Methoden waren inzwischen so verbessert worden, daß bis zu 90% der klonierten Tiere überlebten und sich normal weiterentwickelten. Besondere publizistische Aufmerksamkeit erregten die 1993 publizierten Versuche mit menschlichen Embryonen. Dabei wurden allerdings keine menschlichen Klone durch Kernübertragung erzeugt, sondern lediglich frühe Embryonen in Einzelzellen zerlegt. Diese Einzelzellen entwickelten sich in einer Nährlösung innerhalb weniger Tage zu neuen Embryonen. Aus ethischen Gründen wurden sie dann aber abgetötet [152].

Einen weiteren Meilenstein bei der Klonierung von Säugetieren stellt zweifellos das 1996 geborene Schaf „Dolly" dar. Fast alle erfolgreichen Klonierungsversuche waren bis zu diesem Zeitpunkt mit embryonalen Säugerzellen durchgeführt worden. Im Gegensatz dazu entnahmen die beiden britischen Forscher Keith Campbell und Jan Wilmut die Spenderzellen aus der Milchdrüse eines 6 Jahre alten Schafes. Diese Zellen fusionierten sie mit kernlosen unbefruchteten Eizellen und implantierten die daraus entstandenen Embryonen in den Uterus von Muttertieren (Abb. 88).

Nach Angaben der beiden Forscher waren jedoch mehr als 200 solcher Versuche notwendig, bevor ein Muttertier trächtig wurde und schließlich das Lamm „Dolly" geboren werden konnte. Inzwischen sollen noch zwei auf diese Weise geklonte Lämmer geboren worden sein [153]. Allerdings gelang es zunächst in keinem anderen Labor, die Klonierungsversuche erfolgreich zu wiederholen. Es wurden deshalb zunehmend Zweifel an dem „Dolly-Experiment" laut. Es wäre auch nicht das erste Mal, daß sich ein aufsehenerregender Versuch in diesem Bereich als nicht reproduzierbar erweist: In den siebziger Jahren hatte bereits ein Schweizer Forscher über Erfolge bei ähnlichen Versuchen an Mäusen berichtet, eine erfolgreiche Wiederholung war jedoch nicht möglich. Inzwischen konnten die englischen Forscher jedoch durch DNA-Analysen nachweisen, daß Dolly tatsächlich aus der Milchdrüsenzelle eines Spendertieres entstanden sein muß. Japanische Forscher konnten kürzlich zwei Kälber klonen und auf Honolulu wurde eine Gruppe von 22 identischen Mäusen aus sog. Cumuluszellen geklont. Diese Zellen umgeben normalerweise eine reifende Eizelle und gehen nach dem Eisprung zugrunde. Es ist noch völlig unklar, warum manche Zellen sich für solche Experimente eignen, andere aber nicht. Auffällig ist auch, daß bisher nur die Klonierung mit weiblichen Zellen erfolgreich verlief. Vielleicht läßt sich nur das Erbgut in Zellen weiblicher Herkunft nach der Differenzierung wieder vollständig reaktivieren.

Aber wenn auch inzwischen geklärt ist, daß eine Klonierung von Säugetieren aus nichtembryonalen Zellen möglich ist, erhebt sich doch die Frage nach dem Nutzen des Verfahrens. Man muß nämlich bedenken, daß eine aus erwachsenem Gewebe gewonnene Zelle bereits einen mehr oder minder großen Teil ihrer Lebensspanne zurückgelegt hat. Es ist daher anzunehmen, daß der daraus entstehende Organismus eine dementsprechend begrenzte Lebenserwartung hat. Außerdem muß man berücksichtigen, daß im Laufe des vorangegangenen Lebens zahlreiche Umwelteinflüsse auf die Spenderzelle einwirken konnten, die möglicherweise Schäden am Erbgut hinterlassen haben. Es ist daher unwahrscheinlich, daß das sehr aufwendige Verfahren größere Anwendung finden wird [154, 155, 156].

Die Anwendung des Klonens ist beim Menschen in vielen Ländern bereits durch Embryonenschutzgesetze verboten. Es ist zu hoffen, daß in den Staaten mit derzeit noch weniger strengen Gesetzen das Menschenklonen ebenfalls untersagt wird. Neben den ethischen Bedenken soll man sich vor allem auch bewußtmachen, daß das Klonen biologisch einen Rückschritt bedeutet. In der Natur hat sich die sexuelle Fortpflanzung so erfolgreich durchgesetzt, weil sie die genetische Vielfalt der Nachkommen garantiert.

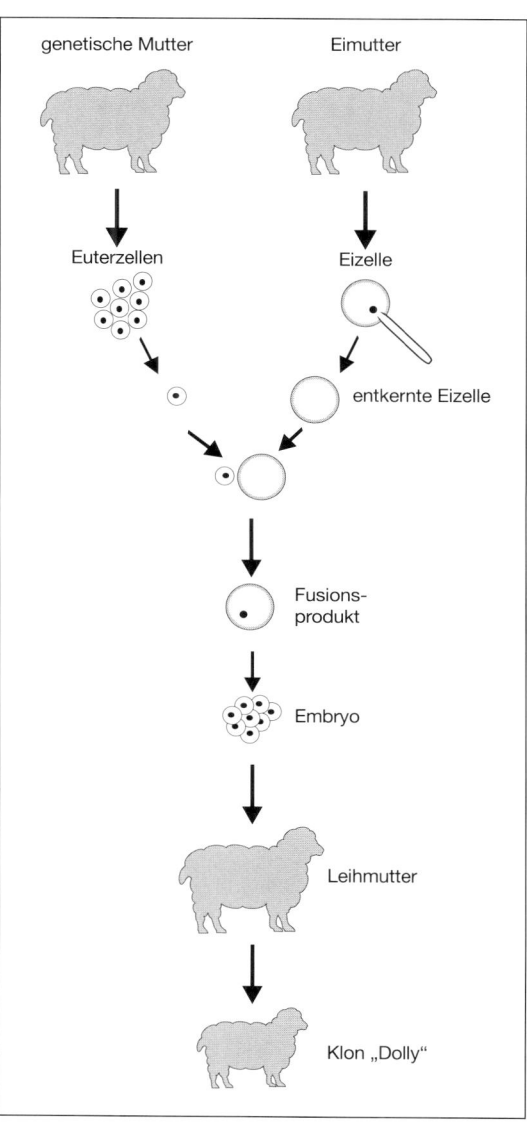

Abb. 88: Schematische Darstellung des Klonierungsexperimentes, das zur Geburt des Klonschafs „Dolly" führte (nach Campenhausen 1998) [73]

Eine durch Klonierung erzeugte Gleichheit bringt viele Gefahren mit sich. Einige davon können wir bereits erkennen, wenn wir die Probleme ins Auge fassen, die in der Pflanzenzucht entstanden sind (siehe S. 23). Andere Risiken können wir vielleicht aus Versuchen an Tieren ableiten, aber die meisten werden uns erst klar werden, wenn wir auch bei der menschlichen Fortpflanzung die von der Natur gezogenen Grenzen noch weiter überschreiten als wir es ohnehin schon getan haben [157].

Gibt es Sex auf Rezept ?

Wie schon auf S. 185 erwähnt, versucht der Mensch schon lange nicht nur seine Fortpflanzung zu manipulieren, sondern auch seine Begattungsfähigkeit. Vor allem die Männer waren und sind daran besonders interessiert, weil bei ihnen häufig entsprechende Störungen auftreten.

Schon bei den alten Griechen und Römern waren zahlreiche sog. *Aphrodisiaka* bekannt, die vor allem bei Männern potenzsteigernde Effekte haben sollten. Ihre Wirkung dürfte allerdings weitgehend auf Aberglaube und Suggestion beruht haben.

Im asiatischen Raum werden seit Jahrtausenden Aphrodisiaka vor allem aus tierischen Geweben und Organen hergestellt. Das bekannteste Beispiel ist ein Pulver, das hauptsächlich aus dem zerkleinerten Horn des Nashorns besteht. Die große Nachfrage nach diesem Mittel auch in jüngster Zeit hat die Nashörner an den Rand des Aussterbens gebracht.

Auch vor der Anwendung gefährlicher und schmerzhafter Mittel schrecken Männer bei gestörter Potenz nicht zurück. Beispielsweise werden Extrakte der „Spanischen Fliege" bis heute verwendet, obwohl der darin enthaltene Wirkstoff *Kantharidin* sehr giftig ist und starke Entzündungen hervorrufen kann. Die potenzsteigernden Effekte sind dagegen eher bescheiden [158].

Seit einigen Jahren hat sich die Situation insofern grundlegend geändert, als Medikamente auf den Markt kamen, die mit recht großer Zuverlässigkeit zum Erfolg führen, indem sie gezielt die Durchblutung der Schwellkörper des Penis beeinflussen.

Als erstes gut wirksames Medikament wurde das *Prostaglandin E1* eingeführt. Bei den Prostaglandinen handelt es sich um eine körpereigene hormonähnliche Substanzgruppe, die vor allem bei Entzündungsprozessen eine Rolle spielt. Das Prostaglandin E1 wird bei Erektionsstörungen direkt in den Schwellkörper injiziert oder in Form kleiner Kügelchen in die Harnröhre eingeführt. Durch die stark gefäßerweiternde Wirkung kommt es danach zu einem starken Bluteinstrom in die Schwellkörper, der zu einer Erektion führt. Problematisch ist dabei vor allem, daß es zu einer schmerzhaften Dauererektion kommen kann und daß die notwendigen Manipulationen bei der Applikation recht unangenehm sind.

Einen wesentlichen Fortschritt stellt deshalb die neu entwickelte Potenzpille „Viagra" dar. Sie wird oral eingenommen und führt nach ca. einer hal-

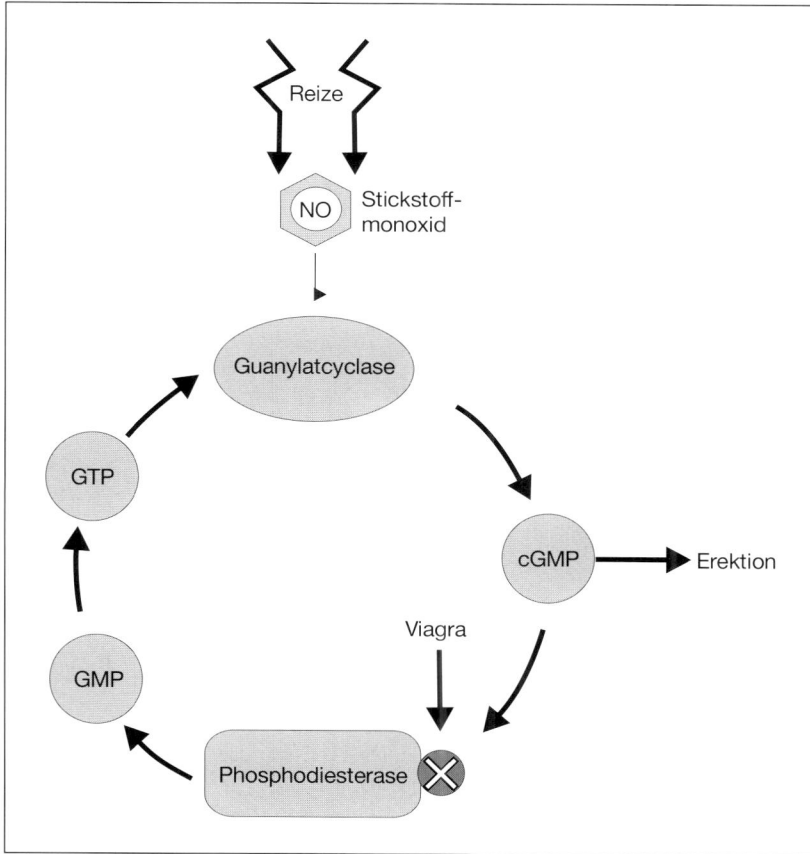

Reize

NO   Stickstoff-
     monoxid

Guanylatcyclase

GTP

cGMP → Erektion

Viagra

GMP

Phosphodiesterase ⊗

Abb. 89: Das Wirkungsprinzip von Viagra.
Nervöse Impulse aus dem Gehirn setzen in den Schwellkörpern Stickstoffmonoxid (NO) frei, das die Guanylatcyclase aktiviert. Dadurch entsteht aus Guanosintriphosphat (GTP) Cyclo-Guanylmonophosphat (cGMP), das die Gefäßmuskulatur in den Schwellkörpern entspannt, so daß vermehrt Blut einströmt und eine Erektion entsteht. Das cGMP wird durch die Phosphodiesterase zu GMP abgebaut. Diesen Abbau hemmt Viagra durch Blockade der Phosphodiesterase (nach Blech 1998) [74]

ben Stunde zu einer Erektion. Der darin enthaltene Wirkstoff Sildenafil wurde zunächst bei der Behandlung von Angina pectoris erprobt, weil ihm herzkranzgefäßerweiternde Wirkungen zugeschrieben wurden. Dieser Effekt stellte sich allerdings als nicht befriedigend heraus. Bei der Erprobung berichteten jedoch die männlichen Probanden über starke Erektionen, wodurch sich ein unerwartetes und zweifellos lukratives neues Anwendungsgebiet eröffnete [74].

Die Wirkung von Viagra beruht vor allem auf einer Enzymhemmung. Dadurch wird der Blutzustrom in den Schwellkörpern des Penis intensiver und bleibt länger erhalten (siehe Abb. 89). Die relativ spezifische Wirkung von Viagra erklärt sich dadurch, daß das zu hemmende Enzym (Phosphodiesterase, Typ 5) bevorzugt in den Schwellkörpern vorkommt. In geringeren Mengen findet sich dieses Enzym allerdings auch in anderen Organen, z.B. im Herz, Gehirn und in den Augen. Deshalb treten durchaus nicht selten Nebenwirkungen wie Sehstörungen und Kreislaufprobleme auf. Es wurde auch schon über etliche Todesfälle berichtet, wobei vor allem Herzpatienten besonders gefährdet zu sein scheinen. Erstaunlicherweise haben diese

Berichte die enorme Nachfrage nur wenig gedämpft. Offensichtlich sind viele Männer bereit, auch recht hohe Risiken in Kauf zu nehmen, um ihre Potenz zu steigern [159, 160].

Mit Viagra kommt ein Medikament auf den Markt, das wahrscheinlich auch die Sexualität der Frau beeinflussen kann. Der Wirkstoff Sildenafil bewirkt nämlich auch eine intensive Durchblutung der Klitoris, die sich ja aus dem gleichen embryonalen Gewebe entwickelt wie der Penis (siehe S. 78). Entsprechende klinische Studien werden zur Zeit durchgeführt.

Es ist zu erwarten, daß die neuen Manipulationsmöglichkeiten die Sexualität der Menschen stark beeinflussen werden. Zweifellos stellen die Medikamente eine wertvolle Hilfe bei Potenzstörungen infolge *erektiler Dysfunktion* dar, die bei Männern, insbesondere in den hochentwickelten Ländern, weit verbreitet zu sein scheint. Für Deutschland wird geschätzt, daß bei 40jährigen etwa jeder 20. Mann Erektionsstörungen hat und daß die Störungen mit steigendem Alter stark zunehmen. Insgesamt dürften 6 bis 8 Millionen Männer betroffen sein [161].

Es sind aber durchaus auch negative Auswirkungen durch den Einsatz potenzsteigernder Mittel zu befürchten. Viele Störungen sexueller Beziehungen gehen vorrangig auf psychische Probleme eines oder beider Partner zurück. Sie können durch den Einsatz von Medikamenten möglicherweise kurzfristig überspielt, aber nicht gelöst werden. Eventuell fördern die Potenzmittel auch das in der männlichen Sexualität ohnehin enthaltene Dominanzstreben, wodurch aggressive Verhaltensweisen verstärkt werden können. Ein dauerhaft erfülltes Sexualleben setzt zweifellos einen intensiven Entwicklungsprozeß in der Partnerschaft voraus, der durch Medikamente nicht zu ersetzen ist.

Die menschliche Sexualität hat sich im Laufe von Jahrtausenden aus ihren triebhaften tierischen Ursprüngen zur vielschichtigen Grundlage einer dauerhaften Partnerschaft zwischen zwei Individuen entwickelt. Es ist zu hoffen, daß diese einzigartige Errungenschaft unserer Evolution sich auch zukünftig in dieser Richtung weiterentwickelt und nicht mit Hilfe der Pharmaindustrie zu einer primitiven Kopulationssexualität reduziert wird.

Literatur

Benutzte Literatur

[1] Czihak, G., H. Langer u. H. Ziegler (Hrsg.) (1997): Biologie. Springer, Berlin.

[2] Roche Lexikon Medizin (1987). Urban & Schwarzenberg, München.

[3] Benner, K.U. (Hrsg.) (1997): Gesundheit und Medizin heute. Bechtermünz, Augsburg.

[4] Henschel, August 1790–1856. Von der Sexualität der Pflanzen. Aus: Brockhaus-Lexikon 1993.

[5] Krafft-Ebing, R. (1886): Psychopathia sexualis. Enke, Stuttgart.

[6] Freud, S. (1968): Gesammelte Werke. S. Fischer, Frankfurt.

[7] Moebius, P.J. (1907): Über den physischen Schwachsinn des Weibes. Marhold, Halle.

[8] Butenandt, A. (1929): Über „progynon" ein kristallisoliertes weibliches Sexualhormon. Naturwissenschaften 17, 879.

[9] Steinach, E. (1936): Zur Geschichte des männlichen Sexualhormons und seiner Wirkungen beim Säugetier und beim Menschen. Wien. Klin. Wschr. 49, 161–172.

[10] Young, W.C. (1961): Sex and Internal Secretions. Williams and Wilkins, Baltimore.

[11] Hakenbeck, R. (Hrsg.) (1997): Antibiotic Resistance. Biospektrum, Sonderausgabe, Spektrum Akad. Verlag, Berlin.

[12] Bayrhuber, H., Kull, U. (Hrsg.) (1989): Linder Biologie. Schroedel, Hannover.

[13] Langman, J. (1989): Medizinische Embryologie. Thieme, Stuttgart.

[14] Wickler, W. u. U. Seibt (1998): Männlich – Weiblich. Spektrum, Heidelberg.

[15] Lexikon der Biologie (1986). Herder, Freiburg.

[16] Passarge, E. (1994): Taschenatlas der Genetik. Thieme, Stuttgart.

[17] Bauer, E.W. (Hrsg.) (1981): Biologiekolleg. CVK, Berlin.

[18] Darwin, C. (1967): Die Entstehung der Arten. Reclam, Stuttgart.

[19] Vogel, Ch. u. V. Sommer (1994): Mann und Frau. In: Schievenhövel (Hrsg.): Zwischen Natur und Kultur. Trias, Stuttgart.

[20] Koene, J. M. u. R. Chase (1998): Changes in the reproductive system of the snail Helix aspersa caused by mucus from the love dart. J. Exptl. Biol. 201, 2313–2319.

[21] Morris, G.K. (1979): Mating systems, paternal investment and aggressive behaviour of acoustic orthoptera. The Florida Entomologist 62, 9–17.

[22]   Wickler, W. u. U. Seibt (1990): Männlich – Weiblich. Piper, München.

[23]   Policansky, D. (1982): Sex change in plants and animals. Ann. Rev. Ecol. Syst. **13**, 471–495.

[24]   Crews, D. u. J.J. Bull (1988): Sex determination and sexual differentiation in reptiles. In: Sitsen, J.M.A.: Handbook of sexology Bd. 6, Elsevier, New York.

[25]   Nelson, R.J. (1994): An introduction to behavioral endocrinology. Sinauer, Sunderland.

[26]   Ohtani, H. (1993): Mechanism of chromosome elimination in hybridogenetic spermatogenesis. Chromosoma **102**, 158–162.

[27]   Lerchl, A. (1996): Vergleichende Biologie der Reproduktion. In: Nieschlag, E. u. M. Behre: Andrologie. Springer, Berlin, S. 2–26.

[28]   Ohno, S. (1991): Sex differences, biological, in: Encyclopedia of human biology, Academic Press, New York, Bd. 6, S. 837–843.

[29]   Bezzel, E. (1993): Paschas, Paare, Partnerschaften. Strategien der Geschlechter im Tierreich. Kunstmann, München.

[30]   Hagemann, R. (Hrsg.) (1997): Allgemeine Genetik. G. Fischer/UTB, Stuttgart.

[31]   Therman, E. u. M. Susman (1993): Human Chromosomes. Springer, New York.

[32]   Zankl, H. (1980): Humanbiologie. UTB/Fischer, Stuttgart.

[32a] Schafer, A.J. (1995): Sex determination and its pathology in Man. In: Advances in genetics, Bd. 33, Academic Press, New York, S. 275–329.

[33]   Zankl, H. (1998): Genetik. Beck, München.

[34]   Lyon, M. F. (1988): X-chromosome inactivation and the location and expression of X-linked genes. Amer. J. Hum. Genet. **42**, 8–16.

[35]   Barr, M.L. u. E.G. Bertram (1949): A morphological distinction between neurones of the male and female. Nature **163**, 676–677.

[36]   Vogel, F. u. A.G. Motulski (1997): Human Genetics. Springer, Berlin.

[37]   Kirsch, S. (1995): Genomstrukturanalyse des Y-Chromosoms im Bereich seiner Spermatogenese-Funktion. Doktorarbeit FB Biologie Universität Kaiserslautern.

[38]   Strachan, T. u. A.P. Read (1996): Molekulare Humangenetik. Spektrum, Heidelberg.

[39]   Murken, J. u. H. Cleve (Hrsg.) (1996): Humangenetik. Enke, Stuttgart.

[40]   Eichler, E.E. et al. (1993): Fine structure of the human FMR1 gene. Hum. Mol. Genet. **2**, 1147–1153.

[41]   Buselmaier, W. u. G. Tariverdian (1991): Humangenetik. Springer, Berlin.

[42]   Thews, G., E. Mutschler u. P. Vaupel (1991) : Anatomie, Physiologie, Pathophysiologie des Menschen. WVG, Stuttgart.

[43]   Drews, U. (1993): Taschenatlas der Embryologie. Thieme, Stuttgart.

[44]   Moore, K.L. u. T.V.N. Persaud (1996): Embryologie. Schattauer, Stuttgart.

[45]   Nieschlag, E. u. H.M. Behre (Hrsg.) (1996): Andrologie. Springer, Berlin.

[46] Schlumpf, M. u. W. Lichtenberger (1996): Sinkt die Fertilität? Kind und Umwelt Bd. 4, Zürich.

[47] Graves, J.A.M. u. J.W. Foster (1994): Evolution of mammalian sex chromosomes and sex-determining genes. Int. Rev. Cytolol. **154**, 191–259.

[48] Knußmann, R. (1996): Vergleichende Biologie des Menschen. Fischer, Stuttgart.

[49] Sommer, K. (Hrsg.) (1990): Der Mensch. Volk und Wissen, Berlin.

[50] Morris, D. (1997): Mars und Venus. Heyne, München.

[51] Eibl-Eibesfeldt, I. (1995): Die Biologie des menschlichen Verhaltens. Piper, München.

[52] LeVay, S. (1994): Keimzellen der Lust. Spektrum, Heidelberg.

[53] Kimura, D. (1993): Weibliches und männliches Gehirn. In: Spektrum der Wissenschaft, Spezial 1: Geist und Gehirn, S. 66 –75.

[54] LeVay, S. (1991): A difference in hypothalamic structure between heterosexual and homosexual men. Science **253**, 1034–1037.

[55] Allen, L.S. u. R.A. Gorski (1992): Sexual orientation and the size of the anterior commissure in the human brain. Proc. Nat. Acad. Sci. **89**, 7199–7202.

[56] Nielsen, R.H. u. H. Dalhoff (1996): Der Unterschied der grauen Zellen. Illustrierte Wissenschaft, Heft 1, S. 74–81.

[57] Pool, R. (1995): Evas Rippe. Droemer-Knaur, München.

[58] Willerman, L. (1991): Sex differences, psychological. In: Encyclopedia of human biology, Academic Press, New York, Bd. 6, 855–863.

[59] Benbar, C. (1988): Sex differences in mathematical reasoning ability in Intellectually talented preadolescents. Behav. Brain Sci. **11**, 169 bis 183.

[60] Hyde, J.S., Fennema, E., Lamon S.J. (1990): Gender differences in mathematics performance. Psychol. Bull. **107**, 139–155.

[61] Martin, D.J. u. H.D. Hoover (1987): Sex differences in educational achievement. J. Early Adolescence **7**, 65–83.

[62] McGuiness, D. (1985): When Children Don't Learn. New York.

[63] Bever, Th. (1992): The logical and extrinsic sources of modularity. In: Gunnar, M. u. M. Maratsos (Hrsg.): Modularity and constraints in language and cognition. Hillsdale, New Jersey.

[64] Silverman, J. u. M. Eals (1992): Sex differences in spatial abilities. In: Barkow, J. (Hrsg.): The adapted mind. New York.

[65] Zankl, H. u. G. Zieger (1987): Gesundheitslehre. VCH, Weinheim.

[66] Faller, A. (1984): Der Körper des Menschen. Thieme, Stuttgart.

[67] Reiter, R.J. u. J. Robinson (1995): Melatonin. Bantam, New York.

[68] Wickler, W. (1969): Sind wir Sünder? Droemer-Knaur, München.

[69] Grammer, K. (1995): Signale der Liebe. dtv, München.

[70] Overzier, C. (1961): Die Intersexualität. Thieme, Stuttgart.

[71] Birg, H. (1994): Lebenserwartung, generatives Verhalten und die Dynamik der Weltbevölkerung. In: Schievenhövel u.a. (Hrsg.): Vom Affen zum Halbgott. Trias, Stuttgart.

[72] Klotz, T. et al. (1998): Der frühe Tod des starken Geschlechts. Dtsch. Ärzteblatt **95**, 362–366.

[73] Campenhausen, J. von (1998): Mäuse, Klone, Sensationen. In: GEO Wissen, Sex, Geburt, Genetik, S. 150–157.

[74] Blech, J. (1998): Pille für die Potenz. DIE ZEIT Nr. 20, S. 41.

[75] Dohmen, K. (Hrsg.) (1995): Hormone. Aulis, Köln.

[76] Betz, E. et al. (1997): Biologie des Menschen. Quelle & Meyer, Wiesbaden.

[77] Schrage, R. (1995): Sexualhormone. In: Dohmen (Hrsg.): Hormone. Aulis, Köln.

[78] Pirke, K.M. (1993): Psychoendokrinologische Grundlagen der Sexualität. In: Vogt, H.J. et al. (Hrsg.): Praktische Sexualmedizin. Medical Tribune Verlag, Wiesbaden.

[79] Bopp, A. (1998): Östrogene sind auch Männersache. DIE ZEIT Nr. 7, S. 33.

[80] Pirke, K.M. (1994): Der kleine Unterschied. Sexualmedizin **16**, 46–48.

[81] Faller, A. u. M. Schünke (1995): Der Körper des Menschen. Thieme, Stuttgart.

[82] Rojanski, N., A. Brzezinski u. J.G. Schenker (1992): Seasonality in human reproduction: An update. Hum. Reprod. **7**, 735–745.

[83] Waldhauser, F., P.A. Boepple et al. (1991): Serum melatonin in central precocious puberty in lower than age-matched prepubertal children. J. Clin. Endocrin. Metabol. **73**, 793– 796.

[84] Puig-Domingo, M., R. Reiter u. A. De Leiva (1992): Melatonin-related hypogonadotropic hypogonadism. New Engl. J. Med. **357**, 1356–1359.

[85] Laughlin, G.A. et al. (1991): Marked augmentation of nocturnal melatonin secretion in amenorrheic athletes but not in cycling athletes. J. Clin. Endocrin. Metabol. **73**, 1321–1326.

[86] Cohen, M. et al. (1995): Melatonin: From contraception to breast cancer prevention. Sheba Press, Potomac.

[87] Sade, R.L., A.J. Lewi u. C.M. Singer (1986): Human melatonin production decreases with age. J. Pineal Res. **3**, 379–388.

[88] Terzolo, M., A. Piovesan u. A. Angeli (1990): Effects of long-term, low-dose, time specified melatonin administration in adult men. J. Pineal. Res. **9**, 113–124.

[89] Logue, C.M. u. R.H. Moos (1986): Perimenstrual symptoms. Psychosom. Med. **48**, 388–414.

[90] Schmidt, P.J. et al. (1991): Lack of effect of induced menses on symptoms of women with PMS. New Engl. J. Med. **324**, 1174–1179.

[91] Burton Jones, N.G. (1986): Bushman birth spacing. Ethol. Sociobiol. **7**, 91–105.

[92] Canacher, G.N. u. D.G. Workman (1989): Violent crime possibly associated with anabolic steroid use. Amer. J. Psychiatry **146**, 679.

[93] Pope, H.G. u. D.L. Katz (1989): Homocide and nearhomocide by anabolic steroid users. J. Clin. Psychiatry **51**, 28–31 .

[94] Kashkin, K.B. u. H.D. Leber (1989): Hooked on hormones? An anabolic steroid addiction hypothesis. J.A.M.A. **262**, 3166-3170.

[95] Sigmon, B.A. (1991): Sexuality, anthropological and evolutionary perspectives. In: Encyclopedia of human biology, Academic Press, New York, Bd.6, S. 877–889.

[96] Morris, D. (1996): Das Tier Mensch. Heyne, München.

[97] Hall, R.L. (1991): Sex differences, biocultural. In: Encyclopedia of human biology, Academic Press, New York, Bd. 6, S. 845–853.

[98] Waal, de, F. (1995): Die Bonobos und ihre weiblich bestimmte Gemeinschaft. Spektrum der Wissenschaft Nr. 5, 76–83.

[99] Klärner, D. (1997): Äffischer Sexismus. DIE ZEIT Nr. 1, S. 34.

[100] Winslow, J.T. et al. (1993): A role for central vasopressin in pair bonding in monogamous prairie voles. Nature **365**, 545–547.

[101] Gangestad, S. u. R. Thornhill (1998): Menstrual cycle variation in women preferences for the scent of symmetrical man. Proc. Roy. Soc. London B, Biol. Sci. **265**, 927–933.

[102] Stern, K. u. K.M. Mc Clintock (1998): Regulation of ovulation by human pheromones. Nature **392**, 177–179.

[103] Money, J. u. A.A. Ehrhardt (1972): Man and women. Boy and girl. Johns Hopkins Univ. Press, Baltimore.

[104] Diamond, M. (1982): Sexual identity, monozygotic twins reared in discordant sex roles. Arch. Sex. Behav. **11**, 181–186.

[105] Diamond, M. (1993): Some considerations in the development of sexual orientation. In: Haug, M. et al. (Hrsg.): The development of sex differences and similarities in behavior, Boston.

[106] Pschyrembel, W. (1994): Klinisches Wörterbuch. DeGruyter, Berlin.

[107] Imperato-Mc Ginley, J. et al. (1991): A cluster of male pseudohermaphrodites with 5-α-reductase deficiency in Papua New Guinea. Clin. Endocrin. **34**, 293–298.

[108] Degen, R. (1998): Das Rätsel der erlahmenden Libido. DIE ZEIT Nr. 24, S. 33.

[109] Erskine, M.S. (1989): Solicitation behavior in the estrous female rat. Horm. Behav. **23**, 473–502.

[110] Glickman, S.E. et al. (1987): Androstenedione may organize or activate sex-reversed traits in female spotted hyenas. Proc. Natl. Acad. Sci. **84**, 3444–3447.

[111] Baker, R. (1997): Krieg der Spermien. Limes, München.

[112] Grant, V. (1998): Maternal personality, evolution and the sex ratio. Routledge, London.

[112a] Witkowski, R., O. Prokop u. E. Ullrich (1991): Wörterbuch der genetischen Familienberatung. Bd. 1, Akademie Verlag Berlin.

[113] Mueller, R. F. (1994): The Denys-Drash Syndrome. J. Med. Genet. **31**, 471–477.

[114] Foster, J.W. et al. (1994): Campomelic dysplasia and autosomal sex reversal caused by mutations in a SRY-related gene. Nature **372**, 525–530.

[115] Ferguson-Smith, M.A. (1991): Genotype-phenotype correlations in individuals with disorders of sex determination and development including Turner-Syndrome. Gemin. Dev. Biol. **2**, 265.

[116] Braun, A. et al. (1993): True hermaphroditism in a 46,XY individual. Am. J. Hum. Genet. **52**, 578–585.

[117] Pereira, E.T. et al. (1991): Use of probes for ZFY, SRY and Y pseudoautosomal boundary in XX males, XX true hermaphrodites and XY female. J. Med. Genet. **28**, 591–595.

[118] Hier, D., Crowley, W.F. (1982): Spatial ability in androgen-deficient men. New Engl. J. Med. **306**, 1202–1205.

[119] Diamond, J. (1992): Turning a man. Discover 13, 70–77.

[120] Donohone, P. u. G. Berkowitz (1987): Female pseudohermaphroditism. Gemin. Reproduct. Endocrin. **5**, 233–241.

[121] Downey, J. et al. (1991): Cognitive ability and everyday function in women with Turner Syndrome. J. Learn. Disabil. **24**, 32–39.

[122] Evans, J. et al. (Hrsg.) (1990): Children and young adults with sex chromosome aneuploidy. Birth defects **26**, Wiley Liss, New York.

[123] Reinisch, J.M. et al. (1991): Hormonal contributions to sexually dimorphic behavioral development in humans. Psychoendocrinology **16**, 213–278.

[124] Bailey, M. u. R. Pillard (1991): A genetic study of male sexual orientation. Arch. Gen. Psychiat. **48**, 1089–1096.

[125] Bailey, J.M. u. D.S. Benishay (1993): Familial aggregation of female sexual orientation. Am. J. Psychiat. **150**, 272–277.

[126] Burr, C. (1997): Du bist was du bist. Die genetische Basis der sexuellen Orientierung. Blessing, München.

[127] Hamer, D.H. et al. (1993): A linkage between DNA markers on the X-chromosome and male sexual orientation. Science **261**, 321–327.

[128] Hamer, D. u. P. Copeland (1998): Das unausweichliche Erbe. Scherz, Bern.

[129] Weinrich, J.D. (1987): A new sociobiological theory of homosexuality. Ethol. Sociobiol. **8**, 37–47.

[130] Kockott, G. (1995): Die Sexualität des Menschen. Beck, München.

[131] Risch, N. et al. (1993): Male sexual orientation and genetic evidence. Science **262**, 2063–2065.

[132] Liu, P. u. G.A. Rose (1996): Sex selection: The right way foreward. Human Reprod. **11**, 2343–2345.

[133] Edwards, R.G. u. H.K. Beard (1995): Sexing human spermatozoa to control sex ratios at birth is now a reality. Hum. Reprod. **10**, 977-978.

[134] Grant, V.J. (1998): Maternal personality, evolution and sex-ratio. Routledge, London.

[135] Allman, J. et al. (1998): Parenting and survival in anthropoid primates caretakers live longer. Proc. Natl. Acad. Sci. **95**, 6866–6869.

[136] Stillion, J.M. (1985): Death and the sexes, Washington.

[137] Kimura, N., H. Yoshimura u. N. Ogawa (1987): Sex differences in stress-induced gastric ulceration. Psychobiol. **15**, 175–178.

[138] Harmsen, H. (1981): Intimhygiene. G. Fischer, Stuttgart.

[139] Pincus, G. u. M.C. Chang (1953): The effects of progesterone and related compounds on ovulation and early development in the rabbit. Acta physiol. Latinoamericana **3**, 177–183.

[140] Betteridge, K.J. (1981): A historical look at embryo transfer. J. Reprod. Fertil. **62**, 3.

[141] Maranto, G. (1996): Quest for perfection: The drive to breed better. Human beings, New York.

[142] Silver, L.M. (1998): Das geklonte Paradies. Droemer-Knaur, München.

[143] Edwards, R. (1989): Life before birth. Reflections on the embryo debate, London.

[144] Tesarik, J. et al. (1996): Spermatid injection into human oocytes. Hum. Reprod. **11**, 780–783.

[145] Aslam, J. et al. (1998): Can we justify spermatid microinjection for severe male factor infertility? Hum. Reprod. Update **4**, 213–222.

[146] Imbusch, M. (1997): Anspruch und Ziele der Gentechnologie. Imbusch Verlag, Vechta.

[147] Bogg, L. (1998): Family planning in China: out of control? Am. J. Public Health **88**, 649–651.

[148] Unterhuber, R., J.G. Blech (1996): Geschlecht à la carte. DIE ZEIT Nr. 7, 36.

[149] Hossain, A.M., S. Barik, B. Riszk u. I.H. Thorneycroft. (1998): Preconceptional sex selection: past, present, and future. Arch. Androl. **40**, 3–14.

[150] Sills, E.S., I. Kirman, S.S. Thatcher u. G.D. Palermo (1998): Sex-selection of human spermatozoa: evolution of current techniques and applications. Arch. Gynecol. Obstet. **261**, 109–115.

[151] Gurdon, J.B. (1968): Transplanted nuclei and cell differentiation. Scientific American **219**, 24–35.

[152] Hall, J.L. et al. (1993): Experimental cloning of human polyploid embryos using an artificial zona pellucida. Amer. Fertil. Soc. Progr. Supplement S 1.

[153] Campbell, K.H.S. et al. (1996): Sheep Cloned by Nuclear Transfer from a Cultured Cell Line. Nature **380**, 64–66.

[154] Solter, D. (1998): Dolly is a clone – and no longer alone. Nature **394**, 315–316.

[155] Pennisi, E. (1998): Cloned mice provide company for Dolly. Science **281**, 495.

[156] Campbell, K. (1998): Look on the bright side of cloning. Nat. Med. **4**, 557–558.

[157] Harris, J. (1998): Cloning and human dignity. Camb. Q Heathc. Ethics **7**, 163–167.

[158] Guirguis, W.R. (1998): Oral treatment of erectile dysfunction: from herbal remedies to designer drugs. J. Sex Marital Ther. **24**, 69–73.

[159] Goldstein, I. et al. (1998): Oral sildenafil in the treatment of erectile dysfunction. Sildenafil Study Group. N. Engl. J. Med. **338**, 1397–1404.
[160] Sibbald, B. (1998): Take care when prescribing new drug to treat impotence, MDs warned. CMAJ **158**, 1755–1756.
[161] Weidmann, P. (1998): New principle in therapy of erectile dysfunction: sildenafil. Ther. Umsch. **55**, 384–388.
[162] Hassenstein, B. (1987): Verhaltensbiologie des Kindes. Piper, München.

Weiterführende Literatur

Abramson P. R. u. S. D. Pinkerton (Hrsg) (1995): Sexual Nature, Sexual Culture, University of Chicago Press.
Albrecht, J. (1998): Die Klone kommen. DIE ZEIT Nr. 31, S. 23.
Baker, R. (1997): Krieg der Spermien. Limes, München.
Batinder, E. (1993): XY – die Identität des Mannes. Piper, München.
Bopp, A. (1998): Östrogene sind auch Männersache. DIE ZEIT Nr. 7, S. 33.
Breedlove, S. M. (1997): Sex on the Brain. Nature Bd. 389 S. 801.
Burr, C. (1997): Du bist was du bist. Die genetische Basis der sexuellen Orientierung. Blessing, München.
Campbell, K. L. u. J. W. Wood (Hrsg.) (1994): Human Reproductive Ecology. N.Y. Acad. Sci. New York.
Campenhausen, J. von (1998): Mäuse, Klone, Sensationen. In: GEO Wissen, Sex, Geburt, Genetik, S. 150–157.
Dawkins, R. (1994): Das egoistische Gen. Spektrum, Heidelberg.
Diamond, Jared (1997): Why is sex fun? BasicBooks, New York.
Dickman, S. (1998): Menschen nach Maß. In: GEO Wissen, Sex, Geburt, Genetik, S. 60–73.
Dreger, A.D. (1998): Hermaphrodites and medical invention of sex. Harvard University Press, Boston.
Fink, G., B. Sumner (1996): Oestrogen and mental state. Nature **383**, 306.
Frank, J. (1996): Treue – Die brisante Seite der Liebe. Rasch und Röhring, Hamburg.
Grant, V.J. (1998): Maternal personality, evolution and sex-ratio. Routledge, London.
Hamer, D. u. P. Copeland (1998): Das unausweichliche Erbe. Scherz, Bern.
Horgan, J. (1993): Gene und Verhalten. Spektrum der Wissenschaft, Heft 8.
Kanitscheider, B. (Hrsg.) (1998): Liebe, Lust und Leidenschaft. Hirzel, Stuttgart.
Klärner, D. (1997): Äffischer Sexismus. DIE ZEIT Nr. 1, S. 34.
Kobbe, B. (1997): Das schräge Bild der alten Eva. DIE ZEIT Nr. 1, S. 34.
Kockott, G. (1995): Die Sexualität des Menschen. Beck, München.
Lamprecht, J. (1993): Evolutive Ursachen der Monogamie. Spektrum der Wissenschaft **4**, 62–67.

LeVay, S. (1994): Keimzellen der Lust. Spektrum, Heidelberg.

Margulis, L. u. D. Sagan (1996): Geheimnis und Ritual. Die Evolution der menschlichen Sexualität. dtv, München.

Michod, R.E. (1997): What good is sex? The Sciences **5**, 42–46.

Miersch, M. (1996): Wozu taugt der Mann? DIE ZEIT Nr. 41, S. 35.

Morris, D. (1996): Das Tier Mensch. Heyne, München.

Morris, D. (1997): Mars und Venus. Heyne, München.

Neffe, J. (1998): Die Erfindung des Sex. In: GEO Wissen, Sex, Geburt, Genetik, S. 26–38.

Nielsen, R.H. u. H. Dalhoff (1996): Der Unterschied der grauen Zellen. Illustrierte Wissenschaft **1**, 74–81.

Pool, R. (1995): Evas Rippe. Droemer-Knaur, München.

Ridley, M. (1995): Eros und Evolution. Droemer-Knaur, München.

Rohrmann, T. (1994): Junge, Junge, Mann, Mann. Die Entwicklung der Männlichkeit. Rowohlt, Reinbek.

Silver, L.M. (1998): Das geklonte Paradies. Droemer-Knaur, München.

Small, M.F. (1997): Family values. The Sciences **6**, 40–44.

Sommer, V. (1998): Das Geschlechter-Puzzle. In: GEO-Wissen, Sex, Geburt, Genetik, S. 94–103.

Vogel, Ch. u. V. Sommer (1994): Mann und Frau, in: Schievenhövel (Hrsg.): Zwischen Natur und Kultur. Trias, Stuttgart.

Wickler, W. u. U. Seibt (1998): Männlich – Weiblich. Spektrum, Heidelberg.

Register